建设工程计量计价实训丛书

# 园林工程工程量清单编制实例与表格详解

张国栋　主编

中国建筑工业出版社

图书在版编目（CIP）数据

园林工程工程量清单编制实例与表格详解/张国栋主编. —北京：中国建筑工业出版社，2015.5
（建设工程计量计价实训丛书）
ISBN 978-7-112-18143-8

Ⅰ.①园…　Ⅱ.①张…　Ⅲ.①园林-工程造价　Ⅳ.①TU986.3

中国版本图书馆 CIP 数据核字（2015）第 104268 号

　　本书主要依据住房和城乡建设部新颁布的《建设工程工程量清单计价规范》GB 50500—2013、《园林绿化工程工程量计算规范》GB 50858—2013、《仿古建筑工程工程量计算规范》GB 50855—2013 和部分省、市的预算定额为基础编写，在结合实际的基础上设置案例。内容主要为中、大型园林工程实例，以结合实际为主，在实际的基础上运用理论知识进行造价分析。每个案例总体上包含有题干—图纸—不同小专业的清单工程量—不同小专业的定额工程量—对应的综合单价分析—总的施工图预算表—总的清单与计价表，其中清单与定额工程量计算是根据所采用清单规范和定额的计算规则进行，综合单价分析是在定额和清单工程量的基础上进行。整个案例从前到后结构清晰，内容全面，做到了系统性和完整性的两者合一。

\* \* \*

责任编辑：赵晓菲　毕凤鸣
责任设计：李志立
责任校对：李美娜　陈晶晶

建设工程计量计价实训丛书
园林工程工程量清单编制实例与表格详解
张国栋　主编

\*

中国建筑工业出版社出版、发行（北京西郊百万庄）
各地新华书店、建筑书店经销
霸州市顺浩图文科技发展有限公司制版
北京云浩印刷有限责任公司印刷

\*

开本：787×1092 毫米　1/16　印张：14½　字数：356 千字
2015 年 8 月第一版　　2015 年 8 月第一次印刷
定价：**35.00** 元
ISBN 978-7-112-18143-8
（27378）

# 本书编委会

主　编：张国栋

参　编：马　波　洪　岩　赵小云　郭芳芳

　　　　刘文敏　杨彦芳　张　玉　魏　慧

　　　　毕　霖　邱　莉　陈香丽　李文霞

　　　　杨智慧　张红粉　宋秀华　张　衡

　　　　涂　川　史昆仑　林瑞华　仲胜仁

# 前　言

　　《建设工程计量计价实训丛书》本着从工程实例出发，以最新规范和定额为依据，在典型案例选择的基础上进行了系统且详细的图纸解说和工程计量诠释，为即将从事及已经从事造价工作的人员提供切实可行的参考依据和仿真模拟，以适应造价从业人员的需要，并迎合目前多数企业要求造价工作者能独立完成某项工程预算的需求。

　　本书主要根据园林工程的特点，依据《建设工程工程量清单计价规范》GB 50500—2013、《园林绿化工程工程量计算规范》GB 50858—2013、《仿古建筑工程工程量计算规范》GB 50855—2013 和部分省、市的预算定额编写，每个案例总体上包含有题干—图纸—不同小专业的清单工程量—不同小专业的定额工程量—对应的综合单价分析—总的施工图预算表—总的清单与计价表，以实例阐述各分项工程的工程量计算步骤和方法，同时也简要说明了定额与清单的区别，其目的是帮助工作人员解决实际操作问题，提高工作效率。

　　本书与同类书相比，其显著特点如下：

　　（1）代表性强，所选案例典型，具有代表性和针对性。

　　（2）可操作性强。书中主要以实际案例说明实际操作中的有关问题及解决方法，并且书中每项计算之后均跟有"计算说明"，对计算数据的来源给予了详细剖析，便于提高读者的实际操作水平。

　　（3）形式新颖，在每个小专业的清单和定额工程量计算之后紧跟相应的综合单价分析表，抛开了以往在所有工程量计算之后才开始单价分析的传统模式。

　　（4）该书结构清晰、内容全面、层次分明、覆盖面广，适用性和实用性强，简单易懂，是造价工作者的一本理想参考书。

　　本书在编写过程中得到了许多同行的支持与帮助，在此表示感谢。由于编者水平有限和时间紧迫，书中难免存在疏漏和不妥之处，望广大读者批评指正。如有疑问，请登录 www. gczjy. com（工程造价员网）或 www. ysypx. com（预算员网）或 www. debzw. com（企业定额编制网）或 www. gclqd. com（工程量清单计价网），也可以发邮件至 zz6219@ 163. com 或 dlwhgs@tom. com 与编者联系。

# 目　　录

**案例 1　"和熙"广场绿地工程** ………………………………………………… 1
　第一部分　工程概况 ………………………………………………………………… 1
　第二部分　工程量计算及表格编制 ……………………………………………… 3
**案例 2　"馨园"居住区组团绿地工程** ……………………………………………… 85
　第一部分　工程概况 ………………………………………………………………… 85
　第二部分　工程量计算及清单表格编制 ………………………………………… 86

# 案例1 "和熙"广场绿地工程

## 第一部分 工程概况

某城市园林绿化工程为一规则式广场，其长度和宽度分别为60m和50m，基址仅需要简单的整理即可，无须砍、挖、伐树。

广场平面规划设计参照附图1-1，具体由铺装广场、亭子、水池、景观柱、花架、雕塑、景墙等组成，其大小位置见图1-2，植物种植设计参见表1-1，普坚土种植，乔灌草相结合，绿地为喷播草坪，面积1568.8m²。整理用地面积为绿化用地面积，土壤为二类干土，现浇混凝土均为自拌。

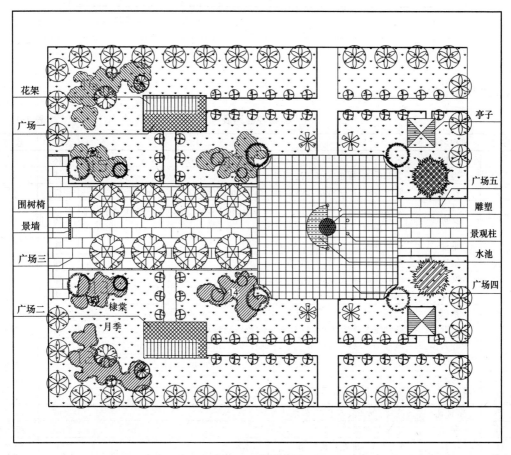

图1-1 总平面图

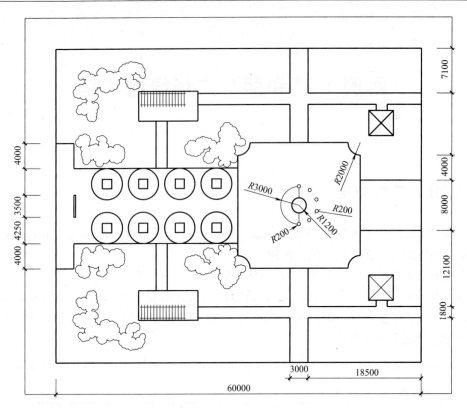

图 1-2 尺寸标注

试求其工程量。

植物种植列表                              表 1-1

| 序号 | 植物名称 | 规　格 | 单位 | 数量 |
|---|---|---|---|---|
| 1 | 雪松 | 常绿乔木,带土球,胸径 20cm | 株 | 2 |
| 2 | 冷杉 | 常绿乔木,裸根栽植,胸径 10cm | 株 | 2 |
| 3 | 桂花 | 常绿乔木,裸根栽植,胸径 8cm,高 1.5m,土球直径为 50cm | 株 | 6 |
| 4 | 女贞 | 常绿乔木,胸径 8cm,冠径 2.0m 以上,枝下高 2.2m 以上,带土球栽植,坑直径×深为 700mm×600mm | 株 | 58 |
| 5 | 垂柳 | 落叶乔木,带土球,胸径 16cm | 株 | 2 |
| 6 | 银杏 | 落叶乔木,带土球,胸径 15cm | 株 | 10 |
| 7 | 栾树 | 落叶乔木,裸根栽植,胸径 8cm | 株 | 36 |
| 8 | 国槐 | 落叶乔木,裸根栽植,胸径 10cm | 株 | 2 |
| 9 | 紫薇 | 胸径 5cm,3 年生,露地花卉,木本类 | 株 | 4 |
| 10 | 紫荆 | 落叶灌木,胸径 6cm,高 1.5m,多分枝,冠幅 60cm | 株 | 4 |
| 11 | 大叶黄杨 | 胸径 2cm,高 0.8m,带土球,土球直径 20cm 以内,蓬径 100cm 以内 | 株 | 2 |
| 12 | 棣棠 | 落叶灌木,冠幅 50cm,灌丛高度 0.8m,6.3 株/m² | m² | 46.2 |
| 13 | 月季 | 1 年生,6.3 株/m² | m² | 25.5 |
| 14 | 蔷薇 | 落叶灌木,2 年生,冠幅 50cm,灌丛高度 0.8m,6.3 株/m² | m² | 35.2 |
| 15 | 金钟花 | 高 1~1.2m,木本类,露地花卉,6.3 株/m² | m² | 46.2 |
| 16 | 迎春 | 露地花卉栽植,6.3 株/m²,木本类 | m² | 25.5 |
| 17 | 木香 | 1 年生,露地花卉栽植,6.3 株/m²,木本类 | m² | 35.2 |
| 18 | 高羊茅 | 草坪铺种为满铺 | m² | 1568.8 |

# 第二部分　工程量计算及表格编制

## 一、计算依据

本工程的清单工程量计算严格按照《园林绿化工程工程量计算规范》（GB 50858—2013）附录等规范文件进行编制，定额工程量：套用《江苏省仿古建筑与园林工程计价表》。

## 二、实体项目工程量计算

（一）绿化工程

1. 清单工程量

（1）项目编码：050101010001　项目名称：整理绿化用地

工程量计算规则：按设计图示尺寸以面积计算，如图 1-1 所示。

整理绿化用地的工程量 $S=$ 长×宽$=60×50m^2=3000m^2$

（2）项目编码：050102001001　项目名称：栽植乔木，雪松，带土球，胸径 20cm，数量：2 株（按表 1-1 所示数量计算）

（3）项目编号：050102001002　项目名称：栽植乔木，冷杉，裸根栽植，胸径 10cm，数量：2 株（按表 1-1 所示数量计算）

（4）项目编号：050102001003　项目名称：栽植乔木，桂花，裸根栽植，胸径 8cm，数量：6 株（按表 1-1 所示数量计算）

（5）项目编号：050102001004　项目名称：栽植乔木，大叶女贞，带土球，胸径8cm，数量：58 株（按表 1-1 所示数量计算）

（6）项目编号：050102001005　项目名称：栽植乔木，垂柳，带土球，胸径 16cm，数量：2 株（按表 1-1 所示数量计算）

（7）项目编号：050102001006　项目名称：栽植乔木，银杏，带土球，胸径 15cm，数量：10 株（按表 1-1 所示数量计算）

（8）项目编号：050102001007　项目名称：栽植乔木，黄山栾树，裸根栽植，胸径8cm，数量：36 株（按表 1-1 所示数量计算）

（9）项目编号：050102001008　项目名称：栽植乔木，国槐，裸根栽植，胸径 10cm，数量：2 株（按表 1-1 所示数量计算）

（10）项目编号：050102002001　项目名称：栽植灌木，紫薇，带土球栽植，胸径5cm，数量：4 株（按表 1-1 所示数量计算）

（11）项目编号：050102002002　项目名称：栽植灌木，紫荆，带土球栽植，胸径6cm，数量：4 株（按表 1-1 所示数量计算）

（12）项目编号：050102002003　项目名称：栽植灌木，大叶黄杨，带土球栽植，胸径 2cm，数量：2 株（按表 1-1 所示数量计算）

（13）项目编号：050102008001　项目名称：栽植花卉，棣棠工程量基数按规则：按设计图示数量或面积计算。

工程量为：46.2m²

（14）项目编号：050102008002　项目名称：栽植花卉，月季

工程量基数按规则：按设计图示数量或面积计算。

工程量为：25.5m²

（15）项目编号：050102008003　项目名称：栽植花卉，蔷薇

工程量基数按规则：按设计图示数量或面积计算。

工程量为：35.2m²

（16）项目编号：050102008004　项目名称：栽植花卉，金钟花

工程量基数按规则：按设计图示数量或面积计算。

工程量为：46.2m²

（17）项目编号：050102008005　项目名称：栽植花卉，迎春

工程量基数按规则：按设计图示数量或面积计算。

工程量为：25.5m²

（18）项目编号：050102008006　项目名称：栽植花卉，木香

工程量基数按规则：按设计图示数量或面积计算。

工程量为：35.2m²

（19）项目编码：050102013001　项目名称：喷播植草，高羊茅

工程量基数按规则：按设计图示数量或面积计算。

工程量为：1568.8m²（已知）

2. 定额工程量

定额工程量计算规则：

（1）整理绿化用地按建筑物外墙边线每边各加2m范围以平方米计算。

（2）栽植乔木，干径80mm（不含80mm）以上的不计算栽植损耗；干径在80mm以下，需要考虑栽植损耗，具体施工用苗木数量＝栽植苗木的理论数量×[1＋栽植损耗率＋（1－成活率）]。

（3）栽植灌木，灌木冠径在1m（含1m）以上的不计算栽植损耗；冠径在1m以下，需要考虑栽植损耗，具体施工用苗木数量＝栽植苗木的理论数量×[1＋栽植损耗率＋（1－成活率）]。

1）整理绿化用地

本地块为普坚土，整理绿化用地的工程量：

$$S=（长＋2×2）×（宽＋2×2）$$

$$=（60＋2×2）×（50＋2×2）=3456m²=345.6（10m²）\qquad 套用定额1-121$$

【注释】　60m——整理绿化用地的长度；

　　　　　50m——整理绿化用地的宽度；

　　　　　2m——整理绿化用地边线施工外延部分。

2）栽植乔木——雪松

① 苗木预算价格见表1-2。

**雪松预算价格表**　　　　　　　　　　　　　表 1-2

| 代码编号 | 名　称 | 规　格 | 单　位 | 预算价格(元) |
|---|---|---|---|---|
| 801010213 | 雪松 | 高 5～6m | 株 | 400.00 |

栽种雪松 2 株，胸径 20cm，由表 1-2 可得，苗木预算价格为 400.00×2＝800.00 元

② 栽植雪松

雪松为带土球栽植，胸径 20cm，工程量为：2 株＝0.2（10 株）　　套用定额 3-110

③ 苗木养护——Ⅱ级养护

雪松，常绿乔木，胸径 20cm 以内　　　　　　　　　　　　　套用定额 3-357

3）栽植乔木——冷杉

① 苗木预算价格见表 1-3

**冷杉预算价格表**　　　　　　　　　　　　　表 1-3

| 代码编号 | 名　称 | 规　格 | 单　位 | 预算价格(元) |
|---|---|---|---|---|
| 801030209 | 冷杉 | 高 2.5～3m | 株 | 390.00 |

栽种冷杉 2 株，胸径 10cm，由表 1-3 可得，苗木预算价格为 390.00×2＝780.00 元

② 栽植冷杉

冷杉为裸根栽植，胸径 10cm，工程量为：2 株＝0.2（10 株）　　套用定额 3-120

③ 苗木养护——Ⅱ级养护

冷杉，常绿乔木，胸径 10cm 以内　　　　　　　　　　　　　套用定额 3-356

4）栽植乔木——桂花

① 苗木预算价格见表 1-4

**桂花预算价格表**　　　　　　　　　　　　　表 1-4

| 代码编号 | 名　称 | 规　格 | 单　位 | 预算价格(元) |
|---|---|---|---|---|
| 8011000308 | 桂花 | 高 2～2.5m | 株 | 310.00 |

栽种桂花 6 株，胸径 8cm，需考虑栽植损耗。

施工用苗数量＝栽植苗木的理论数量×[1＋栽植损耗率＋(1－成活率)]

　　　　　　＝6×[1＋0.5％＋(1－98％)]＝6.15 株＝0.615（10 株）

由表 1-4 可得，苗木预算价格为 310.00×6.15＝1906.5 元

② 栽植桂花

桂花为裸根栽植，胸径 8cm，工程量为：0.615（10 株）　　套用定额 3-119

③ 苗木养护——Ⅱ级养护

桂花，常绿乔木，胸径 10cm 以内　　　　　　　　　　　　套用定额 3-356

5）栽植乔木——女贞

① 苗木预算价格见表 1-5

**女贞预算价格表**　　　　　　　　　　　　　表 1-5

| 代码编号 | 名　称 | 规　格 | 单　位 | 预算价格(元) |
|---|---|---|---|---|
| 801100122 | 大叶女贞 | 胸径 8cm，冠径 2.3m 以上，枝下高 2.3m 以上 | 株 | 240.00 |

栽种大叶女贞 58 株，胸径 8cm，需考虑栽植损耗。

施工用苗数量＝栽植苗木的理论数量×[1＋栽植损耗率＋(1－成活率)]

　　　　　　＝58×[1＋0.5％＋(1－98％)]＝59.45 株

由表 1-5 可得，苗木预算价格为 240.00×59.45＝14268 元

② 栽植女贞

女贞为带土球栽植，胸径 8cm，工程量为：59.45 株＝5.95 (10 株)　套用定额 3-105

③ 苗木养护——Ⅱ级养护

女贞，常绿乔木，胸径 10cm 以内　　　　　　　　　　　　　套用定额 3-356

6) 栽植乔木——垂柳

① 苗木预算价格见表 1-6

**垂柳预算价格表**　　　　　　　　　　　　　　　　　　　　　表 1-6

| 代码编号 | 名　称 | 规　格 | 单　位 | 预算价格(元) |
|---|---|---|---|---|
| 802020214 | 垂柳 | 胸径 15～20cm | 株 | 1020.00 |

栽种垂柳 2 株，胸径 16cm，由表 1-6 可得，苗木预算价格为 1020.00×2＝2040.00 元

② 栽植垂柳

垂柳为带土球栽植，胸径 16cm，工程量为：2 株＝0.2 (10 株)　套用定额 3-109

③ 苗木养护——Ⅱ级养护

垂柳，落叶乔木，胸径 20cm 以内　　　　　　　　　　　　　套用定额 3-362

7) 栽植乔木——银杏

① 苗木预算价格见表 1-7

**银杏预算价格表**　　　　　　　　　　　　　　　　　　　　　表 1-7

| 代码编号 | 名　称 | 规　格 | 单　位 | 预算价格(元) |
|---|---|---|---|---|
| 802230214 | 银杏 | 胸径 15～20cm | 株 | 1495.00 |

栽种银杏 10 株，胸径 15cm，由表 1-7 可得，苗木预算价格为 1495.0×10＝14950.00 元

② 栽植银杏

银杏为带土球栽植，胸径 15cm

工程量为：10 株＝1.0 (10 株)　　　　　　　　　　　　　　套用定额 3-108

③ 苗木养护——Ⅱ级养护

银杏，落叶乔木，胸径 20cm 以内　　　　　　　　　　　　　套用定额 3-362

8) 栽植乔木——黄山栾树

① 苗木预算价格见表 1-8

**黄山栾树预算价格表**　　　　　　　　　　　　　　　　　　　表 1-8

| 代码编号 | 名　称 | 规　格 | 单　位 | 预算价格(元) |
|---|---|---|---|---|
| 802080210 | 黄山栾树 | 胸径 8～9cm | 株 | 200.00 |

栽种黄山栾树 36 株，胸径 8cm，需考虑栽植损耗。

施工用苗数量＝栽植苗木的理论数量×[1＋栽植损耗率＋(1－成活率)]

$$=36×[1+0.5\%+(1-98\%)]=36.9株$$

由表 1-8 可得, 苗木预算价格为 200.00×36.9＝7380 元

② 栽植黄山栾树

黄山栾树为裸根栽植, 胸径 8cm

工程量为: 36.9 株＝3.69（10 株） 套用定额 3-119

③ 苗木养护——Ⅱ级养护

黄山栾树, 落叶乔木, 胸径 10cm 以内 套用定额 3-361

9）栽植乔木——国槐

① 苗木预算价格见表 1-9

国槐预算价格表 表 1-9

| 代码编号 | 名　称 | 规　格 | 单　位 | 预算价格（元） |
|---|---|---|---|---|
| 802030112 | 国槐 | 胸径 10～12cm | 株 | 200.00 |

栽种国槐 2 株, 胸径 10cm, 由表 1-9 可得, 苗木预算价格为 200.00×2＝400.00 元

② 栽植国槐

国槐为裸根栽植, 胸径 10cm

工程量为: 2 株＝0.2（10 株） 套用定额 3-120

③ 苗木养护——Ⅱ级养护

国槐, 落叶乔木, 胸径 10cm 以内 套用定额 3-361

10）栽植灌木——紫薇

① 苗木预算价格见表 1-10

紫薇预算价格表 表 1-10

| 代码编号 | 名　称 | 规　格 | 单　位 | 预算价格（元） |
|---|---|---|---|---|
| 802140107 | 紫薇 | 胸径 5～6cm | 株 | 160.00 |

栽种紫薇 4 株, 胸径 5cm, 冠幅 60cm, 需考虑栽植损耗。

施工用苗数量＝栽植苗木的理论数量×[1＋栽植损耗率＋(1－成活率)]

$$=4×[1+1.5\%+(1-98\%)]=4.14株$$

由表 1-10 可得, 苗木预算价格为 160.00×4.14＝662.40 元

② 栽植紫薇

紫薇为带土球栽植, 胸径 5cm, 冠幅 60cm, 工程量为: 4.14 株＝0.414（10 株）

套用定额 3-139

③ 苗木养护——Ⅱ级养护

紫薇, 栽植灌木, 蓬径 100cm 以内 套用定额 3-367

11）栽植灌木——紫荆

① 苗木预算价格见表 1-11

紫荆预算价格表 表 1-11

| 代码编号 | 名　称 | 规　格 | 单　位 | 预算价格（元） |
|---|---|---|---|---|
| 804040409 | 紫荆 | 高 1.5m, 多分枝 | 株 | 13.50 |

栽种紫荆，胸径 6cm，高 1.5m，多分枝，冠幅 60cm，需考虑栽植损耗。

施工用苗数量＝栽植苗木的理论数量×[1＋栽植损耗率＋（1－成活率）]

＝4×[1＋1.5％＋（1－98％）]＝4.14 株

由表 1-11 可得，苗木预算价格为 13.50×4.14＝55.89 元

② 栽植紫荆

紫荆为带土球栽植，胸径 6cm，冠幅 60cm，工程量为：4.14 株＝0.414（10 株）

套用定额 3-140

③ 苗木养护——Ⅱ级养护

紫荆，栽植灌木，蓬径 100cm 以内　　　　　　　　　　　　套用定额 3-367

12）栽植灌木——大叶黄杨

① 苗木预算价格见表 1-12

**大叶黄杨预算价格表**

表 1-12

| 代码编号 | 名　称 | 规　格 | 单　位 | 预算价格（元） |
|---|---|---|---|---|
| 803020303 | 大叶黄杨 | 高 0.5～0.8m | 株 | 1.65 |

栽种大叶黄杨 2 株，胸径 2cm，高 0.8m，带土球，土球直径 20cm 以内，需考虑栽植损耗。

施工用苗数量＝栽植苗木的理论数量×[1＋栽植损耗率＋（1－成活率）]

＝2×[1＋1.5％＋（1－98％）]＝2.07 株

由表 1-12 可得，苗木预算价格为 1.65×2.07＝3.42 元

② 栽植大叶黄杨

大叶黄杨为带土球栽植，胸径 2cm，高 0.8m，带土球，土球直径 20cm 以内，工程量为：2.07 株＝0.21（10 株）　　　　　　　　　　　　套用定额 3-137

③ 苗木养护——Ⅱ级养护

大叶黄杨，栽植灌木，蓬径 100cm 以内　　　　　　　　　　套用定额 3-366

13）栽植花卉——棣棠

① 苗木预算价格见表 1-13

**棣棠预算价格表**

表 1-13

| 代码编号 | 名　称 | 规　格 | 单　位 | 预算价格（元） |
|---|---|---|---|---|
| 804180404 | 棣棠 | 高 0.8～1m | 株 | 2.65 |

栽种棣棠，冠幅 50cm，灌丛高度 0.8m，设计栽种数量 291 株，需考虑栽植损耗。

施工用苗数量＝栽植苗木的理论数量×[1＋栽植损耗率＋（1－成活率）]

＝291×[1＋1.5％＋（1－98％）]＝301 株＝30.1（10 株）

由表 1-13 可得，苗木预算价格为 301×2.65＝797.65 元。

② 栽植棣棠

棣棠为裸根栽植，冠幅 50cm，灌丛高度 0.8m，6.3 株/m²，栽种面积为 46.2m²，工程量为：46.2m²＝4.62（10m²）　　　　　　　　　　　套用定额 3-196

③ 苗木养护——Ⅱ级养护

棣棠，露地花卉，木本类  套用定额3-400

14）栽植花卉——月季

① 苗木预算价格见表1-14

**月季预算价格表**  表1-14

| 代码编号 | 名　称 | 规　格 | 单　位 | 预算价格（元） |
|---|---|---|---|---|
| 805040301 | 月季 | 1年生 | 株 | 0.85 |

栽种月季，设计栽种数量161株，需考虑栽植损耗。

施工用苗数量＝栽植苗木的理论数量×[1＋栽植损耗率＋（1－成活率）]

＝161×[1＋1.5％＋（1－98％）]＝166.6株＝16.66（10株）

由表1-14可得，苗木预算价格为166.6×0.85＝141.61元

② 栽植月季

月季为裸根栽植，栽植面积为25.5m²，工程量为：25.5m²＝2.55（10m²）

套用定额3-196

③ 苗木养护——Ⅱ级养护

月季，露地花卉，木本类  套用定额3-400

15）栽植花卉——蔷薇

① 苗木预算价格见表1-15

**蔷薇预算价格表**  表1-15

| 代码编号 | 名　称 | 规　格 | 单　位 | 预算价格（元） |
|---|---|---|---|---|
| 805040102 | 蔷薇 | 2年生 | 株 | 1.05 |

栽种棣棠，2年生，冠幅50cm，灌丛高度0.8m，6.3株/m²，设计栽种数量222株，需考虑栽植损耗。

施工用苗数量＝栽植苗木的理论数量×[1＋栽植损耗率＋（1－成活率）]

＝222×[1＋1.5％＋（1－98％）]＝230株＝23（10株）

由表1-15可得，苗木预算价格为230×1.05＝241.5元

② 栽植蔷薇

蔷薇为裸根栽植，灌丛高度0.8m，6.3株/m²，栽种面积为35.2m²，工程量为：35.2m²＝3.52（10m²）  套用定额3-196

③ 苗木养护——Ⅱ级养护

蔷薇，露地花卉，木本类  套用定额3-400

16）栽植花卉——金钟花

① 苗木预算价格见表1-16

**金钟花预算价格表**  表1-16

| 代码编号 | 名　称 | 规　格 | 单　位 | 预算价格（元） |
|---|---|---|---|---|
| 804150105 | 金钟连翘（金钟花） | 高1～1.2m | 株 | 2.50 |

栽种金钟花高1～1.2m，木本类，露地花卉，6.3株/m²，设计栽种数量291株，需

考虑栽植损耗。

施工用苗数量＝栽植苗木的理论数量×[1＋栽植损耗率＋(1－成活率)]

　　　　　　　＝291×[1＋1.5％＋(1－98％)]＝301株＝30.1(10株)

由表 1-16 可得，苗木预算价格为 301×2.50＝752.5 元

② 栽植金钟花

金钟花为裸根栽植，木本类，露地花卉，6.3 株/m²，栽种面积为 46.2m²，工程量为：46.2m²＝4.62(10m²)　　　　　　　　　　　　　　　　套用定额 3-196

③ 苗木养护——Ⅱ级养护

金钟花，露地花卉，木本类　　　　　　　　　　　　　　　套用定额 3-400

17) 栽植花卉——迎春

① 苗木预算价格见表 1-17

**迎春预算价格表**　　　　　　　　　　　　　　　　　表 1-17

| 代码编号 | 名　称 | 规　格 | 单　位 | 预算价格(元) |
|---|---|---|---|---|
| 805050101 | 迎春花 | 1 年生 | 株 | 0.80 |

栽种迎春，设计栽种数量 161 株，需考虑栽植损耗。

施工用苗数量＝栽植苗木的理论数量×[1＋栽植损耗率＋(1－成活率)]

　　　　　　　＝161×[1＋1.5％＋(1－98％)]＝166.6株＝16.66(10株)

由表 1-17 可得，苗木预算价格为 166.6×0.8＝133.28 元

② 栽植迎春

迎春为裸根栽植，栽植面积为 25.5m²，工程量为：25.5m²＝2.55(10m²)

　　　　　　　　　　　　　　　　　　　　　　　　　套用定额 3-196

③ 苗木养护——Ⅱ级养护

迎春，露地花卉，木本类　　　　　　　　　　　　　　　套用定额 3-400

18) 栽植花卉——木香

① 苗木预算价格见表 1-18

**木香预算价格表**　　　　　　　　　　　　　　　　　表 1-18

| 代码编号 | 名　称 | 规　格 | 单　位 | 预算价格(元) |
|---|---|---|---|---|
| 805040401 | 木香 | 1 年生 | 株 | 1.50 |

栽种木香，1 年生，木本类，6.3 株/m²，设计栽种数量 222 株，需考虑栽植损耗。

施工用苗数量＝栽植苗木的理论数量×[1＋栽植损耗率＋(1－成活率)]

　　　　　　　＝222×[1＋1.5％＋(1－98％)]＝230株＝23(10株)

由表 1-18 可得，苗木预算价格为 230×1.50＝345 元

② 栽植木香

木香为裸根栽植，1 年生，露地花卉栽植，6.3 株/m²，栽种面积为 35.2m²，工程量为：35.2m²＝3.52(10m²)　　　　　　　　　　　　　　　套用定额 3-196

③ 苗木养护——Ⅱ级养护

木香，露地花卉，木本类　　　　　　　　　　　　　　　套用定额 3-400

19）铺种草坪——高羊茅

① 苗木预算价格见表1-19

**高羊茅预算价格表**　　　　　　　　　　　　　　　表1-19

| 代码编号 | 名　称 | 规　格 | 单　位 | 预算价格（元） |
|---|---|---|---|---|
| 806040501 | 高羊茅 | — | m² | 3.70 |

由表1-1可得，铺种草坪的面积为1568.8m²，苗木预算价格为：1568.8×3.7＝5804.56元

② 铺种草皮

草皮铺种为满铺，工程量为：1568.8m²＝156.88（10m²）　　　套用定额3-210

③ 苗木养护——Ⅱ级养护

高羊茅，草坪类，冷季型　　　　　　　　　　　　　　　套用定额3-405

3. 工程量清单综合单价分析

根据上述"和熙"广场绿地工程绿化工程的定额工程量和清单工程量计算，我们可以知道相应的投标和招标工程量，在实际工程中对某项工程进行造价预算的前提是要知道每个分项工程的单价，接下来，我们依据上述计算的工程量结合《江苏省仿古建筑与园林工程计价表》和《园林绿化工程工程量计算规范》（GB 50858—2013）对绿化工程进行工程量清单综合单价分析，具体分析过程见表1-20～表1-38。

**工程量清单综合单价分析表**　　　　　　　　　　　　　　表1-20

工程名称："和熙"广场绿地工程　　　　　标段：　　　　　　第　页　共　页

| 项目编码 | 050101010001 | | 项目名称 | 整理绿化用地 | | 计量单位 | m² | 工程量 | 3000 |
|---|---|---|---|---|---|---|---|---|---|

清单综合单价组成明细

| 定额编号 | 定额名称 | 定额单位 | 数量 | 单价 | | | | 合价 | | | |
|---|---|---|---|---|---|---|---|---|---|---|---|
| | | | | 人工费 | 材料费 | 机械费 | 管理费和利润 | 人工费 | 材料费 | 机械费 | 管理费和利润 |
| 1-121 | 平整场地 | 10m² | 0.12 | 23.2 | — | — | 12.76 | 2.78 | — | — | 1.53 |
| 人工单价 | | 小计 | | | | | | 2.78 | | | 1.53 |
| 37.00元/工日 | | 未计价材料费 | | | | | | | | | |
| 清单项目综合单价 | | | | | | | | 4.32 | | | |

| 材料费明细 | 主要材料名称、规格、型号 | | | | 单位 | 数量 | 单价（元） | 合价（元） | 暂估单价（元） | 暂估合价（元） |
|---|---|---|---|---|---|---|---|---|---|---|
| | | | | | | | | | | |
| | | | | | | | | | | |
| | | | | | | | | | | |
| | | | | | | | | | | |
| | 其他材料费 | | | | | | | | | |
| | 材料费小计 | | | | | | | | | |

编制综合单价分析表的注意事项：

1. 工程量部分填写的是清单工程量；

2. 清单综合单价组成明细中的数量＝（定额工程量/清单工程量）/定额单位＝（3456/3000）/10＝0.12；

3. 人工费、材料费、机械费、管理费和利润的单价是直接从定额中得出的，合价＝单价×数量；

4. 清单项目综合单价＝人工费＋材料费＋机械费＋管理费和利润；

5. 材料费明细中填写的材料是套用定额中的主要材料，单位即定额中给出的单位，材料数量＝定额中给出的材料的数量×清单综合单价组成明细中的数量；单价是直接从定额中得出的，合价＝单价×材料数量。

其他综合单价分析表的数据来源与此表相同，就不再一一详述。

**工程量清单综合单价分析表**  表 1-21

工程名称："和熙"广场绿地工程　　　　　　标段：　　　　　　第　页　共　页

| 项目编码 | 050102001001 | 项目名称 | 栽植乔木——雪松 | 计量单位 | 株 | 工程量 | 2 |
|---|---|---|---|---|---|---|---|

清单综合单价组成明细

| 定额编号 | 定额名称 | 定额单位 | 数量 | 单价 | | | | 合价 | | | |
|---|---|---|---|---|---|---|---|---|---|---|---|
| | | | | 人工费 | 材料费 | 机械费 | 管理费和利润 | 人工费 | 材料费 | 机械费 | 管理费和利润 |
| 3-110 | 栽植乔木 | 10株 | 0.10 | 1369.00 | 32.80 | 263.28 | 438.08 | 136.90 | 3.28 | 26.33 | 43.81 |
| 3-357 | 苗木养护 | 10株 | 0.10 | 51.65 | 36.30 | 41.55 | 16.53 | 5.17 | 3.63 | 4.16 | 1.65 |
| 人工单价 | | 小计 | | | | | | 142.07 | 6.91 | 30.48 | 45.46 |
| 37.00 元/工日 | | 未计价材料费 | | | | | | 445.00 | | | |
| 清单项目综合单价 | | | | | | | | 669.92 | | | |

| 材料费明细 | 主要材料名称、规格、型号 | 单位 | 数量 | 单价（元） | 合价（元） | 暂估单价（元） | 暂估合价（元） |
|---|---|---|---|---|---|---|---|
| | 雪松,胸径20cm | 株 | 1.00 | 400.00 | 400.00 | | |
| | 基肥 | kg | 3.00 | 15.00 | 45.00 | | |
| | | | | | | | |
| | | | | | | | |
| | | | | | | | |
| | 其他材料费 | | | | | | |
| | 材料费小计 | | | | 445.00 | | |

**工程量清单综合单价分析表**　　　　　　　　　　表 1-22

工程名称："和熙"广场绿地工程　　　　　标段：　　　　　第　页　共　页

| 项目编码 | 050102001002 | 项目名称 | 栽植乔木——冷杉 | 计量单位 | 株 | 工程量 | 2 |
|---|---|---|---|---|---|---|---|

清单综合单价组成明细

| 定额编号 | 定额名称 | 定额单位 | 数量 | 单价 | | | | 合价 | | | |
|---|---|---|---|---|---|---|---|---|---|---|---|
| | | | | 人工费 | 材料费 | 机械费 | 管理费和利润 | 人工费 | 材料费 | 机械费 | 管理费和利润 |
| 3-120 | 栽植乔木 | 10株 | 0.10 | 92.50 | 4.10 | — | 29.60 | 9.25 | 0.41 | — | 2.96 |
| 3-356 | 苗木养护 | 10株 | 0.10 | 39.15 | 28.79 | 34.68 | 12.53 | 3.92 | 2.88 | 3.47 | 1.25 |
| 人工单价 | | 小计 | | | | | | 13.17 | 3.29 | 3.47 | 4.21 |
| 37.00元/工日 | | 未计价材料费 | | | | | | 421.50 | | | |
| 清单项目综合单价 | | | | | | | | 445.64 | | | |

| | 主要材料名称、规格、型号 | 单位 | 数量 | 单价（元） | 合价（元） | 暂估单价（元） | 暂估合价（元） |
|---|---|---|---|---|---|---|---|
| 材料费明细 | 冷杉,胸径10cm | 株 | 1.05 | 390.00 | 409.50 | | |
| | 基肥 | kg | 0.80 | 15.00 | 12.00 | | |
| | 其他材料费 | | | | | | |
| | 材料费小计 | | | | 421.50 | | |

**工程量清单综合单价分析表**　　　　　　　　　　表 1-23

工程名称："和熙"广场绿地工程　　　　　标段：　　　　　第　页　共　页

| 项目编码 | 050102001003 | 项目名称 | 栽植乔木——桂花 | 计量单位 | 株 | 工程量 | 6 |
|---|---|---|---|---|---|---|---|

清单综合单价组成明细

| 定额编号 | 定额名称 | 定额单位 | 数量 | 单价 | | | | 合价 | | | |
|---|---|---|---|---|---|---|---|---|---|---|---|
| | | | | 人工费 | 材料费 | 机械费 | 管理费和利润 | 人工费 | 材料费 | 机械费 | 管理费和利润 |
| 3-119 | 栽植乔木 | 10株 | 0.100 | 52.91 | 3.08 | — | 9.52 | 5.29 | 0.31 | — | 0.95 |
| 3-356 | 苗木养护 | 10株 | 0.100 | 39.15 | 28.79 | 34.68 | 12.53 | 3.92 | 2.88 | 3.47 | 1.25 |
| 人工单价 | | 小计 | | | | | | 9.21 | 3.19 | 3.47 | 2.21 |
| 37.00元/工日 | | 未计价材料费 | | | | | | 334.50 | | | |
| 清单项目综合单价 | | | | | | | | 352.57 | | | |

| | 主要材料名称、规格、型号 | 单位 | 数量 | 单价（元） | 合价（元） | 暂估单价（元） | 暂估合价（元） |
|---|---|---|---|---|---|---|---|
| 材料费明细 | 桂花,胸径8cm | 株 | 1.05 | 310.00 | 325.50 | | |
| | 基肥 | kg | 0.60 | 15.00 | 9.00 | | |
| | 其他材料费 | | | | | | |
| | 材料费小计 | | | | 334.50 | | |

**工程量清单综合单价分析表**　　　　　　　**表 1-24**

工程名称："和熙"广场绿地工程　　　　　　标段：　　　　　第 页 共 页

| 项目编码 | 050102001004 | 项目名称 | 栽植乔木——大叶女贞 | 计量单位 | 株 | 工程量 | 58 |

清单综合单价组成明细

| 定额编号 | 定额名称 | 定额单位 | 数量 | 单价 | | | | 合价 | | | |
|---|---|---|---|---|---|---|---|---|---|---|---|
| | | | | 人工费 | 材料费 | 机械费 | 管理费和利润 | 人工费 | 材料费 | 机械费 | 管理费和利润 |
| 3-105 | 栽植乔木 | 10 株 | 0.100 | 185.00 | 5.13 | — | 33.30 | 18.50 | 0.51 | — | 3.33 |
| 3-356 | 苗木养护 | 10 株 | 0.100 | 39.15 | 28.79 | 34.68 | 12.53 | 3.92 | 2.88 | 3.47 | 1.25 |
| 人工单价 | | 小计 | | | | | | 22.42 | 3.39 | 3.47 | 4.58 |
| 37.00 元/工日 | | 未计价材料费 | | | | | | 261.00 | | | |
| 清单项目综合单价 | | | | | | | | 294.86 | | | |

| | 主要材料名称、规格、型号 | 单位 | 数量 | 单价(元) | 合价(元) | 暂估单价(元) | 暂估合价(元) |
|---|---|---|---|---|---|---|---|
| 材料费明细 | 大叶女贞,胸径 8cm | 株 | 1.05 | 240.00 | 252.00 | | |
| | 基肥 | kg | 0.60 | 15.00 | 9.00 | | |
| | | | | | | | |
| | | | | | | | |
| | | | | | | | |
| | 其他材料费 | | | | | | |
| | 材料费小计 | | | | 261.00 | | |

**工程量清单综合单价分析表**　　　　　　　**表 1-25**

工程名称："和熙"广场绿地工程　　　　　　标段：　　　　　第 页 共 页

| 项目编码 | 050102001005 | 项目名称 | 栽植乔木——垂柳 | 计量单位 | 株 | 工程量 | 2 |

清单综合单价组成明细

| 定额编号 | 定额名称 | 定额单位 | 数量 | 单价 | | | | 合价 | | | |
|---|---|---|---|---|---|---|---|---|---|---|---|
| | | | | 人工费 | 材料费 | 机械费 | 管理费和利润 | 人工费 | 材料费 | 机械费 | 管理费和利润 |
| 3-109 | 栽植乔木 | 10 株 | 0.100 | 821.40 | 20.50 | 217.20 | 262.85 | 82.14 | 2.05 | 21.72 | 26.29 |
| 3-362 | 苗木养护 | 10 株 | 0.100 | 96.27 | 36.30 | 43.05 | 30.81 | 9.63 | 3.63 | 4.31 | 3.08 |
| 人工单价 | | 小计 | | | | | | 91.77 | 5.68 | 26.03 | 29.37 |
| 37.00 元/工日 | | 未计价材料费 | | | | | | 1152.00 | | | |
| 清单项目综合单价 | | | | | | | | 1304.84 | | | |

| | 主要材料名称、规格、型号 | 单位 | 数量 | 单价(元) | 合价(元) | 暂估单价(元) | 暂估合价(元) |
|---|---|---|---|---|---|---|---|
| 材料费明细 | 垂柳,胸径 16cm | 株 | 1.10 | 1020.00 | 1122.00 | | |
| | 基肥 | kg | 2.00 | 15.00 | 30.00 | | |
| | | | | | | | |
| | | | | | | | |
| | | | | | | | |
| | 其他材料费 | | | | | | |
| | 材料费小计 | | | | 1152.00 | | |

**工程量清单综合单价分析表**

表 1-26

工程名称："和熙"广场绿地工程　　　　　标段：　　　　　第　页　共　页

| 项目编码 | 050102001006 | 项目名称 | 栽植乔木——银杏 | 计量单位 | 株 | 工程量 | 10 |
|---|---|---|---|---|---|---|---|

清单综合单价组成明细

| 定额编号 | 定额名称 | 定额单位 | 数量 | 单价 | | | | 合价 | | | |
|---|---|---|---|---|---|---|---|---|---|---|---|
| | | | | 人工费 | 材料费 | 机械费 | 管理费和利润 | 人工费 | 材料费 | 机械费 | 管理费和利润 |
| 3-108 | 栽植乔木 | 10株 | 0.100 | 529.10 | 16.40 | 131.64 | 169.31 | 52.91 | 1.64 | 13.16 | 16.93 |
| 3-362 | 苗木养护 | 10株 | 0.100 | 96.27 | 36.30 | 43.05 | 30.81 | 9.63 | 3.63 | 4.31 | 3.08 |
| 人工单价 | | 小计 | | | | | | 62.54 | 5.27 | 17.47 | 20.01 |
| 37.00元/工日 | | 未计价材料费 | | | | | | 1144.50 | | | |
| 清单项目综合单价 | | | | | | | | 1249.79 | | | |

| 材料费明细 | 主要材料名称、规格、型号 | 单位 | 数量 | 单价（元） | 合价（元） | 暂估单价（元） | 暂估合价（元） |
|---|---|---|---|---|---|---|---|
| | 银杏,胸径15cm | 株 | 1.10 | 1020.00 | 1122.00 | | |
| | 基肥 | kg | 1.50 | 15.00 | 22.50 | | |
| | | | | | | | |
| | | | | | | | |
| | | | | | | | |
| | 其他材料费 | | | | | | |
| | 材料费小计 | | | | 1144.50 | | |

**工程量清单综合单价分析表**

表 1-27

工程名称："和熙"广场绿地工程　　　　　标段：　　　　　第　页　共　页

| 项目编码 | 050102001007 | 项目名称 | 栽植乔木——黄山栾树 | 计量单位 | 株 | 工程量 | 36 |
|---|---|---|---|---|---|---|---|

清单综合单价组成明细

| 定额编号 | 定额名称 | 定额单位 | 数量 | 单价 | | | | 合价 | | | |
|---|---|---|---|---|---|---|---|---|---|---|---|
| | | | | 人工费 | 材料费 | 机械费 | 管理费和利润 | 人工费 | 材料费 | 机械费 | 管理费和利润 |
| 3-119 | 栽植乔木 | 10株 | 0.100 | 52.91 | 3.08 | — | 16.93 | 5.29 | 0.31 | — | 1.69 |
| 3-361 | 苗木养护 | 10株 | 0.100 | 70.63 | 28.79 | 35.94 | 22.60 | 7.06 | 2.88 | 3.59 | 2.26 |
| 人工单价 | | 小计 | | | | | | 12.35 | 3.19 | 3.68 | 3.95 |
| 37.00元/工日 | | 未计价材料费 | | | | | | 1080.00 | | | |
| 清单项目综合单价 | | | | | | | | 1103.17 | | | |

| 材料费明细 | 主要材料名称、规格、型号 | 单位 | 数量 | 单价（元） | 合价（元） | 暂估单价（元） | 暂估合价（元） |
|---|---|---|---|---|---|---|---|
| | 黄山栾树,胸径8cm | 株 | 1.05 | 1020.00 | 1071.00 | | |
| | 基肥 | kg | 0.60 | 15.00 | 9.00 | | |
| | | | | | | | |
| | | | | | | | |
| | | | | | | | |
| | 其他材料费 | | | | | | |
| | 材料费小计 | | | | 1080.00 | | |

**工程量清单综合单价分析表**　　　　　　　　　　表 1-28

工程名称："和熙"广场绿地工程　　　　　　标段：　　　　第　页　共　页

| 项目编码 | 050102001008 | 项目名称 | 栽植乔木——国槐 | 计量单位 | 株 | 工程量 | 2 |
|---|---|---|---|---|---|---|---|

清单综合单价组成明细

| 定额编号 | 定额名称 | 定额单位 | 数量 | 单价 | | | | 合价 | | | |
|---|---|---|---|---|---|---|---|---|---|---|---|
| | | | | 人工费 | 材料费 | 机械费 | 管理费和利润 | 人工费 | 材料费 | 机械费 | 管理费和利润 |
| 3-120 | 栽植乔木 | 10 株 | 0.100 | 92.50 | 4.10 | — | 29.60 | 9.25 | 0.41 | — | 2.96 |
| 3-361 | 苗木养护 | 10 株 | 0.100 | 70.63 | 28.79 | 35.94 | 22.60 | 7.06 | 2.88 | 3.59 | 2.26 |
| 人工单价 | | 小计 | | | | | | 16.31 | 3.29 | 3.59 | 5.22 |
| 37.00 元/工日 | | 未计价材料费 | | | | | | 217.50 | | | |
| 清单项目综合单价 | | | | | | | | 245.91 | | | |

| | 主要材料名称、规格、型号 | 单位 | 数量 | 单价（元） | 合价（元） | 暂估单价（元） | 暂估合价（元） |
|---|---|---|---|---|---|---|---|
| 材料费明细 | 国槐，胸径 10cm | 株 | 1.05 | 200.00 | 210.00 | | |
| | 基肥 | kg | 0.50 | 15.00 | 7.50 | | |
| | | | | | | | |
| | | | | | | | |
| | | | | | | | |
| | 其他材料费 | | | | | | |
| | 材料费小计 | | | | 217.50 | | |

**工程量清单综合单价分析表**　　　　　　　　　　表 1-29

工程名称："和熙"广场绿地工程　　　　　　标段：　　　　第　页　共　页

| 项目编码 | 050102002001 | 项目名称 | 栽植灌木——紫薇 | 计量单位 | 株 | 工程量 | 4 |
|---|---|---|---|---|---|---|---|

清单综合单价组成明细

| 定额编号 | 定额名称 | 定额单位 | 数量 | 单价 | | | | 合价 | | | |
|---|---|---|---|---|---|---|---|---|---|---|---|
| | | | | 人工费 | 材料费 | 机械费 | 管理费和利润 | 人工费 | 材料费 | 机械费 | 管理费和利润 |
| 3-139 | 栽植灌木 | 10 株 | 0.100 | 33.67 | 2.05 | — | 10.77 | 3.37 | 0.21 | — | 1.08 |
| 3-367 | 苗木养护 | 10 株 | 0.100 | 9.29 | 10.80 | 10.13 | 2.97 | 0.93 | 1.08 | 1.01 | 0.30 |
| 人工单价 | | 小计 | | | | | | 4.30 | 1.29 | 1.05 | 1.37 |
| 37.00 元/工日 | | 未计价材料费 | | | | | | 164.70 | | | |
| 清单项目综合单价 | | | | | | | | 172.71 | | | |

| | 主要材料名称、规格、型号 | 单位 | 数量 | 单价（元） | 合价（元） | 暂估单价（元） | 暂估合价（元） |
|---|---|---|---|---|---|---|---|
| 材料费明细 | 紫薇，胸径 5cm | 株 | 1.02 | 160.00 | 163.20 | | |
| | 基肥 | kg | 0.10 | 15.00 | 1.50 | | |
| | | | | | | | |
| | | | | | | | |
| | | | | | | | |
| | 其他材料费 | | | | | | |
| | 材料费小计 | | | | 164.70 | | |

**工程量清单综合单价分析表**　　　　　　　　　　表 1-30

工程名称："和熙"广场绿地工程　　　　　　标段：　　　　　　第　页　共　页

| 项目编码 | 050102002002 | | 项目名称 | 栽植灌木——紫荆 | 计量单位 | 株 | 工程量 | 4 |
|---|---|---|---|---|---|---|---|---|

清单综合单价组成明细

| 定额编号 | 定额名称 | 定额单位 | 数量 | 单价 | | | | 合价 | | | |
|---|---|---|---|---|---|---|---|---|---|---|---|
| | | | | 人工费 | 材料费 | 机械费 | 管理费和利润 | 人工费 | 材料费 | 机械费 | 管理费和利润 |
| 3-140 | 栽植灌木 | 10株 | 0.100 | 82.14 | 3.08 | — | 26.29 | 8.21 | 0.31 | — | 2.63 |
| 3-367 | 苗木养护 | 10株 | 0.100 | 9.29 | 10.80 | 10.13 | 2.97 | 0.93 | 1.08 | 1.01 | 0.30 |
| 人工单价 | | | 小计 | | | | | 9.14 | 1.39 | 1.05 | 2.93 |
| 37.00元/工日 | | | 未计价材料费 | | | | | 17.18 | | | |
| 清单项目综合单价 | | | | | | | | 31.68 | | | |

| 材料费明细 | 主要材料名称、规格、型号 | 单位 | 数量 | 单价（元） | 合价（元） | 暂估单价（元） | 暂估合价（元） |
|---|---|---|---|---|---|---|---|
| | 紫荆，胸径6cm，高1.5m，冠幅60cm | 株 | 1.05 | 13.50 | 14.18 | | |
| | 基肥 | kg | 0.20 | 15.00 | 3.00 | | |
| | | | | | | | |
| | 其他材料费 | | | | | | |
| | 材料费小计 | | | | 17.18 | | |

**工程量清单综合单价分析表**　　　　　　　　　　表 1-31

工程名称："和熙"广场绿地工程　　　　　　标段：　　　　　　第　页　共　页

| 项目编码 | 050102002003 | | 项目名称 | 栽植灌木——大叶黄杨 | 计量单位 | 株 | 工程量 | 2 |
|---|---|---|---|---|---|---|---|---|

清单综合单价组成明细

| 定额编号 | 定额名称 | 定额单位 | 数量 | 单价 | | | | 合价 | | | |
|---|---|---|---|---|---|---|---|---|---|---|---|
| | | | | 人工费 | 材料费 | 机械费 | 管理费和利润 | 人工费 | 材料费 | 机械费 | 管理费和利润 |
| 3-137 | 栽植灌木 | 10株 | 0.100 | 4.26 | 0.82 | — | 1.37 | 0.43 | 0.08 | — | 0.14 |
| 3-366 | 苗木养护 | 10株 | 0.100 | 7.22 | 7.99 | 7.54 | 2.31 | 0.72 | 0.80 | 0.75 | 0.23 |
| 人工单价 | | | 小计 | | | | | 1.15 | 0.88 | 0.78 | 0.37 |
| 37.00元/工日 | | | 未计价材料费 | | | | | 1.80 | | | |
| 清单项目综合单价 | | | | | | | | 4.98 | | | |

| 材料费明细 | 主要材料名称、规格、型号 | 单位 | 数量 | 单价（元） | 合价（元） | 暂估单价（元） | 暂估合价（元） |
|---|---|---|---|---|---|---|---|
| | 大叶黄杨，胸径2cm，高0.8m | 株 | 1.02 | 1.65 | 1.68 | | |
| | 基肥 | kg | 0.01 | 15.00 | 0.12 | | |
| | | | | | | | |
| | 其他材料费 | | | | | | |
| | 材料费小计 | | | | 1.80 | | |

**工程量清单综合单价分析表**  表 1-32

工程名称:"和熙"广场绿地工程  标段:  第 页 共 页

| 项目编码 | 050102008001 | 项目名称 | 栽植花卉——棣棠 | 计量单位 | m² | 工程量 | 46.2 |
|---|---|---|---|---|---|---|---|

清单综合单价组成明细

| 定额编号 | 定额名称 | 定额单位 | 数量 | 单价 | | | | 合价 | | | |
|---|---|---|---|---|---|---|---|---|---|---|---|
| | | | | 人工费 | 材料费 | 机械费 | 管理费和利润 | 人工费 | 材料费 | 机械费 | 管理费和利润 |
| 3-196 | 栽植花卉 | 10m² | 0.100 | 59.57 | 1.56 | — | 19.06 | 5.96 | 0.16 | — | 1.91 |
| 3-400 | 苗木养护 | 10 株 | 0.652 | 3.18 | 7.68 | 3.85 | 1.02 | 2.07 | 5.00 | 2.51 | 0.66 |
| 人工单价 | | | 小计 | | | | | 8.03 | 5.16 | 2.51 | 2.57 |
| 37.00 元/工日 | | | 未计价材料费 | | | | | 3.15 | | | |
| 清单项目综合单价 | | | | | | | | 21.42 | | | |

| | 主要材料名称、规格、型号 | 单位 | 数量 | 单价(元) | 合价(元) | 暂估单价(元) | 暂估合价(元) |
|---|---|---|---|---|---|---|---|
| 材料费明细 | 棣棠,冠幅 50cm,灌丛高度 0.8m,6.3 株/m² | 株 | 1.02 | 2.65 | 2.70 | | |
| | 基肥 | kg | 0.03 | 15.00 | 0.45 | | |
| | | | | | | | |
| | | | | | | | |
| | | | | | | | |
| | 其他材料费 | | | | | | |
| | 材料费小计 | | | | 3.15 | | |

**工程量清单综合单价分析表**  表 1-33

工程名称:"和熙"广场绿地工程  标段:  第 页 共 页

| 项目编码 | 050102008002 | 项目名称 | 栽植花卉——月季 | 计量单位 | m² | 工程量 | 25.5 |
|---|---|---|---|---|---|---|---|

清单综合单价组成明细

| 定额编号 | 定额名称 | 定额单位 | 数量 | 单价 | | | | 合价 | | | |
|---|---|---|---|---|---|---|---|---|---|---|---|
| | | | | 人工费 | 材料费 | 机械费 | 管理费和利润 | 人工费 | 材料费 | 机械费 | 管理费和利润 |
| 3-196 | 栽植花卉 | 10m² | 0.100 | 59.57 | 1.56 | — | 19.06 | 5.96 | 0.16 | — | 1.91 |
| 3-400 | 苗木养护 | 10 株 | 0.653 | 3.18 | 7.68 | 3.85 | 1.02 | 2.08 | 5.02 | 2.52 | 0.67 |
| 人工单价 | | | 小计 | | | | | 8.03 | 5.17 | 2.52 | 2.57 |
| 37.00 元/工日 | | | 未计价材料费 | | | | | 1.32 | | | |
| 清单项目综合单价 | | | | | | | | 19.62 | | | |

| | 主要材料名称、规格、型号 | 单位 | 数量 | 单价(元) | 合价(元) | 暂估单价(元) | 暂估合价(元) |
|---|---|---|---|---|---|---|---|
| 材料费明细 | 月季,1 年生,6.3 株/m² | 株 | 1.02 | 0.85 | 0.87 | | |
| | 基肥 | kg | 0.03 | 15.00 | 0.45 | | |
| | | | | | | | |
| | | | | | | | |
| | | | | | | | |
| | 其他材料费 | | | | | | |
| | 材料费小计 | | | | 1.32 | | |

**工程量清单综合单价分析表**　　　　　　　　　　　　　　　　表 1-34

工程名称:"和熙"广场绿地工程　　　　　　　标段:　　　　　　　　　第　页　共　页

| 项目编码 | 050102008003 | 项目名称 | 栽植花卉——蔷薇 | 计量单位 | m² | 工程量 | 35.2 |
|---|---|---|---|---|---|---|---|

清单综合单价组成明细

| 定额编号 | 定额名称 | 定额单位 | 数量 | 单价 | | | | 合价 | | | |
|---|---|---|---|---|---|---|---|---|---|---|---|
| | | | | 人工费 | 材料费 | 机械费 | 管理费和利润 | 人工费 | 材料费 | 机械费 | 管理费和利润 |
| 3-196 | 栽植花卉 | 10m² | 0.100 | 59.57 | 1.56 | — | 19.06 | 5.96 | 0.16 | — | 1.91 |
| 3-400 | 苗木养护 | 10株 | 0.653 | 3.18 | 7.68 | 3.85 | 1.02 | 2.08 | 5.02 | 2.52 | 0.67 |
| 人工单价 | | | 小计 | | | | | 8.03 | 5.17 | 2.52 | 2.57 |
| 37.00 元/工日 | | | 未计价材料费 | | | | | 1.52 | | | |
| 清单项目综合单价 | | | | | | | | 19.82 | | | |

| 材料费明细 | 主要材料名称、规格、型号 | | | | 单位 | 数量 | 单价(元) | 合价(元) | 暂估单价(元) | 暂估合价(元) |
|---|---|---|---|---|---|---|---|---|---|---|
| | 蔷薇,2年生,灌丛高度0.8m,6.3株/m² | | | | 株 | 1.02 | 1.05 | 1.07 | | |
| | 基肥 | | | | kg | 0.03 | 15.00 | 0.45 | | |
| | | | | | | | | | | |
| | | | | | | | | | | |
| | | | | | | | | | | |
| | 其他材料费 | | | | | | | | | |
| | 材料费小计 | | | | | | | 1.52 | | |

**工程量清单综合单价分析表**　　　　　　　　　　　　　　　　表 1-35

工程名称:"和熙"广场绿地工程　　　　　　　标段:　　　　　　　　　第　页　共　页

| 项目编码 | 050102008004 | 项目名称 | 栽植花卉——金钟花 | 计量单位 | m² | 工程量 | 46.2 |
|---|---|---|---|---|---|---|---|

清单综合单价组成明细

| 定额编号 | 定额名称 | 定额单位 | 数量 | 单价 | | | | 合价 | | | |
|---|---|---|---|---|---|---|---|---|---|---|---|
| | | | | 人工费 | 材料费 | 机械费 | 管理费和利润 | 人工费 | 材料费 | 机械费 | 管理费和利润 |
| 3-196 | 栽植花卉 | 10m² | 0.100 | 59.57 | 1.56 | — | 19.06 | 5.96 | 0.16 | — | 1.91 |
| 3-400 | 苗木养护 | 10株 | 0.652 | 3.18 | 7.68 | 3.85 | 1.02 | 2.07 | 5.00 | 2.51 | 0.66 |
| 人工单价 | | | 小计 | | | | | 8.03 | 5.16 | 2.51 | 2.57 |
| 37.00 元/工日 | | | 未计价材料费 | | | | | 3.00 | | | |
| 清单项目综合单价 | | | | | | | | 21.27 | | | |

| 材料费明细 | 主要材料名称、规格、型号 | | | | 单位 | 数量 | 单价(元) | 合价(元) | 暂估单价(元) | 暂估合价(元) |
|---|---|---|---|---|---|---|---|---|---|---|
| | 金钟花,高1~1.2m,木本类,露地花卉,6.3株/m² | | | | 株 | 1.02 | 2.50 | 2.55 | | |
| | 基肥 | | | | kg | 0.03 | 15.00 | 0.45 | | |
| | | | | | | | | | | |
| | | | | | | | | | | |
| | | | | | | | | | | |
| | 其他材料费 | | | | | | | | | |
| | 材料费小计 | | | | | | | 3.00 | | |

**工程量清单综合单价分析表**                    表 1-36

工程名称："和熙"广场绿地工程          标段：          第 页 共 页

| 项目编码 | 050102008005 | 项目名称 | 栽植花卉——迎春 | 计量单位 | m² | 工程量 | 25.5 |
|---|---|---|---|---|---|---|---|

清单综合单价组成明细

| 定额编号 | 定额名称 | 定额单位 | 数量 | 单价 | | | | 合价 | | | |
|---|---|---|---|---|---|---|---|---|---|---|---|
| | | | | 人工费 | 材料费 | 机械费 | 管理费和利润 | 人工费 | 材料费 | 机械费 | 管理费和利润 |
| 3-196 | 栽植花卉 | 10m² | 0.100 | 59.57 | 1.56 | — | 19.06 | 5.96 | 0.16 | — | 1.91 |
| 3-400 | 苗木养护 | 10 株 | 0.653 | 3.18 | 7.68 | 3.85 | 1.02 | 2.08 | 5.02 | 2.52 | 0.67 |
| 人工单价 | | | 小计 | | | | | 8.03 | 5.17 | 2.52 | 2.57 |
| 37.00 元/工日 | | | 未计价材料费 | | | | | 1.27 | | | |
| 清单项目综合单价 | | | | | | | | 19.57 | | | |

| 材料费明细 | 主要材料名称、规格、型号 | 单位 | 数量 | 单价（元） | 合价（元） | 暂估单价（元） | 暂估合价（元） |
|---|---|---|---|---|---|---|---|
| | 迎春,露地花卉栽植,6.3 株/m²,木本类 | 株 | 1.02 | 0.80 | 0.82 | | |
| | 基肥 | kg | 0.03 | 15.00 | 0.45 | | |
| | | | | | | | |
| | | | | | | | |
| | | | | | | | |
| | 其他材料费 | | | | | | |
| | 材料费小计 | | | | 1.27 | | |

**工程量清单综合单价分析表**                    表 1-37

工程名称："和熙"广场绿地工程          标段：          第 页 共 页

| 项目编码 | 050102008006 | 项目名称 | 栽植花卉——木香 | 计量单位 | m² | 工程量 | 35.2 |
|---|---|---|---|---|---|---|---|

清单综合单价组成明细

| 定额编号 | 定额名称 | 定额单位 | 数量 | 单价 | | | | 合价 | | | |
|---|---|---|---|---|---|---|---|---|---|---|---|
| | | | | 人工费 | 材料费 | 机械费 | 管理费和利润 | 人工费 | 材料费 | 机械费 | 管理费和利润 |
| 3-196 | 栽植花卉 | 10m² | 0.100 | 59.57 | 1.56 | — | 19.06 | 5.96 | 0.16 | — | 1.91 |
| 3-400 | 苗木养护 | 10 株 | 0.653 | 3.18 | 7.68 | 3.85 | 1.02 | 2.08 | 5.02 | 2.52 | 0.67 |
| 人工单价 | | | 小计 | | | | | 8.03 | 5.17 | 2.52 | 2.57 |
| 37.00 元/工日 | | | 未计价材料费 | | | | | 1.98 | | | |
| 清单项目综合单价 | | | | | | | | 20.28 | | | |

| 材料费明细 | 主要材料名称、规格、型号 | 单位 | 数量 | 单价（元） | 合价（元） | 暂估单价（元） | 暂估合价（元） |
|---|---|---|---|---|---|---|---|
| | 木香,1 年生,露地花卉栽植,6.3 株/m²,木本类 | 株 | 1.02 | 1.50 | 1.53 | | |
| | 基肥 | kg | 0.03 | 15.00 | 0.45 | | |
| | | | | | | | |
| | | | | | | | |
| | | | | | | | |
| | 其他材料费 | | | | | | |
| | 材料费小计 | | | | 1.98 | | |

**工程量清单综合单价分析表**    **表 1-38**

工程名称:"和熙"广场绿地工程　　　　标段:　　　　　　　第　页　共　页

| 项目编码 | 050102013001 | | 项目名称 | | 喷播植草 | | 计量单位 | m² | 工程量 | 1568.8 |
|---|---|---|---|---|---|---|---|---|---|---|

清单综合单价组成明细

| 定额编号 | 定额名称 | 定额单位 | 数量 | 单价 | | | | 合价 | | | |
|---|---|---|---|---|---|---|---|---|---|---|---|
| | | | | 人工费 | 材料费 | 机械费 | 管理费和利润 | 人工费 | 材料费 | 机械费 | 管理费和利润 |
| 3-210 | 铺种草皮 | 10m² | 0.100 | 27.75 | 2.05 | — | 8.89 | 2.78 | 0.21 | — | 0.89 |
| 3-405 | 苗木养护 | 10m² | 0.100 | 16.54 | 8.64 | 24.87 | 5.30 | 1.65 | 0.86 | 2.49 | 0.53 |
| 人工单价 | | | 小计 | | | | | 4.43 | 1.07 | 2.49 | 1.42 |
| 37.00 元/工日 | | | 未计价材料费 | | | | | 4.07 | | | |
| 清单项目综合单价 | | | | | | | | 13.48 | | | |

| 材料费明细 | 主要材料名称、规格、型号 | 单位 | 数量 | 单价(元) | 合价(元) | 暂估单价(元) | 暂估合价(元) |
|---|---|---|---|---|---|---|---|
| | 高羊茅,草坪铺种为满铺 | m² | 1.02 | 3.70 | 3.77 | | |
| | 基肥 | kg | 0.02 | 15.00 | 0.30 | | |
| | | | | | | | |
| | | | | | | | |
| | 其他材料费 | | | | | | |
| | 材料费小计 | | | | 4.07 | | |

**(二)园路、园桥、假山工程**

**1.清单工程量**

**(1)园路**

**1)园路**

项目编码:050201001001　　项目名称:园路

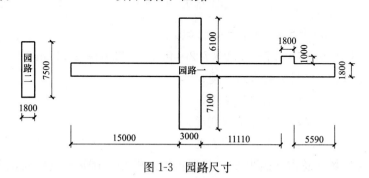

图 1-3　园路尺寸

工程量计算规则:按设计图示尺寸以面积计算,不包括路牙。如图 1-3 所示,园路的工程量

$$S=2(S_{L1}+S_{L2})$$

【注释】　2——园路为南北对称,所以总面积是 2 倍的园路一与园路二的面积之和;

　　　　　$S_{L1}$——园路一的面积;

　　　　　$S_{L2}$——园路二的面积。

$$S_{L1} = (15+3+11.11+5.59+1.8+1) \times 1.8 + (7.1+6.1) \times 3$$
$$= 37.5 \times 1.8 + 13.2 \times 3$$
$$= 67.5 + 39.6 = 107.1 \text{m}^2$$

【注释】　15+3+11.11+5.59+1.8+1——园路一中所有宽度为1.8m的道路的长度总和；

　　　　　1.8——园路一中横向道路的宽度；

　　　　　7.1+6.1——园路一中所有宽度为3m的道路的长度总和；

　　　　　3——园路一中竖向道路的宽度。

$$S_{L2} = 1.8 \times 7.5 = 13.5 \text{m}^2$$

【注释】　1.8——园路二的道路宽度；

　　　　　7.5——园路二的道路长度。

$$S = 2(S_{L1} + S_{L2}) = 2 \times (107.1 + 13.5) = 241.2 \text{m}^2$$

2）广场

项目编码：050201001002　项目名称：广场

工程量计算规则：按设计图示尺寸以面积计算，不包括路牙。如图1-4所示：

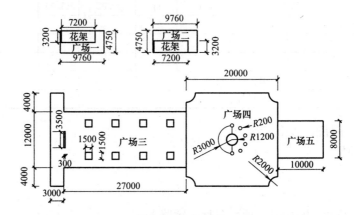

图1-4　广场尺寸

广场总面积 $S = S_{G1} + S_{G2} + S_{G3} + S_{G4} + S_{G5}$

其中 $S_{G1} = S_{G2} = 9.76 \times 4.75 - 3.2 \times 7.2 = 46.36 - 23.04 = 23.32 \text{m}^2$

【注释】　9.76——广场一的占地长度；

　　　　　4.75——广场一的占地宽度；

　　　　　3.2——广场一中花架的宽度；

　　　　　7.2——广场一中花架的长度。

$S_{G3} =$ 广场三总占地面积 $S_1 -$ 景墙占地面积 $S_J -$ 围树椅占地面积 $S_W$
$$= (4+12+4) \times 3 + 27 \times 12 - 3.5 \times 0.3 - 1.5 \times 1.5 \times 8$$
$$= 384 - 2.1 - 18 = 364.95 \text{m}^2$$

【注释】　4+12+4——广场三左边矩形的总长度；

　　　　　3——广场三左边矩形的宽度；

　　　　　27——广场三右边矩形的长度；

　　　　　12——广场三右边矩形的宽度；

3.5——广场三中景墙的长度；

0.3——广场三中景墙的宽度；

1.5——广场三中围树椅的长度；

1.5——广场三中围树椅的宽度；

8——广场三中围树椅的个数。

$S_{G4}$＝广场四总占地面积$S_2$－水池占地面积$S_S$－雕塑占地面积$S_D$－景观柱面积$S_Z$

＝$(20×20-3.14×2^2)-(3.14×3^2)/2-3.14×1.2^2-3.14×0.2^2×6$

＝$368m^2$

【注释】 20——广场四所在矩形的最大长度和宽度；

3.14×2²——广场四的四个弧形拐角的面积之和；

$(3.14×3^2)/2$——广场四中半圆形水池的面积，其中的 3m 为水池的半径；

3.14×1.2²——广场四中圆形雕塑的总占地面积，其中的 1.2 为雕塑的占地半径；

3.14×0.2²——广场四中每个圆形景观柱的占地面积，其中的 0.2 为景观柱的占地半径；

6——广场四中景观柱的个数。

$$S_{G5}＝10×8＝80m^2$$

【注释】 10——广场五的占地长度；

8——广场五的占地宽度。

所以 $S＝S_{G1}＋S_{G2}＋S_{G3}＋S_{G4}＋S_{G5}$

＝23.32＋23.32＋364.95＋368＋80

＝$859.6m^2$

（2）路牙铺设

项目编码：050201003001 项目名称：路牙铺设

工程量计算规则：按设计图示尺寸以长度计算。如图 1-3 所示：

路牙总长度 $L＝2×2（L_1＋L_2）$

【注释】 2——园路南北对称，所以乘以 2；

2——道路左右两侧都有道牙，所以再乘以 2。

工程量 $L＝2×2(15+3+11.11+5.59+1.8+1+7.1+6.1+7.5)＝232.8m$

【注释】 15＋3＋11.11＋5.59＋1.8＋1＋7.1＋6.1——园路一的总长度；

7.5——园路二的总长度。

2. 定额工程量

定额说明：

1）园路包括垫层和面层。面层、垫层缺项可按第一册楼地面工程相应项目定额执行，其综合人工系数 1.10，块料面层中包括的砂浆结合层或铺筑用砂的数量不调整。

2）如用路面同样材料铺的路沿或路牙，其工料、机械台班费已包括在定额内，如用其他材料或预制块铺的，按相应项目定额另行计算。

工程量计算规则：

1）各种园路垫层按设计图示尺寸，两边各放宽 5cm 乘以厚度以立方米计算。

2）各种园路面层按设计图示尺寸，长乘以宽按平方米计算。

3）路牙按设计图示尺寸以延长米计算。

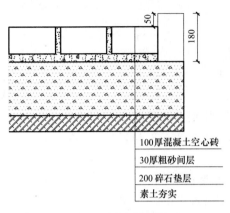

图 1-5 园路剖面图

（1）园路

1）园路

园路土基整理路床（图 1-5）

根据园路垫层两边各加宽 5cm 的原则，整理路床也需加宽 5cm。

整理路床的面积为：

$$S = 2(S_{L1} + S_{L2})$$
$$S_{L1} = (37.5 + 2 \times 0.05) \times (1.8 + 2 \times 0.05) + (13.2 + 2 \times 0.05) \times (3 + 2 \times 0.05)$$
$$= 112.67 \text{m}^2$$
$$S_{L2} = (1.8 + 2 \times 0.05) \times (7.5 + 2 \times 0.05)$$
$$= 14.44 \text{m}^2$$

$S = 2 \times (112.67 + 14.44) = 254.22 \text{m}^2 = 25.42（10\text{m}^2）$　　　　套用定额3-491

200mm 厚碎石垫层

碎石垫层的工程量 $V = SH = 254.22 \times 0.2 = 50.84 \text{m}^3$　　　　套用定额 3-495

30mm 厚粗砂间层

粗砂间层的工程量 $V = Sh = 254.22 \times 0.03 = 7.63 \text{m}^3$　　　　套用定额 3-492

100mm 厚混凝土空心砖

混凝土空心砖的工程量与清单工程量相同，为 241.2 m² = 24.12（10m²）

套用定额 3-502

2）广场

园路土基整理路床（图 1-6）

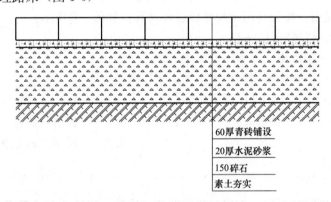

图 1-6 广场剖面图

由清单工程量计算可得广场土基整理的面积 $S = 859.6 \text{m}^2 = 85.96（10\text{m}^2）$

套用定额 3-491

150mm 厚碎石垫层

碎石垫层的工程量 $V = SH = 859.6 \times 0.15 = 128.94 \text{m}^3$　　　　套用定额 3-495

20mm 厚水泥砂浆

水泥砂浆的工程量与整理路床面积相同，$S = 859.6 \text{m}^2 = 85.96（10\text{m}^2）$

套用定额 1-756

60mm 厚青砖铺设

青砖面层铺设的工程量与整理路床面积相同，$S=859.6m^2=85.96$（$10m^2$）

套用定额 1-926

（2）路牙铺设

由清单工程量可知，路牙铺设的工程量：

$L=232.8m=23.28$（10m）

套用定额 3-525

3. 工程量清单综合单价分析

根据上述"和熙"广场绿地工程园路、园桥、假山工程的定额工程量和清单工程量计算，可以知道相应的投标和招标工程量，在实际工程中对某项工程进行造价预算的前提是要知道每个分项工程的单价，接下来，我们依据上述计算的工程量结合《江苏省仿古建筑与园林工程计价表》和《园林绿化工程工程量计算规范》（GB 50858—2013）对园路、园桥、假山工程进行工程量清单综合单价分析，具体分析过程见表1-39～表1-41。

工程量清单综合单价分析表　　　　　　　　　　　　　　　　　表 1-39

工程名称："和熙"广场绿地工程　　　　　　　标段：　　　　　　　第　页　共　页

| 项目编码 | 050201001001 | | 项目名称 | | 园路 | 计量单位 | $m^2$ | 工程量 | 241.2 |
|---|---|---|---|---|---|---|---|---|---|

清单综合单价组成明细

| 定额编号 | 定额名称 | 定额单位 | 数量 | 单价 | | | | 合价 | | | |
|---|---|---|---|---|---|---|---|---|---|---|---|
| | | | | 人工费 | 材料费 | 机械费 | 管理费和利润 | 人工费 | 材料费 | 机械费 | 管理费和利润 |
| 3-491 | 园路土基整理路床 | $10m^2$ | 0.105 | 16.65 | — | | 5.33 | 1.75 | | | 0.56 |
| 3-495 | 200mm 厚碎石垫层 | $m^3$ | 0.211 | 27.01 | 60.23 | 1.20 | 8.64 | 5.69 | 12.70 | 0.25 | 1.82 |
| 3-492 | 30mm 厚粗砂间层 | $m^3$ | 0.032 | 18.50 | 57.59 | 0.90 | 5.92 | 0.59 | 1.82 | 0.03 | 0.19 |
| 3-502 | 100mm 厚混凝土空心砖 | $10m^2$ | 0.100 | 92.50 | 627.08 | — | 29.60 | 9.25 | 62.71 | — | 2.96 |
| 人工单价 | | 小计 | | | | | | 17.28 | 77.23 | 0.28 | 5.53 |
| 37.00 元/工日 | | 未计价材料费 | | | | | | — | | | |
| 清单项目综合单价 | | | | | | | | 100.32 | | | |

| | 主要材料名称、规格、型号 | 单位 | 数量 | 单价（元） | 合价（元） | 暂估单价（元） | 暂估合价（元） |
|---|---|---|---|---|---|---|---|
| 材料费明细 | 碎石 5～40mm | t | 0.348 | 36.50 | 12.71 | | |
| | 山砂 | t | 0.139 | 33.00 | 4.58 | | |
| | 水 | $m^3$ | 0.017 | 4.10 | 0.07 | | |
| | 预制混凝土道板（矩形） | $m^3$ | 0.102 | 585.00 | 59.67 | | |
| | 其他材料费 | | | | 0.23 | | |
| | 材料费小计 | | | | 77.26 | | |

## 工程量清单综合单价分析表　　　　　　　　　表 1-40

工程名称："和熙"广场绿地工程　　　　标段：　　　　第　页　共　页

| 项目编码 | 050201001002 | 项目名称 | | 园路(广场) | 计量单位 | m² | 工程量 | 859.6 |
|---|---|---|---|---|---|---|---|---|

清单综合单价组成明细

| 定额编号 | 定额名称 | 定额单位 | 数量 | 单价 | | | | 合价 | | | |
|---|---|---|---|---|---|---|---|---|---|---|---|
| | | | | 人工费 | 材料费 | 机械费 | 管理费和利润 | 人工费 | 材料费 | 机械费 | 管理费和利润 |
| 3-491 | 园路土基整理路床 | 10m² | 0.100 | 16.65 | — | — | 5.33 | 1.67 | — | — | 0.53 |
| 3-495 | 150mm 厚碎石垫层 | m³ | 0.150 | 27.01 | 60.23 | 1.20 | 8.64 | 4.05 | 9.03 | 0.18 | 1.30 |
| 1-756 | 20mm 厚水泥砂浆 | 10m² | 0.100 | 31.08 | 37.10 | 5.21 | 19.95 | 3.11 | 3.71 | 0.52 | 2.00 |
| 1-926 | 60mm 厚青砖铺设 | 10m² | 0.100 | 283.42 | 358.08 | 5.70 | 159.01 | 28.34 | 35.81 | 0.57 | 15.90 |
| 人工单价 | | 小计 | | | | | | 37.17 | 48.55 | 1.27 | 19.73 |
| 37.00 元/工日 | | 未计价材料费 | | | | | | — | | | |
| 清单项目综合单价 | | | | | | | | 106.72 | | | |

| | 主要材料名称、规格、型号 | 单位 | 数量 | 单价(元) | 合价(元) | 暂估单价(元) | 暂估合价(元) |
|---|---|---|---|---|---|---|---|
| 材料费明细 | 碎石 5～40mm | t | 0.248 | 36.50 | 9.03 | | |
| | 水泥砂浆 1：3 | m³ | 0.031 | 182.43 | 5.62 | | |
| | 水 | m³ | 0.016 | 4.10 | 0.07 | | |
| | 青砖片 240mm×53mm×12mm | 百块 | 0.772 | 40.00 | 30.88 | | |
| | 水泥砂浆 1：2 | m³ | 0.011 | 221.77 | 2.44 | | |
| | 801 素胶水泥浆 | m³ | 0.000 | 495.03 | 0.20 | | |
| | 合金钢切割锯片 | 片 | 0.004 | 61.75 | 0.23 | | |
| | 棉纱头 | kg | 0.011 | 5.30 | 0.06 | | |
| | 其他材料费 | | | | | | |
| | 材料费小计 | | | | 48.53 | | |

## 工程量清单综合单价分析表　　　　　　　　　表 1-41

工程名称："和熙"广场绿地工程　　　　标段：　　　　第　页　共　页

| 项目编码 | 050201003001 | 项目名称 | | 路牙铺设 | 计量单位 | m | 工程量 | 232.8 |
|---|---|---|---|---|---|---|---|---|

清单综合单价组成明细

| 定额编号 | 定额名称 | 定额单位 | 数量 | 单价 | | | | 合价 | | | |
|---|---|---|---|---|---|---|---|---|---|---|---|
| | | | | 人工费 | 材料费 | 机械费 | 管理费和利润 | 人工费 | 材料费 | 机械费 | 管理费和利润 |
| 3-525 | 花岗石路牙 | 10m | 0.100 | 41.44 | 724.41 | 16.91 | 13.26 | 4.14 | 72.44 | 1.69 | 1.33 |
| 人工单价 | | 小计 | | | | | | 4.14 | 72.44 | 1.69 | 1.33 |
| 37.00 元/工日 | | 未计价材料费 | | | | | | — | | | |

| 项目编码 | 050201003001 | 项目名称 | 路牙铺设 | 计量单位 | m | 工程量 | 232.8 |
|---|---|---|---|---|---|---|---|
| 清单项目综合单价 | | | | | 79.60 | | |

| | 主要材料名称、规格、型号 | 单位 | 数量 | 单价(元) | 合价(元) | 暂估单价(元) | 暂估合价(元) |
|---|---|---|---|---|---|---|---|
| 材料费明细 | 花岗石路牙 100mm×200mm | m | 1.010 | 70.00 | 70.70 | | |
| | 水泥砂浆 1:3 | m³ | 0.003 | 182.43 | 0.55 | | |
| | 水 | m³ | 0.001 | 4.10 | 0.00 | | |
| | 碎石 5～40mm | t | 0.020 | 36.50 | 0.73 | | |
| | 水泥砂浆 1:2 | m³ | 0.000 | 221.77 | 0.09 | | |
| | 801 素胶水泥浆 | m³ | 0.000 | 495.03 | 0.20 | | |
| | 合金钢切割锯片 | 片 | 0.006 | 61.75 | 0.37 | | |
| | | | | | | | |
| | 其他材料费 | | | | | | |
| | 材料费小计 | | | | 72.44 | | |

（三）园林景观工程

1. 清单工程量

（1）围树椅

1）砖基础

项目编码：010401001001 项目名称：砖基础

工程量计算规则：按设计图示尺寸以体积计算。

如图 1-7、图 1-8 所示：

砖基础工程量：

$V$ = 底面积 $S$ × 砌砖高度 $H$ × 个数 $n$

= [(1.5−0.3)×0.3×4]×0.3×8

= 3.46m³

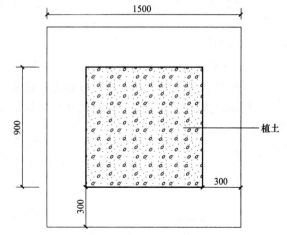

图 1-7 围树椅平面图

【注释】 1.5-0.3——围树椅每个小凳子的长度；

0.3——围树椅每个小凳子的宽度；

4——一个围树椅可以看作上述四个小凳子的面积之和；

0.3——围树椅的砌砖高度；

8——围树椅的个数。

2）花岗石铺面

项目编码：011204001001 项目名称：石材墙面

工程量计算规则：按设计图示尺寸以镶贴表面积计算。

如图 1-7、图 1-8 所示：

石材墙面工程量 $S$ = (1.5−0.3)×0.3×4×8 = 11.52m²

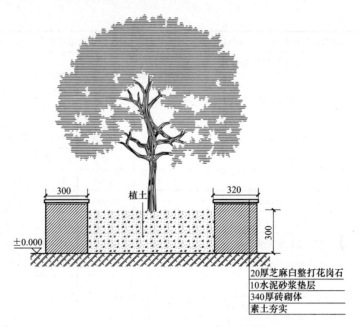

图 1-8　围树椅剖面图

【注释】　(1.5－0.3)×0.3×4——如上式所述，指围树椅的底面积；

　　　　　　8——围树椅的个数。

(2) 雕塑

1) 挖基础土方

项目编码：010101003001　项目名称：挖基础土方

工程量计算规则：按设计图示尺寸以基础垫层底面积乘以挖土深度计算。

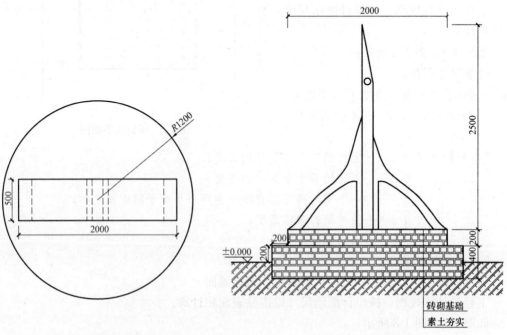

图 1-9　雕塑平面图　　　　　　　　图 1-10　雕塑剖面图

如图1-9、图1-10所示：

$$挖方工程量 V = SH = \pi r^2 H = 3.14 \times 1.2^2 \times 0.2 = 0.9\text{m}^3$$

【注释】 $3.14 \times 1.2^2$——雕塑占地的底面积，其中的1.2m为占地半径；

0.2——雕塑的地下部分高度。

2）砖砌基础

项目编码：010401001002 项目名称：砖基础

工程量计算规则：按设计图示尺寸以体积计算。

如图1-9、图1-10所示：

$$砖基础工程量 V = V_1 + V_2 = \pi r^2 H_1 + SH_2$$
$$= 3.14 \times 1.2^2 \times 0.4 + 2 \times 0.5 \times 0.2$$
$$= 2\text{m}^3$$

【注释】 $V_1$——砖砌圆形基础的体积；

$V_2$——砖砌方形底座的体积；

$3.14 \times 1.2^2$——雕塑占地的底面积，其中的1.2m为占地半径；

0.4——砖砌圆形基础的高度；

2——砖砌方形底座的长度；

0.5——砖砌方形底座的宽度；

0.2——砖砌方形底座的高度。

3）钢雕塑

项目编码：010603003001 项目名称：钢管柱

工程量计算规则：按设计图示尺寸以质量计算。不规则或多边形钢管柱，以其外接矩形面积乘以厚度乘以单位理论质量计算。

如图1-9、图1-10所示：

$$雕塑的工程量 W = S \times H \times \rho$$
$$S = 2 \times 0.5 = 1\text{m}^2 \quad H = 2.5\text{m} \quad \rho = 7.85 \times 10^3\text{kg/m}^3$$
$$W = 1 \times 2.5 \times 7.85 \times 10^3 = 19.63 \times 10^3 = 19.63\text{t}$$

【注释】 $S$——钢雕塑外接矩形的面积；

$H$——钢雕塑的高度；

$\rho$——钢材的单位理论质量，即密度；

2——钢雕塑外接矩形的长度；

0.5——钢雕塑外接矩形的宽度。

（3）景观柱

1）挖基础土方

项目编码：010101003002 项目名称：挖基础土方

工程量计算规则：按设计图示尺寸以基础垫层底面积乘以挖土深度计算。

如图1-11～图1-13所示：

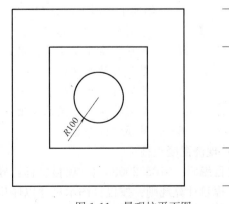

图1-11 景观柱平面图

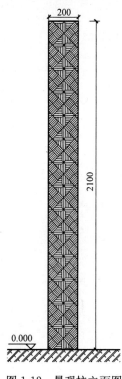

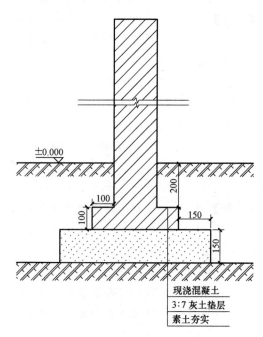

图 1-12　景观柱立面图　　　　　　　图 1-13　景观柱剖面图

挖方工程量 $V=nSH=6×0.7×0.7×0.45=1.32m^3$

【注释】　$S$——景观柱方形基础垫层的底面积；

　　　　$H$——景观柱基础的地下深度；

　　　　$n$——景观柱的个数；

　　　0.7——景观柱方形基础垫层的边长；

　　0.45——景观柱基础总的地下深度；

　　　　6——景观柱的个数。

2）灰土垫层

项目编码：010404001001　项目名称：垫层

工程量计算规则：按设计图示尺寸以体积计算。如图 1-11～图 1-13 所示：

垫层工程量 $V=nSH=6×0.7×0.7×0.15=0.44m^3$

【注释】　$S$——景观柱方形基础垫层的底面积；

　　　　$H$——景观柱灰土垫层的高度；

　　　　$n$——景观柱的个数；

　　　0.7——景观柱方形基础垫层的边长；

　　0.15——景观柱灰土垫层的高度；

　　　　6——景观柱的个数。

3）现浇混凝土柱

项目编码：010502003001　项目名称：异形柱

工程量计算规则：按设计图示尺寸以体积计算。

如图 1-11～图 1-13 所示：

现浇混凝土异形柱的工程量

$$V = n(矩形基础体积 V_1 + 柱子体积 V_2)$$
$$= 6 \times [0.4 \times 0.4 \times 0.1 + 3.14 \times 0.1^2 \times (0.2 + 2.1)]$$
$$= 0.53m^3$$

【注释】 6——景观柱的个数；

0.4——景观柱矩形基础底面积的边长；

0.1——景观柱矩形基础的高度；

3.14×0.1²——景观柱圆形柱子的底面积，其中 0.1m 是其底圆半径；

0.2——景观柱圆形柱子地下部分高度；

2.1——景观柱圆形柱子地上部分高度。

4）柱面浮雕

项目编码：020207001001 项目名称：石浮雕

工程量计算规则：按设计图示尺寸以雕刻部分外接矩形面积计算。

浮雕工程量 $S$ = 浮雕个数 $n$ × 景观柱底面周长 $L$ × 景观柱浮雕高度 $H$
$$= 6 \times (2 \times 3.14 \times 0.1) \times 2.1$$
$$= 7.91m^2$$

【注释】 6——景观柱的个数；

2×3.14×0.1——景观柱圆形柱子的底面周长，其中 0.1m 是其底圆半径；

2.1——景观柱浮雕高度，即景观柱圆形柱子地上部分高度。

5）土方回填

项目编码：010103001001 项目名称：土（石）方回填

工程量计算规则：按设计图示尺寸以体积计算。

土方回填的工程量：$V$ =（土方挖方量 $V_1$ − 地表以下基础总体积 $V_2$）

其中，已求得 $V_1 = 1.32m^3$

$V_2 = n \times$（垫层体积 $V_1$ + 矩形混凝土基础体积 $V_2$ + 柱子地表下混凝土体积 $V_3$）
$$= 6 \times (0.7 \times 0.7 \times 0.45 + 0.4 \times 0.4 \times 0.1 + 3.14 \times 0.1^2 \times 0.2)$$
$$= 0.57m^3$$

所以 $V = V_1 - V_2 = 1.32 - 0.57 = 0.75m^3$

【注释】 6——景观柱的个数；

0.7——景观柱方形基础垫层的边长；

0.45——景观柱基础总的地下深度；

0.4——景观柱矩形基础底面积的边长；

0.1——景观柱矩形基础的高度；

3.14×0.1²——景观柱圆形柱子的底面积，其中 0.1m 是其底圆半径；

0.2——景观柱圆形柱子地下部分高度。

（4）景墙

1）挖基础土方

项目编码：010101003003 项目名称：挖基础土方

工程量计算规则：按设计图示尺寸以基础垫层底面积乘以挖土深度计算。

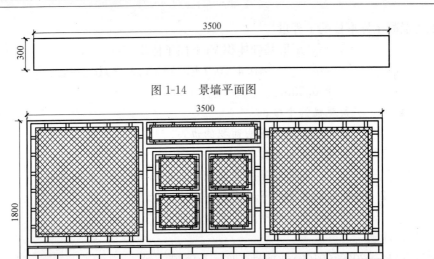

图 1-14　景墙平面图

图 1-15　景墙立面图

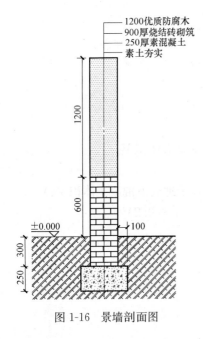

图 1-16　景墙剖面图

如图 1-14～图 1-16 所示：

挖方工程量 $V=$ 垫层底面积 $S×$ 挖土深度 $H$

$=(3.5+0.1×2)×(0.3+0.1×2)×$

$(0.25+0.3)$

$=1.02\text{m}^3$

【注释】　3.5——景墙的长度；

0.1×2——景墙的基础每边比景墙各长出 0.1m；

0.3——景墙的宽度；

0.25——混凝土垫层的高度；

0.3——砖砌基础的地下部分高度。

2）混凝土垫层

项目编码：010501001001　项目名称：垫层

工程量计算规则：按设计图示尺寸以体积计算。

如图 1-14～图 1-16 所示：

垫层工程量 $V=$ 垫层底面积 $S×$ 垫层高度 $h$

$=(3.5+0.1×2)×(0.3+0.1×2)×0.25$

$=0.46\text{m}^3$

【注释】　3.5——景墙的长度；

0.1×2——景墙的基础每边比景墙各长出 0.1m；

3.5+0.1×2——混凝土垫层底面积的长度；

0.3——景墙的宽度；

0.3+0.1×2——混凝土垫层底面积的宽度；

0.25——混凝土垫层的高度。

3）烧结砖基础

项目编码：010401001003　项目名称：砖基础

工程量计算规则：按设计图示尺寸以体积计算。

如图1-14～图1-16所示：

砖基础工程量 $V$ ＝砖基础底面积 $S$×砖基础高度 $H$

$$=3.5×0.3×(0.3＋0.6)$$

$$=0.95m^3$$

【注释】　3.5——景墙的长度，即砖基础底面的长度；

0.3——景墙的宽度，即砖基础底面的宽度；

0.3——砖砌基础的地下部分高度；

0.6——砖砌基础的地上部分高度。

4）土方回填

项目编码：010103001002　项目名称：土（石）方回填

工程量计算规则：按设计图示尺寸以体积计算。

如图1-14～图1-16所示，土方回填的工程量：

$V$＝（土方挖方量 $V_1$ －垫层体积 $V_2$ －地表以下砖基础体积 $V_3$ ）

其中 $V_1＝1.02m^3$ ， $V_2＝0.46m^3$ ，

$V_3$ ＝砖基础底面积 $S$×地表下砖基础高度 $H$

$$=3.5×0.3×0.3=0.32m^3$$

【注释】　3.5——景墙的长度，即砖基础底面的长度；

0.3——景墙的宽度，即砖基础底面的宽度；

0.3——砖砌基础的地下部分高度。

所以 $V＝V_1－V_2－V_3＝1.02－0.46－0.32＝0.24m^3$

5）木窗

项目编码：010806001001　项目名称：木组合窗

工程量计算规则：按设计图示数量或设计图示洞口尺寸以面积计算。

如图1-15所示，木窗的工程量：

$S$＝漏窗洞口总长 $a$×木窗洞口总宽 $b$＝3.5×1.2＝4.2m²

【注释】　3.5——漏窗的长度；

1.2——漏窗的宽度。

（5）水池

1）砖水池

项目编码：010507006001　项目名称：砖水池、化粪池

工程量计算规则：按设计图示数量计算。

如图1-1所示：

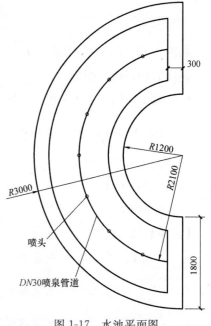

图1-17　水池平面图

砖水池的工程量为：1个。

2）花岗岩块石

项目编码：050202001001　项目名称：石砌驳岸

工程量计算规则：按设计图示尺寸以体积计算。

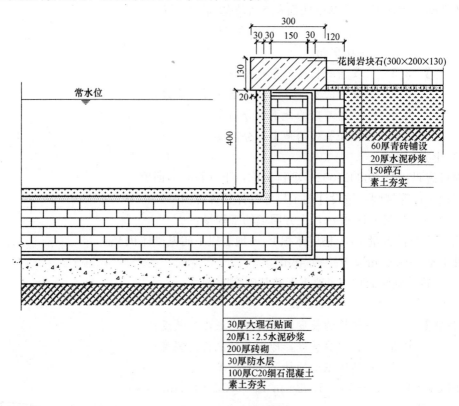

图1-18　水池剖面图

如图1-17、图1-18所示：

花岗岩块石的工程量：

$V = $驳岸底面面积$S \times$块石高度$H$

$$= \left[\frac{1}{2} \times (3.14 \times 3^2 - 3.14 \times 2.7^2) + \frac{1}{2} \times (3.14 \times 1.5^2 - 3.14 \times 1.2^2) + 2 \times (1.8 - 0.3 - 0.3)\right] \times 0.13$$

$$= 6.36 \times 0.13$$

$$= 0.83 \mathrm{m}^3$$

【注释】　$3.14 \times 3^2$——水池外弧的外边所在圆的面积，其中3m是其半径；

　　　　　$3.14 \times 2.7^2$——水池外弧的内边所在圆的面积，其中2.7m是其半径；

　　　　　$\frac{1}{2}$——水池为半个圆的面积，所以为一半；

　　　　　$3.14 \times 1.5^2$——水池内弧的内边所在圆的面积，其中1.5m为其半径；

$3.14 \times 1.2^2$——水池内弧的外边所在圆的面积,其中 1.2m 为其半径;

    2——水池直线边缘的数目;

    1.8——水池直线边缘的总长度;

    0.3——水池弧形边缘的宽度;

    0.13——花岗石块石的厚度。

3)喷泉管道

项目编码:050306001001 项目名称:喷泉管道

工程量设计规则:按设计图示尺寸以长度计算。

如图 1-17 所示,喷泉管道的工程量:

$$L = \frac{1}{2} \times (2\pi R) = \frac{1}{2} \times (2 \times 3.14 \times 2.1) = 6.59 \text{m}$$

【注释】 $\frac{1}{2}$——喷泉管道长度为半个圆的周长;

$2 \times 3.14 \times 2.1$——喷泉管道所在圆的周长,其中 2.1m 为所在圆的半径。

(6)亭子

1)挖基础土方

项目编码:010101003004 项目名称:挖基础土方

工程量计算规则:按设计图示尺寸以基础垫层底面积乘以挖土深度计算。

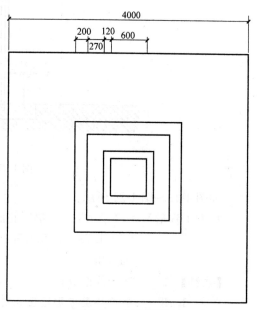

图 1-19 亭平面图

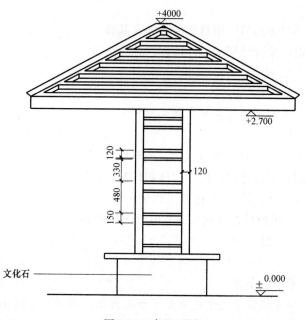

图 1-20 亭立面图

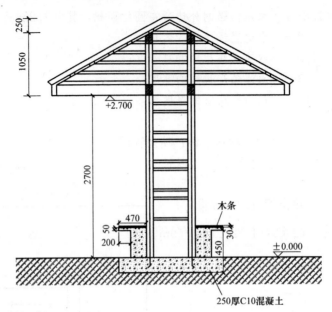

图 1-21  亭剖面图

如图 1-19～图 1-21 所示：

挖方工程量 $V$＝亭子个数 $n$×垫层底面积 $S$×挖土深度 $H$

$$=2\times1.78\times1.78\times0.25$$

$$=1.58\text{m}^3$$

【注释】  2——亭子的个数；

1.78——亭子垫层方形底面积的边长；

0.25——亭子基础底面至地面的最大距离。

2）独立基础

项目编码：010501003001  项目名称：独立基础

工程量计算规则：按设计图示尺寸以体积计算。

如图 1-19～图 1-21 所示：

独立基础工程量 $V$＝1.58m³

【注释】  独立基础工程量与挖方工程量相等。

3）现浇混凝土柱

项目编码：010502001001  项目名称：矩形柱

工程量计算规则：按设计图示尺寸以体积计算。

如图 1-19～图 1-21 所示，矩形柱的工程量：

$V$＝亭子个数 $n$×矩形柱截面面积 $S$×矩形柱高度 $H$

$$=2\times[(0.6+0.12)^2-0.6^2]\times(2.7+1.05)$$

$$=1.19\text{m}^3$$

【注释】  2——亭子的个数；

$(0.6+0.12)^2$——亭子混凝土柱子的方形外框底面积，$(0.6+0.12)$m 是其边长；

$0.6^2$——亭子混凝土柱子的方形内框底面积，0.6m 是其边长；

2.7——亭子现浇混凝土柱子的地上部分的高度；

1.05——亭子现浇混凝土柱子的地上部分的高度。

4）现浇混凝土凳

项目编码：050402007001　项目名称：**现浇混凝土桌凳**

工程量计算规则：**按设计图示数量计算。**

如图1-19所示：现浇混凝土凳的工程量：

$n = 2 \times 4 = 8$ 个

5）木质凳面

项目编码：010702005001　项目名称：**其他木构件**

工程量计算规则：**按设计图示尺寸以体积或长度计算。**

如图1-19及图1-21所示，木质凳面的工程量：

$V = $ 亭子个数 $n \times$ 木质凳面总表面积 $S \times$ 木质凳面厚度 $H$

$= 2 \times [1.78^2 - (0.6 + 0.12)^2] \times 0.03$

$= 0.16\text{m}^3$

【注释】　2——亭子的个数；

$1.78^2$——亭子木凳所占方形外框底面积，1.78m是其边长；

$(0.6 + 0.12)^2$——亭子混凝土柱子的方形外框底面积，（0.6+0.12）m是其边长；

0.03——木质凳面的厚度。

6）现浇混凝土钢筋（$\phi12$以内）

项目编码：010515001001　项目名称：**现浇混凝土钢筋**

工程量计算规则：**按设计图示钢筋（网）长度（面积）乘以单位理论质量计算。**

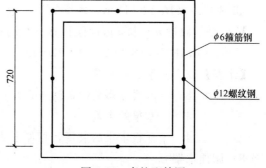

图1-22　亭柱配筋图

如图1-21及图1-22所示：

① $\phi12$ 螺纹钢

螺纹钢总长度 $L_1 = $ 单根螺纹钢长度 $l_1 \times$ 螺纹钢数量 $n_1 \times$ 亭子数量 $n$

$= (1.05 + 2.7 + 0.15 + 0.1) \times 8 \times 2$

$= 64\text{m}$

【注释】　1.05——单根螺纹钢深入亭顶内长度；

2.7——单根螺纹钢从地面到亭顶下部的高度；

0.15——单根螺纹钢深入地下的竖直部分；

0.1——单根螺纹钢深入地下的弯起长度；

8——每根亭子中 $\phi12$ 螺纹钢的数量；

2——亭子的数量。

螺纹钢质量 $W_1 = $ 螺纹钢总长度 $L_1 \times$ 单位理论质量 $r_{\phi12}$

$= 64 \times 0.888$

$= 56.83\text{kg} = 0.057\text{t}$

② $\phi6$ 箍筋

箍筋长度计算：$e=5d=5\times6=30\text{mm}$，$a=b=840\text{mm}$，$c=60\text{mm}$

由公式可得单根箍筋长度 $l_2=(a-2c+2d)\times2+(b-2c+2d)\times2+14d$

$$=3012\text{mm}=3.01\text{m}$$

【注释】 $a$——柱子截面的长度；

$b$——柱子截面的宽度；

$c$——箍筋保护层的厚度；

$d$——单根螺纹钢深入地下的弯起长度；

$e$——箍筋出头长度。

箍筋总长度 $L_2$＝单根箍筋长度 $l_2\times$箍筋数量 $n_2\times$亭子数量 $n$

$$=3.01\times18\times2=108.36\text{m}$$

箍筋质量 $W_2$＝箍筋总长度 $L_2\times$单位理论质量 $r_{\phi6}$

$$=108.36\times0.222$$

$$=24.06\text{kg}=0.024\text{t}$$

现浇混凝土钢筋的总工程量 $W=W_1+W_2=0.057+0.024=0.081\text{t}$

7）木梁

项目编码：010702002001　项目名称：木梁

工程量计算规则：按设计图示尺寸以体积计算。

如图 1-20 及图 1-23 所示，木梁的工程量

$V$＝亭子数量 $n\times$木梁截面面积 $S\times$木梁总长度 $H$

$$=2\times0.18\times0.18\times(4\times4)=1.04\text{m}^3$$

【注释】 2——亭子的数量；

0.18——木梁方形截面的边长；

4——木梁的个数；

4——每根木梁的长度，即亭子方形顶部的边长。

8）屋顶木架

项目编码：010702005002　项目名称：其他木构件

工程量计算规则：按设计图示尺寸以体积或长度计算。

如图 1-23 所示，屋顶木架的工程量

$V$＝亭子数量 $n\times$（斜构架的体积 $V_1$＋木檩条的体积 $V_2$）

$$V_1=0.19\times0.19\times4\times\sqrt{\left(\frac{1}{2}\sqrt{4^2+4^2}\right)^2+(1.05+0.25-0.18)^2}$$

$$=0.44\text{m}^3$$

【注释】 0.19——亭子斜构架方形截面的边长；

4——每个亭子屋顶上斜构架的个数；

$\sqrt{\left(\frac{1}{2}\sqrt{4^2+4^2}\right)^2+(1.05+0.25-0.18)^2}$——每根斜构架的长度；

$\left(\frac{1}{2}\sqrt{4^2+4^2}\right)$——每根斜构架的水平投影长度，其中的 4 指的是亭子方形顶部的边长；

1.05+0.25−0.18——每根斜构架的垂直高度；

1.05——单根螺纹钢深入亭顶内长度；

0.25——单根螺纹钢顶头至亭子顶部的距离；

0.18——木梁的厚度。

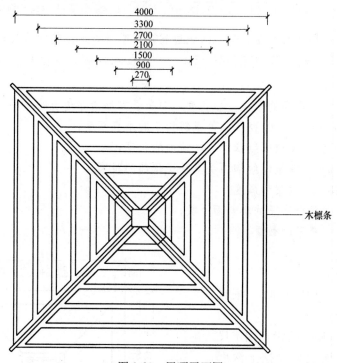

图1-23 屋顶平面图

$$V_2=0.075\times0.075\times4\times(0.9+1.5+2.1+2.7+3.3+4)=0.33m^3$$

【注释】 0.075——亭子木檩条方形截面的边长；

4——每个亭子屋顶上木檩条所在小斜面的个数；

(0.9+1.5+2.1+2.7+3.3+4)m——每个小斜面上木檩条的总长度；

【注释】 0.9——从亭顶向下，小斜面上第一条木檩条的长度；

1.5——小斜面上第二条木檩条的长度；

2.1——小斜面上第三条木檩条的长度；

2.7——小斜面上第四条木檩条的长度；

3.3——小斜面上第五条木檩条的长度；

4——小斜面上第六条木檩条的长度，即亭子方形顶部的边长。

$$V=2\times(V_1+V_2)=2\times(0.44+0.33)=1.54m^3$$

【注释】 2——亭子的数量。

9）树皮屋面

项目编码：050303003001 项目名称：树皮屋面

工程量计算规则：按设计图示尺寸以斜面面积计算。

如图1-21及图1-23所示，树皮屋面的工程量：

$S$＝每个小斜面三角形的面积 $s$×每个亭子的小斜面个数 $n_1$×亭子个数 $n_2$

$$=\frac{1}{2}\times4\times\sqrt{2^2+(1.05-0.18+0.25)^2}\times4\times2$$

$$=36.68m^2$$

【注释】 $\frac{1}{2}\times4\times\sqrt{2^2+(1.05-0.18+0.25)^2}$——每个亭子小斜面所在三角形的面积；

4——小斜面所在三角形的底边长，即亭子方形顶部的边长；

$\sqrt{2^2+(1.05-0.18+0.25)^2}$——小斜面所在三角形与底边相对应的高的长度；

2——对应高的水平投影长度，即亭子方形顶部边长的一半；

1.05＋0.25－0.18——每根斜构架的垂直高度；

1.05——单根螺纹钢深入亭顶内的长度；

0.25——单根螺纹钢顶头至亭子顶部的距离；

0.18——木梁的厚度；

4——每个亭子的小斜面个数；

2——亭子的数量。

（7）花架

1）挖基础土方

项目编码：010101003005 项目名称：挖基础土方

工程量计算规则：按设计图示尺寸以基础垫层底面积乘以挖土深度计算。

如图 1-24 及图 1-25 所示，挖方的工程量：

$V$＝花架数量 $n$×混凝土垫层底面积 $S$×挖土深度 $H$

$$=2\times1.24\times1.24\times1.22$$

$$=3.75m^3$$

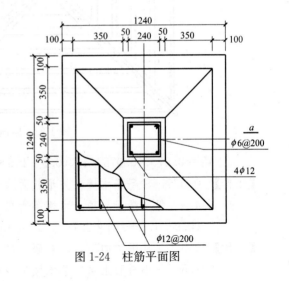

图 1-24 柱筋平面图

【注释】 2——花架的数量；

1.24——花架混凝土垫层方形底面积的边长；

1.22——花架混凝土垫层底面至地面的最大距离，即挖土深度。

2）混凝土垫层

项目编码：010501001003 项目名称：垫层

工程量计算规则：按设计图示尺寸以体积计算。

如图 1-24 及图 1-25 所示，混凝土垫层的工程量：

$V$＝花架数量 $n$×混凝土垫层底面积 $S$×混凝土垫层高度 $H$

$$=2\times1.24\times1.24\times0.1$$

$$=0.31m^3$$

【注释】 2——花架的数量；

1.24——花架混凝土垫层方形
底面积的边长；

0.1——花架混凝土垫层的
高度。

3）独立基础

项目编码：010501003001 项目名
称：独立基础

工程量计算规则：按设计图示尺寸
以体积计算。

如图1-24及图1-25所示，独立基础
的工程量：

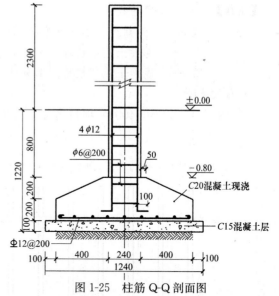

图1-25 柱筋Q-Q剖面图

$V$＝花架数量$n$×独立基础剖面面积
$S$×独立基础长度$h$

＝花架数量$n$×（独立基础矩形剖面面积$S_1$＋独立基础梯形剖面面积$S_2$）×独立基础长度$H$

$$=2×[0.2×(1.24-0.1-0.1)+\frac{1}{2}×(0.24+0.05+0.05+1.24-0.1-0.1)×$$

$$0.2]×(1.24-0.1-0.1)$$

$$=2×(0.21+0.14)×1.04=0.73m^3$$

【注释】 2——花架的数量；

0.2——花架C20现浇混凝土独立基础矩形剖面的高度；

1.24-0.1-0.1——花架C20现浇混凝土独立基础矩形剖面的长度；

1.24——花架C15混凝土垫层的剖面长度；

0.1——C15混凝土垫层剖面每边超出C20混凝土独立基础剖面的长度；

$\frac{1}{2}×(0.24+0.05+0.05+1.24-0.1-0.1)×0.2m^2$——花架C20现浇混凝
土独立基础梯形剖面的面积；

0.24+0.05+0.05——花架C20现浇混凝土独立基础梯形剖面的上底
长度；

1.24-0.1-0.1——花架C20现浇混凝土独立基础梯形剖面的下底长度，
即独立基础矩形剖面的长度；

0.2——花架C20现浇混凝土独立基础梯形剖面的高度；

1.24-0.1-0.1——花架C20现浇混凝土独立基础底面的长度。

4）现浇混凝土花架柱

项目编码：050304001001 项目名称：现浇混凝土花架柱、梁

工程量计算规则：按设计图示尺寸以体积计算。

如图1-24及图1-25所示，花架柱的工程量：

$V$＝花架数量$n$×混凝土花架柱的底面积$S$×混凝土花架柱的高度$H$

$$=2×0.24×0.24×(0.8+2.3)=0.36m^3$$

【注释】 2——花架的数量；

0.24——混凝土花架柱方形底面的边长；

0.8——混凝土花架柱地下部分的长度；

2.3——混凝土花架柱地上部分的长度。

5）花架木梁

项目编码：050304004001　项目名称：木花架柱、梁

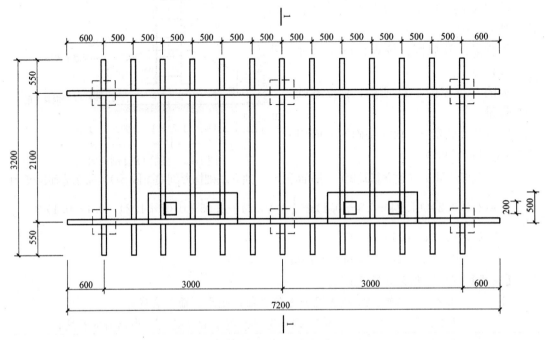

图 1-26　花架平面图

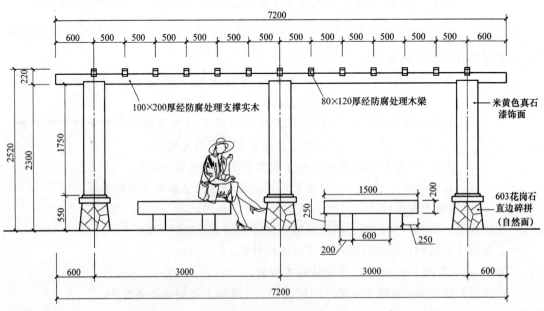

图 1-27　花架立面图

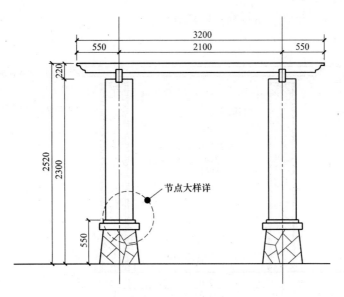

图 1-28　花架侧立面图

工程量计算规则：按设计图示截面乘长度（包括榫长）以体积计算。

如图 1-26～图 1-28 所示，花架木梁的工程量：

$V$＝花架数量 $n$×（支撑实木总体积 $V_1$＋防腐木梁总体积 $V_2$）

　＝花架数量 $n$×（支撑实木截面积 $S_1$×支撑实木长度 $H_1$×支撑实木数量 $n_1$＋防腐木梁截面积 $S_2$×防腐木梁长度 $H_2$×防腐木梁数量 $n_2$）

　＝$2×(0.1×0.2×7.2×2＋0.08×0.12×3.2×13)$

　＝$1.37m^3$

【注释】　2——花架的数量；

　　　　0.1——花架支撑实木截面的宽度；

　　　　0.2——花架支撑实木截面的高度；

　　　　7.2——花架支撑实木的长度；

　　　　2——花架支撑实木的数量；

　　　　0.08——花架防腐木梁截面的宽度；

　　　　0.12——花架防腐木梁截面的高度；

　　　　3.2——花架防腐木梁的长度；

　　　　13——花架防腐木梁的数量。

6）柱面饰真石漆

项目编码：011406001001　项目名称：抹灰面油漆

工程量计算规则：按设计图示尺寸以面积计算。

如图 1-29 及图 1-30 所示，柱面饰真石漆的工程量：

$S$＝抹漆柱截面周长 $h$×柱抹漆段高度 $H$×抹漆柱数量 $N$×花架数量 $n$

　＝$0.3×4×(2.3－0.55)×6×2$

　＝$25.2m^2$

【注释】 0.3——抹漆柱方形截面的边长；

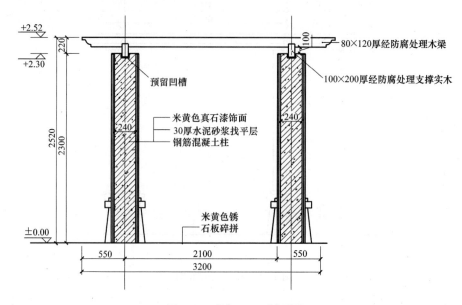

图 1-29　花架 1—1 剖面图

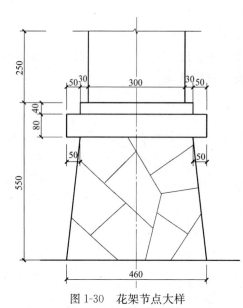

图 1-30　花架节点大样

4——抹漆柱方形截面的边长数；

2.3——混凝土花架柱地上部分的长度；

0.55——混凝土花架柱支座高度（不抹漆）；

6——每个花架抹漆柱的数量；

2——花架的数量。

7）现浇混凝土钢筋（$\phi 12$ 以内）

项目编码：010515001002　项目名称：现浇混凝土钢筋

工程量计算规则：按设计图示钢筋（网）长度（面积）乘以单位理论质量计算。

如图 1-24 及图 1-25 所示：

① $\phi 12$ 螺纹钢

螺纹钢总长度 $L_1$＝单根螺纹钢长度 $l_1$×每根柱子螺纹钢数量 $n_1$×柱子的数量 $n'$×花架数量 $n$

$$＝(1.22-0.1+2.3-2\times0.03+0.1)\times4\times6\times2$$
$$＝166.08m$$

【注释】 1.22——花架混凝土垫层底面至地面的最大距离，即挖土深度；

0.1——花架混凝土垫层的高度；

2.3——混凝土花架柱地上部分的长度；

2×0.03——钢筋顶端与末端的保护层长度之和；

0.1——螺纹钢筋弯起长度；

4——每根柱螺纹钢数量；

6——每个花架中柱的数量；

2——花架的数量。

螺纹钢质量 $W_1$ ＝螺纹钢总长度 $L_1$×单位理论质量 $r_{\phi12}$

$$=166.08×0.888$$

$$=147.48\text{kg}=0.147\text{t}$$

② $\phi6$ 箍筋

箍筋排列根数 $N=\dfrac{L-100}{\text{设计间距}}+1$

由以上公式可得 $N=\dfrac{(1200-100+2300)-100}{200}+1=18$

【注释】 1220——花架混凝土垫层底面至地面的最大距离，即挖土深度；

100——花架混凝土垫层的高度；

2300——混凝土花架柱地上部分的长度；

200——设计箍筋的间距。

箍筋长度计算：$e=5d=5×6=30\text{mm}$，$a=b=240\text{mm}$，$c=30\text{mm}$

由公式可得单根箍筋长度 $l_2=(a-2c+2d)×2+(b-2c+2d)×2+14d$

$$=852\text{mm}=0.85\text{m}$$

【注释】 $a$——柱截面的长度；

$b$——柱截面的宽度；

$c$——箍筋保护层的厚度；

$d$——单根螺纹钢深入地下的弯起长度；

$e$——箍筋出头长度。

箍筋总长度 $L_2$ ＝单根箍筋长度 $l_2$×箍筋数量 $n_2$×柱子数量 $n'$×花架数量 $n$

$$=0.85×18×6×2=183.6\text{m}$$

箍筋质量 $W_2$ ＝箍筋总长度 $L_2$×单位理论质量 $r_{\phi6}$

$$=183.6×0.222$$

$$=40.76\text{kg}=0.041\text{t}$$

所以，现浇混凝土钢筋的总工程量

$$W=W_1+W_2=0.147+0.041=0.188\text{t}$$

8）石凳

项目编码：050305006001　项目名称：石桌石凳

工程量计算规则：按设计图示数量计算。

如图 1-26 所示，石凳的工程量

$$N=2×2=4\text{ 个}$$

【注释】 两个花架，每个花架两个石凳。

9）土方回填

项目编码：010103001003　项目名称：土（石）方回填

工程量计算规则：按设计图示尺寸以体积计算。

如图 1-24 及图 1-25 所示，土方回填的工程量：

$V$＝（挖柱基土方量 $V_1$－混凝土垫层体积 $V_2$－独立基础体积 $V_3$－现浇混凝土花架柱地表以下体积 $V_4$）

其中 $V_1$＝3.76m³，$V_2$＝0.31m³，$V_3$＝1.44m³

$V_4$＝花架数量 $n$×混凝土花架柱的底面积 $S$×混凝土花架柱地表以下的高度 $H$
　　＝2×0.24×0.24×0.8＝0.09m³

所以 $V$＝3.75－0.31－0.73－0.09＝2.62m³

2. 定额工程量

（1）围树椅

1）素土夯实

计算规则：按设计图示尺寸以两边各放宽 5cm 以面积计算。由图 1-7 可知

围树椅的底面积 $s$＝(1.5＋0.05×2)²－(0.9－0.05×2)²＝1.92m²

素土夯实的工程量 $S$＝围树椅个数 $n$×围树椅底面积 $s$
　　　　　　　　＝8×1.92＝15.36m²＝1.54（10m²）

套用定额 1-122

2）340mm 厚砖基础

计算方法同清单工程量计算方法

由清单工程量可知，砖基础的工程量 $V$＝3.46m³　　　　套用定额 1-189

3）10mm 厚水泥砂浆垫层、20mm 厚芝麻白整打花岗石

计算方法同清单工程量计算方法

其工程量 $S$＝11.52m²＝1.15(10m²)　　　　套用定额 1-778

（2）雕塑

1）素土夯实

计算规则：按设计图示尺寸两边各放宽 5cm 以面积计算。由图 1-9 及图 1-10 可知，素土夯实工程量：

$$S＝\pi(r＋0.05)^2＝3.14×(1.2＋0.05)^2＝4.91m²＝0.49(10m²)$$

套用定额 1-122

2）人工挖地槽、地沟

计算规则：按设计图示尺寸，两边各放宽 5cm 乘以厚度以立方米计算。由图 1-9 及图 1-10 可知，挖基础土方的工程量：

$V＝SH＝4.91×0.2＝0.98m³$　　　　套用定额 1-18

3）砖砌基础

计算方法同清单工程量计算方法

由清单工程量可知，砖基础的工程量 $V$＝2m³　　　　套用定额 1-189

4）金属小品制作

计算方法同清单工程量计算方法

由清单工程量可知，金属小品制作的工程量 $T$＝19.63t　　　　套用定额 3-588

5）金属小品安装

计算方法同清单工程量计算方法

由清单工程量可知，金属小品安装的工程量 $T=19.63\mathrm{t}$     套用定额 3-589

（3）景观柱

1）素土夯实

计算规则：按设计图示尺寸两边各放宽 5cm 以面积计算。由图 1-11、图 1-13 所示可知，素土夯实工程量：

$$S=景观柱数量 n×单个景观柱素土夯实量 s$$

其中，单个景观柱素土夯实量 $s=(0.7+2×0.05)^2=0.64\mathrm{m}^2$

所以 $S=6×0.64=3.84\mathrm{m}^2=0.38（10\mathrm{m}^2）$     套用定额 1-122

2）人工挖地槽、地沟

计算规则：按设计图示尺寸，两边各放宽 5cm 乘以厚度以立方米计算。由图 1-11、图 1-13 所示可知，挖基础土方的工程量：

$V=SH=3.84×0.45=1.73\mathrm{m}^3$     套用定额 1-18

3）3：7 灰土垫层

计算规则同上，由图 1-11、图 1-13 所示可知，灰土垫层的工程量：

$V=SH=3.84×0.15=0.58\mathrm{m}^3$     套用定额 3-493

4）现浇混凝土圆形柱

计算规则同清单工程量计算方法

由清单工程量可知，现浇混凝土圆形柱的工程量 $V=0.53\mathrm{m}^3$     套用定额 1-282

5）石浮雕

计算规则同上，由图 1-11、图 1-12 所示可知，石浮雕的工程量等同于清单工程量，$S=7.91\mathrm{m}^2$     套用定额 2-148

6）回填土

回填土的工程量 $V=$ 挖基础土方量－灰土垫层体积－现浇混凝土圆形柱地下体积

所以 $V=1.73-0.58-6×[(0.4+0.05×2)^2×0.1+3.14×(0.1+0.05)^2×0.2]$
$=1.73-0.58-0.23=0.92\mathrm{m}^3$

【注释】 现浇混凝土圆形柱地下体积包括矩形混凝土部分和圆形混凝土部分，并且各自边缘都放宽 5cm 再乘以高度以体积计算。     套用定额 1-127

（4）景墙

1）素土夯实

计算规则：按设计图示尺寸两边各放宽 5cm 以面积计算。由图 1-14、图 1-16 所示可知，素土夯实工程量：

$S=(3.7+0.05×2)×(0.5+0.05×2)=2.28\mathrm{m}^2=0.23(10\mathrm{m}^2)$     套用定额 1-122

2）人工挖地槽、地沟

计算规则：按设计图示尺寸两边各放宽 5cm 乘以厚度以立方米计算。由图 1-14、图 1-16 所示可知，挖基础土方的工程量：

$V=SH=2.28×0.55=1.25\mathrm{m}^3$     套用定额 1-18

3）250mm 厚素混凝土垫层

计算规则：按设计图示尺寸两边各放宽 5cm 乘以厚度以立方米计算。由图 1-14、

1-16 所示可知，素混凝土垫层的定额工程量：

$V=SH=2.28\times0.25=0.57$ m³                 套用定额 3-496

4）砖砌基础

计算方法同清单工程量计算方法

由清单工程量可知，砖基础的定额工程量 $V=0.95$m³       套用定额 1-189

5）回填土

回填土的工程量 $V=$ 挖基础土方量－素混凝土垫层体积－砖砌基础地下体积

其中，挖基础土方量为 $1.25$m³，素混凝土垫层体积为 $0.57$m³，砖砌基础地下体积由清单工程量可知为 $0.32$m³。

所以 $V=1.25-0.57-0.32=0.36$m³             套用定额 1-127

6）矩形漏窗

计算方法同清单工程量计算方法，由清单工程量可知，矩形漏窗的定额工程量为 $S=4.2$m²$=0.42$（10m²）             套用定额 2-72

（5）水池

1）素土夯实

计算规则：砖基础每边工作面为 $0.2$m。由图 1-17、图 1-18 所示可知，素土夯实工程量：

$$S=\frac{1}{2}\pi(r_1+0.2)^2-\frac{1}{2}\pi(r_2-0.2)^2+2\times(r_1-r_2+2\times0.2)\times0.2$$

$$=\frac{1}{2}\times3.14\times(3+0.2)^2-\frac{1}{2}\times3.14\times(1.2-0.2)^2+2\times(3-1.2+2\times0.2)\times0.2$$

$$=16.08-1.57+0.88$$

$$=15.39\text{m}^2=1.54(10\text{m}^2)$$

【注释】 计算方法如下，因为需要考虑砖基础的工作面增加 $0.2$m，所以在求素土夯实工程量的时候，水池外圆弧增加 $0.2$m 后的面积减去内圆弧减少 $0.2$m 后的面积就是整个水池圆弧结构部分的增加工作面后的素土夯实量，另外还需加上水池两个直线结构部分的工作面增加量，如此，才是完整的水池素土夯实量。

套用定额 1-122

2）人工挖地槽、地沟

计算规则：按设计图示尺寸，两边各放宽 20cm 作为砖基础工作面。由图 1-17、图 1-18所示可知，挖基础土方的工程量：

$V=S\times H=15.39\times(0.08+0.4+0.39)=13.40$m³      套用定额 1-18

3）100mm 厚 C20 细石混凝土垫层

计算规则：按设计图示尺寸，两边各放宽 5cm 乘以厚度以立方米计算。由图 1-17、图 1-18 所示可知，C20 细石素混凝土垫层的定额工程量：

$$V=S\times H$$

其中 $S=\frac{1}{2}\pi(r_1+0.05)^2-\frac{1}{2}\pi(r_2-0.05)^2+2\times(r_1-r_2+2\times0.05)\times0.05$

$$=\frac{1}{2}\times3.14\times(3+0.05)^2-\frac{1}{2}\times3.14\times(1.2-0.05)^2+2$$

$$\times(3-1.2+2\times0.05)\times0.05$$

$$=14.60-2.08+0.19=12.71m^2$$

所以 $V=S\times H=12.71\times0.1=1.27m^3$

【注释】 计算原理与素土夯实量计算原理相同。　　　　　　套用定额 3-496

4）砖砌基础

① 池底砖砌基础

计算规则同上，由图 1-17、图 1-18 所示可知，池底砖砌基础的定额工程量 $V_1=S\times H_1=12.71\times0.2=2.54m^3$

② 池壁砖砌

池壁砌砖工程量与清单工程量相同，由花岗石块石清单工程量可知，驳岸底面面积即池壁砌砖的底面积 $S=6.36m^2$

所以，池壁砖砌的定额工程量 $V_2=S\times H_2=6.36\times(0.4+0.03+0.03)=2.93m^2$

由上可知，砖砌基础总的定额工程量 $V=V_1+V_2=2.54+2.93=5.47m^2$

5）30mm 厚防水层

计算方法同清单工程量计算方法，由图 1-17、图 1-18 所示可知，防水层的定额工程量分为池底防水层和池壁防水层。

池底防水层的面积 $S_1 = \dfrac{1}{2}\pi r_1^2 - \dfrac{1}{2}\pi r_2^2 - S$

$$=\dfrac{1}{2}\times3.14\times3^2-\dfrac{1}{2}\times3.14\times1.2^2-6.35$$

$$=5.52m^2$$

池壁防水层的面积 $S_2=$ 池壁防水层中心线周长 $L\times$ 池壁防水层中心线高度 $H$

其中 $L=\dfrac{1}{2}\pi(r_1-0.075)^2+\dfrac{1}{2}\pi(r_2+0.05)^2+2\times(1.8-2\times0.075)$

$$=\dfrac{1}{2}\times3.14\times(3-0.075)^2+\dfrac{1}{2}\times3.14\times(1.2+0.075)^2+2\times(1.8-2\times0.075)$$

$$=19.28m$$

$H=0.15+0.015+0.4-0.015+0.03+0.03+0.2-0.015+0.03+0.03+0.15+0.015=1.02m$

所以 $S_2=L\times H=19.28\times1.02=19.67m^2$

所以总的防水层定额工程量为 $S=S_1+S_2=5.52+19.67=25.19m^2=2.52(10m^2)$

套用定额 1-800

6）30mm 厚大理石贴面及 30mm 厚 1：2 水泥砂浆

计算方法同清单工程量计算方法，由图 1-17、图 1-18 所示可知，大理石面层的定额工程量分为池底面层和池壁面层。

其中池底面层的定额工程量与池底防水层的面积相同，为 $S_1=5.52m^2$

池壁面层的定额工程量

$$S_2=\left[\dfrac{1}{2}\times2\times\pi\times(r_1-0.3)+\dfrac{1}{2}\times2\times\pi\times(r_2+0.3)+2\times(1.8-0.3-0.3)\right]\times0.4$$

$$=\left[\dfrac{1}{2}\times2\times3.14\times(3-0.3)+\dfrac{1}{2}\times2\times3.14\times(1.2+0.3)+2\times(1.8-0.3-0.3)\right]\times0.4$$

$$=(8.48+4.71+2.4)\times0.4$$
$$=6.24m^2$$

【注释】 池壁面层的工程量计算方法是由池壁内边缘的周长乘以池壁的高度以求得面层的面积，其中池壁内边缘的周长包括两个弧线边缘的长度和两个直线边缘的长度之和，池壁的高度为0.4m。

大理石面层的定额工程量 $S$＝池底面层的定额工程量 $S_1$＋池壁面层的定额工程量 $S_2$

所以 $S=S_1+S_2=5.52+6.24=11.76m^2=1.18$（$10m^2$）　　　　套用定额 1-771

7）回填土

回填土的工程量 $V$＝挖基础土方量－C20细石混凝土挖方底面积×水池挖方深度

$$=13.40-12.71\times(0.08+0.4+0.39)$$
$$=2.34m^3$$

【注释】 水池内部不用回填土，需回填的只是砖砌工作面部分。

套用定额 1-127

8）方整石板

计算方法同清单工程量计算方法，由清单工程量可知，方整花岗石石板的定额工程量为 $S=6.36m^2=0.64(10m^2)$

套用定额 2-165

9）喷泉管道（室外排水铸铁管道）

计算方法同清单工程量计算方法，由清单工程量可知，喷泉管道的长度为6.60m。

套用北京市定额 2-91

10）喷头

计算方法同上，由图1-17可知，喇叭花喷头共有7套。

套用北京市定额 5-16

（6）亭子

1）素土夯实

计算规则：按设计图示尺寸两边各放宽5cm以面积计算。由图1-19及图1-21所示可知，素土夯实工程量：

$$S=2\times(1.78+0.05\times2)\times(1.78+0.05\times2)=7.07m^2=0.71(10m^2)$$

【注释】 计算式括号外的2指的是亭子的个数，1.78指的是基础的设计长宽。

套用定额 1-122

2）人工挖地槽、地沟

计算规则：按设计图示尺寸，两边各放宽5cm乘以厚度以立方米计算。由图1-19及图1-21所示可知，挖基础土方的工程量：

$V=SH=7.07\times0.25=1.77m^3$　　　　套用定额 1-18

3）250mm厚C10混凝土垫层

计算规则：按设计图示尺寸，两边各放宽5cm乘以厚度以立方米计算。由图1-19及图1-21所示可知，C10混凝土垫层的定额工程量：

$V=SH=7.07\times0.25=1.77m^3$　　　　套用定额 3-496

4）现浇混凝土矩形柱

计算方法同清单工程量计算方法，由图 1-19 及图 1-21 所示可知，现浇混凝土矩形柱的定额工程量等于其清单工程量，$V=1.19\text{m}^3$

套用定额 1-279

5）现浇混凝土凳独立基础

工程量计算规则：按设计图示尺寸以体积计算。由图 1-19 及图 1-21 所示可知：

$V=(1.31\times0.47\times0.05+0.27\times1.11\times0.45)\times8=1.33\text{m}^3$

套用定额 1-275

6）30mm 厚木坐凳条

计算方法同清单工程量计算方法，由图 1-19 及图 1-21 所示可知，木坐凳条的定额工程量等同于清单工程量，$V=0.16\text{m}^3$

套用定额 2-393

7）现浇构件钢筋（$\phi12$ 以内）

计算方法同清单工程量计算方法，由图 1-21 及图 1-22 所示，现浇构件钢筋的定额工程量等同于其清单工程量，$W=0.081\text{t}$

套用定额 1-479

8）木梁

计算方法同清单工程量计算方法，由图 1-20 及图 1-23 所示可知，木梁的定额工程量等同于其清单工程量，$V=1.04\text{m}^3$

套用定额 2-369

9）亭屋顶斜构架

计算方法同清单工程量计算方法，由图 1-23 所示可知，亭屋顶斜构架的定额工程量等同于其清单工程量，$V=0.44\times2=0.88\text{m}^3$

套用定额 2-408

10）亭屋顶木檩条

计算方法同清单工程量计算方法，由图 1-23 所示可知，亭屋顶木檩条的定额工程量等同于其清单工程量，$V=0.33\times2=0.66\text{m}^3$

套用定额 2-406

11）树皮屋面

计算方法同清单工程量计算方法，由图 1-21 及图 1-23 所示可知，树皮屋面的定额工程量等同于其清单工程量：

$S=36.68\text{m}^2=3.67(10\text{m}^2)$

套用定额 3-566

（7）花架

1）素土夯实

计算规则：按设计图示尺寸两边各放宽 5cm 以面积计算。由图 1-24 及图 1-25 所示可知，素土夯实工程量：

$S=2\times(1.24+0.05\times2)\times(1.24+0.05\times2)=3.59\text{m}^2=0.36(10\text{m}^2)$

【注释】　计算式括号外的 2 指的是花架的个数，1.24 指的是花架基础的设计长宽。

套用定额 1-122

2）人工挖地槽、地沟

计算规则：按设计图示尺寸两边各放宽 5cm 乘以厚度以立方米计算。由图 1-24 及图 1-25 所示可知，挖基础土方的工程量：

$V=SH=3.59\times1.22=4.38\text{m}^3$

套用定额 1-18

3）100mm 厚 C15 混凝土垫层

计算规则：按设计图示尺寸两边各放宽 5cm 乘以厚度以立方米计算。由图 1-24 及图 1-25 所示可知，C15 混凝土垫层的定额工程量：

$V=SH=3.59\times0.1=0.36\text{m}^3$ 　　　　　　　　　　　　套用定额 3-496

4）C20 现浇混凝土独立基础

计算规则：按设计图示尺寸两边各放宽 5cm 乘以厚度以立方米计算。由图 1-24 及图 1-25 所示可知，C20 混凝土垫层的定额工程量：

$$V=2\times[0.2\times(1.24-0.2+0.05\times2)+\frac{1}{2}(0.34+0.05\times2+1.24-0.2+0.05\times2)\times$$
$$0.2]\times(1.24-0.1-0.1+0.05\times2)$$
$$=2\times(0.228+0.158)\times1.14$$
$$=0.88\text{m}^3$$ 　　　　　　　　　　　　套用定额 3-496

5）现浇混凝土矩形柱

计算方法同清单工程量计算方法，由图 1-24 及图 1-25 所示可知，现浇混凝土矩形柱的定额工程量等于其清单工程量，$V=0.36\text{m}^3$ 　　　　　　套用定额 1-279

6）花架木枋

计算方法同清单工程量计算方法，由图 1-26 及图 1-27 所示可知，花架木枋的定额工程量等于其清单工程量，$V=1.37\text{m}^3$ 　　　　　　　　套用定额 2-374

7）木材面油漆

计算方法同清单工程量计算方法，由图 1-26 及图 1-27 所示可知，木材面油漆的定额工程量等同于其清单工程量

$S=25.2\text{m}^2=2.52（10\text{m}^2）$ 　　　　　　　　　　套用定额 2-586

8）现浇构件钢筋（$\phi$12 以内）

计算方法同清单工程量计算方法，由图 1-24 及图 1-25 所示，现浇构件钢筋的定额工程量等同于其清单工程量，$W=0.188\text{t}$ 　　　　　　　　套用定额 1-479

9）石桌、石凳安装

计算方法同清单工程量计算方法，由图 1-26 所示可知，石凳的定额工程量等同于清单工程量，为 4 组。 　　　　　　　　　　　　　　　套用定额 3-569

10）回填土

回填土的工程量 $V$＝挖基础土方量－C15 混凝土垫层体积－C20 现浇混凝土独立基础体积－现浇混凝土矩形柱地下体积

其中，挖基础土方量为 4.38$\text{m}^3$，C15 混凝土垫层体积为 0.36$\text{m}^3$，C20 现浇混凝土独立基础体积为 0.88$\text{m}^3$，现浇混凝土矩形柱地下体积由清单工程量可知为 0.10$\text{m}^3$。

所以 $V=4.38-0.36-0.88-0.09=3.05\text{m}^3$ 　　　　　　套用定额 1-127

3. 工程量清单综合单价分析

根据上述"和熙"广场绿地工程园林景观工程的定额工程量和清单工程量计算，我们可以知道相应的投标和招标工程量，在实际工程中对某项工程进行造价预算的前提是要知道每个分项工程的单价，接下来，我们依据上述计算的工程量结合《江苏省仿古建筑与园林工程计价表》和《园林绿化工程工程量计算规范》（GB 50858—2013）对园林景观工程进行工程量清单综合单价分析，具体分析过程见表 1-42～表 1-78。

**工程量清单综合单价分析表**　　　　表 1-42

工程名称："和熙"广场绿地工程　　　　　　　标段：　　　　　　　第　页　共　页

| 项目编码 | 010401001001 | 项目名称 | | 砖基础 | | 计量单位 | m³ | 工程量 | 3.46 |
|---|---|---|---|---|---|---|---|---|---|

**清单综合单价组成明细**

| 定额编号 | 定额名称 | 定额单位 | 数量 | 单价 | | | | 合价 | | | |
|---|---|---|---|---|---|---|---|---|---|---|---|
| | | | | 人工费 | 材料费 | 机械费 | 管理费和利润 | 人工费 | 材料费 | 机械费 | 管理费和利润 |
| 1-122 | 素土夯实 | 10m² | 0.375 | 4.07 | — | 1.16 | 2.88 | 1.53 | — | 0.44 | 1.08 |
| 1-189 | 340mm 厚砖基础 | m³ | 1.000 | 48.47 | 179.42 | 3.98 | 28.84 | 48.47 | 179.42 | 3.98 | 28.84 |
| 人工单价 | | | 小计 | | | | | 50.00 | 179.42 | 4.42 | 29.92 |
| 37.00 元/工日 | | | 未计价材料费 | | | | | — | | | |
| 清单项目综合单价 | | | | | | | | | | | |

| 材料费明细 | 主要材料名称、规格、型号 | 单位 | 数量 | 单价（元） | 合价（元） | 暂估单价（元） | 暂估合价（元） |
|---|---|---|---|---|---|---|---|
| | 水泥砂浆,M5 | m³ | 0.243 | 125.10 | 30.40 | | |
| | 标准砖 240mm×115mm×53mm | 百块 | 5.270 | 28.20 | 148.61 | | |
| | 水 | m³ | 0.100 | 4.10 | 0.41 | | |
| | 其他材料费 | | | | | | |
| | 材料费小计 | | | | 179.42 | — | |

**工程量清单综合单价分析表**　　　　表 1-43

工程名称："和熙"广场绿地工程　　　　　　　标段：　　　　　　　第　页　共　页

| 项目编码 | 011204001001 | 项目名称 | | 石材墙面 | | 计量单位 | m² | 工程量 | 11.52 |
|---|---|---|---|---|---|---|---|---|---|

**清单综合单价组成明细**

| 定额编号 | 定额名称 | 定额单位 | 数量 | 单价 | | | | 合价 | | | |
|---|---|---|---|---|---|---|---|---|---|---|---|
| | | | | 人工费 | 材料费 | 机械费 | 管理费和利润 | 人工费 | 材料费 | 机械费 | 管理费和利润 |
| 1-778 | 花岗石面层 | 10m² | 0.100 | 187.37 | 2623.43 | 11.29 | 109.26 | 18.74 | 262.34 | 1.13 | 10.93 |
| 人工单价 | | | 小计 | | | | | 18.74 | 262.34 | 1.13 | 10.93 |
| 37.00 元/工日 | | | 未计价材料费 | | | | | | | | |
| 清单项目综合单价 | | | | | | | | | | | |

| 材料费明细 | 主要材料名称、规格、型号 | 单位 | 数量 | 单价（元） | 合价（元） | 暂估单价（元） | 暂估合价（元） |
|---|---|---|---|---|---|---|---|
| | 花岗石（综合） | m² | 1.020 | 250.00 | 255.00 | | |
| | 水泥砂浆,1:1 | m³ | 0.008 | 267.49 | 2.17 | | |
| | 水泥砂浆,1:3 | m³ | 0.020 | 182.43 | 3.69 | | |
| | 素水泥浆 | m³ | 0.001 | 457.23 | 0.46 | | |
| | 白水泥 80 | kg | 0.100 | 0.52 | 0.05 | | |
| | 棉纱头 | kg | 0.010 | 5.30 | 0.05 | | |
| | 水 | m³ | 0.026 | 4.10 | 0.11 | | |
| | 锯(木)屑 | m³ | 0.006 | 10.45 | 0.06 | | |
| | 合金钢切割锯片 | 片 | 0.00 | 61.75 | 0.26 | | |
| | 其他材料费 | | | | 0.50 | | |
| | 材料费小计 | | | | 262.34 | | |

**工程量清单综合单价分析表**　　　　　　表 1-44

工程名称："和熙"广场绿地工程　　　　　标段：　　　　　第　页　共　页

| 项目编码 | 010101003001 | 项目名称 | | 挖基础土方 | 计量单位 | m³ | 工程量 | 0.9 |
|---|---|---|---|---|---|---|---|---|

清单综合单价组成明细

| 定额编号 | 定额名称 | 定额单位 | 数量 | 单价 | | | | 合价 | | | |
|---|---|---|---|---|---|---|---|---|---|---|---|
| | | | | 人工费 | 材料费 | 机械费 | 管理费和利润 | 人工费 | 材料费 | 机械费 | 管理费和利润 |
| 1-122 | 素土夯实 | 10m² | 0.544 | 4.07 | — | 1.16 | 2.88 | 2.22 | — | 0.63 | 1.57 |
| 1-18 | 人工挖地槽、地沟 | m³ | 1.089 | 10.99 | — | | 6.05 | 11.97 | — | | 6.59 |
| 人工单价 | | | 小计 | | | | | 14.18 | — | 0.63 | 8.16 |
| 37.00 元/工日 | | | 未计价材料费 | | | | | — | | | |
| 清单项目综合单价 | | | | | | | | 22.97 | | | |

| 材料费明细 | 主要材料名称、规格、型号 | | 单位 | 数量 | 单价（元） | 合价（元） | 暂估单价(元) | 暂估合价(元) |
|---|---|---|---|---|---|---|---|---|
| | | | | | | | | |
| | 其他材料费 | | | | | | | |
| | 材料费小计 | | | | | | | |

**工程量清单综合单价分析表**　　　　　　表 1-45

工程名称："和熙"广场绿地工程　　　　　标段：　　　　　第　页　共　页

| 项目编码 | 010401001002 | 项目名称 | 砖基础 | 计量单位 | m³ | 工程量 | 2 |
|---|---|---|---|---|---|---|---|

清单综合单价组成明细

| 定额编号 | 定额名称 | 定额单位 | 数量 | 单价 | | | | 合价 | | | |
|---|---|---|---|---|---|---|---|---|---|---|---|
| | | | | 人工费 | 材料费 | 机械费 | 管理费和利润 | 人工费 | 材料费 | 机械费 | 管理费和利润 |
| 1-189 | 砖基础 | m³ | 1.000 | 48.47 | 179.42 | 3.98 | 28.84 | 48.47 | 179.42 | 3.98 | 28.84 |
| 人工单价 | | | 小计 | | | | | 48.47 | 179.42 | 3.98 | 28.84 |
| 37.00 元/工日 | | | 未计价材料费 | | | | | — | | | |
| 清单项目综合单价 | | | | | | | | 260.71 | | | |

| 材料费明细 | 主要材料名称、规格、型号 | 单位 | 数量 | 单价（元） | 合价（元） | 暂估单价(元) | 暂估合价(元) |
|---|---|---|---|---|---|---|---|
| | 水泥砂浆 M5 | m³ | 0.243 | 125.10 | 30.40 | | |
| | 标准砖 240mm×115mm×53mm | 百块 | 5.270 | 28.20 | 148.61 | | |
| | 水 | m³ | 0.100 | 4.10 | 0.41 | | |
| | 其他材料费 | | | | | | |
| | 材料费小计 | | | | 179.42 | | |

### 工程量清单综合单价分析表
表1-46

工程名称："和熙"广场绿地工程　　　　　　标段：　　　　　第　页　共　页

| 项目编码 | 010603003001 | 项目名称 | 钢管柱 | 计量单位 | t | 工程量 | 19.63 |
|---|---|---|---|---|---|---|---|

清单综合单价组成明细

| 定额编号 | 定额名称 | 定额单位 | 数量 | 单价 | | | | 合价 | | | |
|---|---|---|---|---|---|---|---|---|---|---|---|
| | | | | 人工费 | 材料费 | 机械费 | 管理费和利润 | 人工费 | 材料费 | 机械费 | 管理费和利润 |
| 3-588 | 金属小品制作 | t | 1.00 | 1920.30 | 4566.25 | 929.51 | 614.49 | 1920.30 | 4566.25 | 929.51 | 614.49 |
| 3-589 | 金属小品安装 | t | 1.00 | 684.50 | 126.62 | 258.75 | 123.21 | 684.50 | 126.62 | 258.75 | 123.21 |
| 人工单价 | | | 小计 | | | | | 2604.80 | 4692.87 | 1188.26 | 737.70 |
| 37.00元/工日 | | | 未计价材料费 | | | | | — | | | |
| 清单项目综合单价 | | | | | | | | 9223.63 | | | |

| 材料费明细 | 主要材料名称、规格、型号 | 单位 | 数量 | 单价（元） | 合价（元） | 暂估单价（元） | 暂估合价（元） |
|---|---|---|---|---|---|---|---|
| | 钢筋（综合） | t | 0.210 | 3800.00 | 798.00 | | |
| | 型钢（综合） | t | 0.840 | 3900.00 | 3276.00 | | |
| | 螺栓 | kg | 7.500 | 11.72 | 87.90 | | |
| | 电焊条 | kg | 33.980 | 4.80 | 163.10 | | |
| | 氧气 | m³ | 7.460 | 2.60 | 19.40 | | |
| | 乙炔气 | m³ | 3.600 | 13.60 | 48.96 | | |
| | 红丹防锈漆 | kg | 9.200 | 14.50 | 133.40 | | |
| | 木柴 | kg | 2.290 | 0.35 | 0.80 | | |
| | 焦炭 | kg | 23.800 | 0.69 | 16.42 | | |
| | 其他材料费 | | | | 148.90 | | |
| | 材料费小计 | | | | 4692.88 | | |

### 工程量清单综合单价分析表
表1-47

工程名称："和熙"广场绿地工程　　　　　　标段：　　　　　第　页　共　页

| 项目编码 | 010101003002 | 项目名称 | 挖基础土方 | 计量单位 | m³ | 工程量 | 1.32 |
|---|---|---|---|---|---|---|---|

清单综合单价组成明细

| 定额编号 | 定额名称 | 定额单位 | 数量 | 单价 | | | | 合价 | | | |
|---|---|---|---|---|---|---|---|---|---|---|---|
| | | | | 人工费 | 材料费 | 机械费 | 管理费和利润 | 人工费 | 材料费 | 机械费 | 管理费和利润 |
| 1-122 | 素土夯实 | 10m² | 0.288 | 4.07 | — | 1.16 | 2.88 | 1.17 | — | 0.33 | 0.83 |
| 1-18 | 人工挖地槽、地沟 | m³ | 1.311 | 10.99 | — | — | 6.05 | 14.40 | — | — | 7.93 |
| 人工单价 | | | 小计 | | | | | 15.58 | — | 0.33 | 8.76 |
| 37.00元/工日 | | | 未计价材料费 | | | | | — | | | |
| 清单项目综合单价 | | | | | | | | 24.67 | | | |

| 材料费明细 | 主要材料名称、规格、型号 | 单位 | 数量 | 单价（元） | 合价（元） | 暂估单价（元） | 暂估合价（元） |
|---|---|---|---|---|---|---|---|
| | | | | | | | |
| | 其他材料费 | | | | | | |
| | 材料费小计 | | | | | | |

**工程量清单综合单价分析表**　　　　　　　　　　　　　表 1-48

工程名称："和熙"广场绿地工程　　　　　　标段：　　　　　第　页　共　页

| 项目编码 | 010404001001 | 项目名称 | | 垫层 | | 计量单位 | | m³ | 工程量 | 0.44 |
|---|---|---|---|---|---|---|---|---|---|---|

清单综合单价组成明细

| 定额编号 | 定额名称 | 定额单位 | 数量 | 单价 | | | | 合价 | | | |
|---|---|---|---|---|---|---|---|---|---|---|---|
| | | | | 人工费 | 材料费 | 机械费 | 管理费和利润 | 人工费 | 材料费 | 机械费 | 管理费和利润 |
| 3-493 | 3：7灰土垫层 | m³ | 1.318 | 37.00 | 64.97 | 1.60 | 11.84 | 48.77 | 85.64 | 2.11 | 15.61 |
| 人工单价 | | | 小计 | | | | | 48.77 | 85.64 | 2.11 | 15.61 |
| 37.00 元/工日 | | | 未计价材料费 | | | | | — | | | |
| 清单项目综合单价 | | | | | | | | 152.13 | | | |

| 材料费明细 | 主要材料名称、规格、型号 | 单位 | 数量 | 单价(元) | 合价(元) | 暂估单价(元) | 暂估合价(元) |
|---|---|---|---|---|---|---|---|
| | 灰土 3：7 | m³ | 1.331 | 63.51 | 84.54 | | |
| | 水 | m³ | 0.264 | 4.10 | 1.08 | | |
| | 其他材料费 | | | | | | |
| | 材料费小计 | | | | 85.64 | | |

**工程量清单综合单价分析表**　　　　　　　　　　　　　表 1-49

工程名称："和熙"广场绿地工程　　　　　　标段：　　　　　第　页　共　页

| 项目编码 | 010502003001 | 项目名称 | | 异形柱 | | 计量单位 | | m³ | 工程量 | 0.53 |
|---|---|---|---|---|---|---|---|---|---|---|

清单综合单价组成明细

| 定额编号 | 定额名称 | 定额单位 | 数量 | 单价 | | | | 合价 | | | |
|---|---|---|---|---|---|---|---|---|---|---|---|
| | | | | 人工费 | 材料费 | 机械费 | 管理费和利润 | 人工费 | 材料费 | 机械费 | 管理费和利润 |
| 1-282 | 现浇混凝土圆形柱 | m³ | 1.000 | 91.46 | 204.80 | 8.64 | 55.05 | 91.46 | 204.80 | 8.64 | 55.05 |
| 人工单价 | | | 小计 | | | | | 91.46 | 204.80 | 8.64 | 55.05 |
| 37.00 元/工日 | | | 未计价材料费 | | | | | — | | | |
| 清单项目综合单价 | | | | | | | | 359.95 | | | |

| 材料费明细 | 主要材料名称、规格、型号 | 单位 | 数量 | 单价(元) | 合价(元) | 暂估单价(元) | 暂估合价(元) |
|---|---|---|---|---|---|---|---|
| | C25 混凝土,31.5mm,32.5 级 | m³ | 0.985 | 195.79 | 192.85 | | |
| | 水泥砂浆 1：2 | m³ | 0.031 | 221.77 | 6.87 | | |
| | 水 | m³ | 1.210 | 4.10 | 4.96 | | |
| | 塑料薄膜 | m² | 0.140 | 0.86 | 0.12 | | |
| | 其他材料费 | | | | | | |
| | 材料费小计 | | | | 204.81 | | |

**工程量清单综合单价分析表**　　　　　　　　　　　　　表 1-50

工程名称："和熙"广场绿地工程　　　　　　标段：　　　　　第　页　共　页

| 项目编码 | 020207001001 | 项目名称 | | 石浮雕 | | 计量单位 | | m² | 工程量 | 7.91 |
|---|---|---|---|---|---|---|---|---|---|---|

清单综合单价组成明细

| 定额编号 | 定额名称 | 定额单位 | 数量 | 单价 | | | | 合价 | | | |
|---|---|---|---|---|---|---|---|---|---|---|---|
| | | | | 人工费 | 材料费 | 机械费 | 管理费和利润 | 人工费 | 材料费 | 机械费 | 管理费和利润 |
| 2-148 | 石浮雕 | m² | 1.00 | 450.00 | — | 30.00 | 264.00 | 450.00 | — | 30.00 | 264.00 |
| 人工单价 | | | 小计 | | | | | 450.00 | — | 30.00 | 264.00 |
| 37.00 元/工日 | | | 未计价材料费 | | | | | — | | | |
| 清单项目综合单价 | | | | | | | | 744.00 | | | |

| 材料费明细 | 主要材料名称、规格、型号 | 单位 | 数量 | 单价(元) | 合价(元) | 暂估单价(元) | 暂估合价(元) |
|---|---|---|---|---|---|---|---|
| | | | | | | | |
| | 其他材料费 | | | | | | |
| | 材料费小计 | | | | | | |

## 工程量清单综合单价分析表

表 1-51

工程名称："和熙"广场绿地工程　　　　标段：　　　　第 页 共 页

| 项目编码 | 010103001001 | | 项目名称 | 土(石)方回填 | 计量单位 | m³ | 工程量 | 0.75 |
|---|---|---|---|---|---|---|---|---|

### 清单综合单价组成明细

| 定额编号 | 定额名称 | 定额单位 | 数量 | 单价 | | | | 合价 | | | |
|---|---|---|---|---|---|---|---|---|---|---|---|
| | | | | 人工费 | 材料费 | 机械费 | 管理费和利润 | 人工费 | 材料费 | 机械费 | 管理费和利润 |
| 1-127 | 回填土 | m³ | 1.227 | 11.40 | — | 1.30 | 6.98 | 13.98 | — | 1.59 | 8.56 |
| 人工单价 | | | 小计 | | | | | 13.98 | — | 1.59 | 8.56 |
| 37.00元/工日 | | | 未计价材料费 | | | | | — | | | |
| 清单项目综合单价 | | | | | | | | 24.14 | | | |

| 材料费明细 | 主要材料名称、规格、型号 | 单位 | 数量 | 单价(元) | 合价(元) | 暂估单价(元) | 暂估合价(元) |
|---|---|---|---|---|---|---|---|
| | | | | | | | |
| | 其他材料费 | | | | | | |
| | 材料费小计 | | | | | | |

## 工程量清单综合单价分析表

表 1-52

工程名称："和熙"广场绿地工程　　　　标段：　　　　第 页 共 页

| 项目编码 | 010101003003 | | 项目名称 | 挖基础土方 | 计量单位 | m³ | 工程量 | 1.02 |
|---|---|---|---|---|---|---|---|---|

### 清单综合单价组成明细

| 定额编号 | 定额名称 | 定额单位 | 数量 | 单价 | | | | 合价 | | | |
|---|---|---|---|---|---|---|---|---|---|---|---|
| | | | | 人工费 | 材料费 | 机械费 | 管理费和利润 | 人工费 | 材料费 | 机械费 | 管理费和利润 |
| 1-122 | 素土夯实 | 10m² | 0.225 | 4.07 | — | 1.16 | 2.88 | 0.92 | — | 0.26 | 0.65 |
| 1-18 | 人工挖地槽、地沟 | m³ | 1.225 | 10.99 | — | — | 6.05 | 13.47 | — | — | 7.41 |
| 人工单价 | | | 小计 | | | | | 14.39 | — | 0.26 | 8.06 |
| 37.00元/工日 | | | 未计价材料费 | | | | | — | | | |
| 清单项目综合单价 | | | | | | | | 22.71 | | | |

| 材料费明细 | 主要材料名称、规格、型号 | 单位 | 数量 | 单价(元) | 合价(元) | 暂估单价(元) | 暂估合价(元) |
|---|---|---|---|---|---|---|---|
| | | | | | | | |
| | 其他材料费 | | | | | | |
| | 材料费小计 | | | | | | |

**工程量清单综合单价分析表**　　　　　　　　　表 1-53

工程名称："和熙"广场绿地工程　　　　标段：　　　　　第　页　共　页

| 项目编码 | 010501001002 | 项目名称 | 垫层 | 计量单位 | m³ | 工程量 | 0.46 |

清单综合单价组成明细

| 定额编号 | 定额名称 | 定额单位 | 数量 | 单价 | | | | 合价 | | | |
|---|---|---|---|---|---|---|---|---|---|---|---|
| | | | | 人工费 | 材料费 | 机械费 | 管理费和利润 | 人工费 | 材料费 | 机械费 | 管理费和利润 |
| 3-496 | 250mm厚素混凝土垫层 | m³ | 1.239 | 67.34 | 159.42 | 10.48 | 21.55 | 83.44 | 197.54 | 12.99 | 26.70 |
| 人工单价 | | 小计 | | | | | | 83.44 | 197.54 | 12.99 | 26.70 |
| 37.00元/工日 | | 未计价材料费 | | | | | | — | | | |
| 清单项目综合单价 | | | | | | | | 32.67 | | | |

| 材料费明细 | 主要材料名称、规格、型号 | 单位 | 数量 | 单价（元） | 合价（元） | 暂估单价(元) | 暂估合价(元) |
|---|---|---|---|---|---|---|---|
| | C10混凝土,40mm,32.5级 | m³ | 1.264 | 154.28 | 194.98 | | |
| | 水 | m³ | 0.620 | 4.10 | 2.54 | | |
| | 其他材料费 | | | | | | |
| | 材料费小计 | | | | 197.54 | | |

**工程量清单综合单价分析表**　　　　　　　　　表 1-54

工程名称："和熙"广场绿地工程　　　　标段：　　　　　第　页　共　页

| 项目编码 | 010401001003 | 项目名称 | 砖基础 | 计量单位 | m³ | 工程量 | 0.95 |

清单综合单价组成明细

| 定额编号 | 定额名称 | 定额单位 | 数量 | 单价 | | | | 合价 | | | |
|---|---|---|---|---|---|---|---|---|---|---|---|
| | | | | 人工费 | 材料费 | 机械费 | 管理费和利润 | 人工费 | 材料费 | 机械费 | 管理费和利润 |
| 1-189 | 砖砌基础 | m³ | 1.000 | 48.47 | 179.42 | 3.98 | 28.84 | 48.47 | 179.42 | 3.98 | 28.84 |
| 人工单价 | | 小计 | | | | | | 48.47 | 179.42 | 3.98 | 28.84 |
| 37.00元/工日 | | 未计价材料费 | | | | | | — | | | |
| 清单项目综合单价 | | | | | | | | 260.71 | | | |

| 材料费明细 | 主要材料名称、规格、型号 | 单位 | 数量 | 单价（元） | 合价（元） | 暂估单价(元) | 暂估合价(元) |
|---|---|---|---|---|---|---|---|
| | 水泥砂浆,M5 | m³ | 0.243 | 125.10 | 30.40 | | |
| | 标准 240mm×115mm×53mm | 百块 | 5.270 | 28.20 | 148.61 | | |
| | 水 | m³ | 0.100 | 4.10 | 0.41 | | |
| | 其他材料费 | | | | | | |
| | 材料费小计 | | | | 179.42 | | |

**工程量清单综合单价分析表**　　　　　　　　表 1-55

工程名称："和熙"广场绿地工程　　　　　　标段：　　　　　　　第　页　共　页

| 项目编码 | 010103001002 | 项目名称 | 土(石)方回填 | 计量单位 | m³ | 工程量 | 0.24 |
|---|---|---|---|---|---|---|---|

清单综合单价组成明细

| 定额编号 | 定额名称 | 定额单位 | 数量 | 单价 | | | | 合价 | | | |
|---|---|---|---|---|---|---|---|---|---|---|---|
| | | | | 人工费 | 材料费 | 机械费 | 管理费和利润 | 人工费 | 材料费 | 机械费 | 管理费和利润 |
| 1-127 | 回填土 | m³ | 1.500 | 11.40 | — | 1.30 | 6.98 | 17.10 | — | 1.95 | 10.47 |
| 人工单价 | | 小计 | | | | | | 17.10 | — | 1.95 | 10.47 |
| 37.00元/工日 | | 未计价材料费 | | | | | | — | | | |
| 清单项目综合单价 | | | | | | | | 29.52 | | | |

| 材料费明细 | 主要材料名称、规格、型号 | 单位 | 数量 | 单价(元) | 合价(元) | 暂估单价(元) | 暂估合价(元) |
|---|---|---|---|---|---|---|---|
| | | | | | | | |
| | 其他材料费 | | | | | | |
| | 材料费小计 | | | | | | |

**工程量清单综合单价分析表**　　　　　　　　表 1-56

工程名称："和熙"广场绿地工程　　　　　　标段：　　　　　　　第　页　共　页

| 项目编码 | 010806001001 | 项目名称 | 木组合窗 | 计量单位 | m² | 工程量 | 4.2 |
|---|---|---|---|---|---|---|---|

清单综合单价组成明细

| 定额编号 | 定额名称 | 定额单位 | 数量 | 单价 | | | | 合价 | | | |
|---|---|---|---|---|---|---|---|---|---|---|---|
| | | | | 人工费 | 材料费 | 机械费 | 管理费和利润 | 人工费 | 材料费 | 机械费 | 管理费和利润 |
| 2-72 | 矩形漏窗 | 10m² | 0.100 | 4442.85 | 617.56 | 22.70 | 2456.06 | 444.29 | 61.76 | 2.27 | 245.61 |
| 人工单价 | | 小计 | | | | | | 444.29 | 61.76 | 2.27 | 245.61 |
| 37.00元/工日 | | 未计价材料费 | | | | | | — | | | |
| 清单项目综合单价 | | | | | | | | 753.92 | | | |

| 材料费明细 | 主要材料名称、规格、型号 | 单位 | 数量 | 单价(元) | 合价(元) | 暂估单价(元) | 暂估合价(元) |
|---|---|---|---|---|---|---|---|
| | 标准砖 240mm×115mm×53mm | 百块 | 0.122 | 28.20 | 3.44 | | |
| | 望砖 21cm×10cm×1.7cm | 百块 | 1.075 | 34.00 | 36.55 | | |
| | 混合砂浆,M5 | m³ | 0.012 | 130.04 | 1.53 | | |
| | 结构成材,锯材 | m³ | 0.006 | 1599.00 | 9.91 | | |
| | 纸筋石灰浆 | m³ | 0.067 | 145.53 | 9.79 | | |
| | 铁钉 | kg | 0.026 | 4.10 | 0.11 | | |
| | 其他材料费 | | | | 0.42 | | |
| | 材料费小计 | | | | 61.76 | | |

## 工程量清单综合单价分析表

表 1-57

工程名称:"和熙"广场绿地工程　　　　　标段:　　　　　　　第　页　共　页

| 项目编码 | 010507006001 | 项目名称 | 砖水池、化粪池 | 计量单位 | 座 | 工程量 | 1 |
|---|---|---|---|---|---|---|---|

清单综合单价组成明细

| 定额编号 | 定额名称 | 定额单位 | 数量 | 单价 | | | | 合价 | | | |
|---|---|---|---|---|---|---|---|---|---|---|---|
| | | | | 人工费 | 材料费 | 机械费 | 管理费和利润 | 人工费 | 材料费 | 机械费 | 管理费和利润 |
| 1-122 | 素土夯实 | 10m² | 1.540 | 4.07 | — | 1.16 | 2.88 | 6.27 | — | 1.79 | 4.44 |
| 1-18 | 人工挖地槽、地沟 | m³ | 13.380 | 10.99 | — | — | 6.05 | 147.05 | — | | 80.95 |
| 3-496 | 100mm厚C20细石混凝土垫层 | m³ | 1.270 | 67.34 | 159.42 | 10.48 | 21.55 | 85.52 | 202.46 | 13.31 | 27.37 |
| 1-189 | 砖砌基础 | m³ | 5.460 | 48.47 | 179.42 | 3.98 | 28.84 | 264.65 | 979.63 | 21.73 | 157.47 |
| 1-800 | 30mm厚防水层 | 10m² | 2.520 | 25.90 | 512.70 | — | 14.25 | 65.27 | 1292.00 | | 35.91 |
| 1-771 | 30mm厚大理石贴面 | 10m² | 2.110 | 177.16 | 1603.00 | 10.45 | 103.18 | 373.81 | 3382.33 | 22.05 | 217.71 |
| 1-127 | 回填土 | m³ | 2.320 | 11.40 | — | 1.30 | 6.98 | 26.45 | — | 3.02 | 16.19 |
| 人工单价 | | | 小计 | | | | | 969.01 | 5856.43 | 60.11 | 540.03 |
| 37.00元/工日 | | | 未计价材料费 | | | | | — | | | |
| 清单项目综合单价 | | | | | | | | 7425.57 | | | |

| | 主要材料名称、规格、型号 | 单位 | 数量 | 单价(元) | 合价(元) | 暂估单价(元) | 暂估合价(元) |
|---|---|---|---|---|---|---|---|
| 材料费明细 | C10混凝土,40mm,32.5级 | m³ | 1.295 | 154.28 | 199.85 | | |
| | 水 | m³ | 1.730 | 4.10 | 7.09 | | |
| | 水泥砂浆 M5 | m³ | 1.327 | 125.10 | 165.98 | | |
| | 标准砖240mm×115mm×53mm | 百块 | 28.774 | 28.20 | 811.43 | | |
| | PVC卷材 | m² | 31.172 | 26.00 | 810.48 | | |
| | PVC胶泥 | kg | 151.225 | 2.68 | 405.28 | | |
| | 801胶素水泥浆 | m³ | 0.003 | 495.03 | 1.25 | | |
| | 冷底子油30:70 | 100kg | 0.121 | 555.14 | 67.15 | | |
| | 石油液化气 | kg | 1.260 | 4.20 | 5.29 | | |
| | 花岗石(综合) | m² | 21.522 | 150.00 | 3228.30 | | |
| | 水泥砂浆1:1 | m³ | 0.171 | 267.49 | 45.72 | | |
| | 水泥砂浆1:3 | m³ | 0.426 | 182.43 | 77.76 | | |
| | 素水泥浆 | m³ | 0.021 | 457.23 | 9.65 | | |
| | 白水泥80 | kg | 2.110 | 0.52 | 1.10 | | |
| | 棉纱头 | kg | 0.211 | 5.30 | 1.12 | | |
| | 锯(木)屑 | m³ | 0.127 | 10.45 | 1.32 | | |
| | 合金钢切割锯片 | 片 | 0.07 | 61.75 | 4.56 | | |
| | 其他材料费 | | | | 13.07 | | |
| | 材料费小计 | | | | 5856.40 | | |

**工程量清单综合单价分析表**　　　　　　　　表 1-58

工程名称："和熙"广场绿地工程　　　　　　标段：　　　　　　第　页　共　页

| 项目编码 | 050202001001 | 项目名称 | 石砌驳岸 | 计量单位 | m³ | 工程量 | 0.83 |
|---|---|---|---|---|---|---|---|

清单综合单价组成明细

| 定额编号 | 定额名称 | 定额单位 | 数量 | 单价 | | | | 合价 | | | |
|---|---|---|---|---|---|---|---|---|---|---|---|
| | | | | 人工费 | 材料费 | 机械费 | 管理费和利润 | 人工费 | 材料费 | 机械费 | 管理费和利润 |
| 2-165 | 方整石板 | 10m² | 0.771 | 162.00 | 2081.42 | 11.20 | 95.26 | 124.92 | 1604.95 | 8.64 | 73.45 |
| 人工单价 | | 小计 | | | | | | 124.92 | 1604.95 | 8.64 | 73.45 |
| 37.00元/工日 | | 未计价材料费 | | | | | | — | | | |
| 清单项目综合单价 | | | | | | | | 1811.96 | | | |

| 材料费明细 | 主要材料名称、规格、型号 | 单位 | 数量 | 单价（元） | 合价（元） | 暂估单价（元） | 暂估合价（元） |
|---|---|---|---|---|---|---|---|
| | 方整石板 | m² | 7.865 | 200.00 | 1573.01 | | |
| | 合金钢切割锯片 | 片 | 0.032 | 61.75 | 2.00 | | |
| | 山砂 | t | 0.901 | 33.00 | 29.72 | | |
| | 水 | m³ | 0.054 | 4.10 | 0.22 | | |
| | 其他材料费 | | | | | | |
| | 材料费小计 | | | | 1604.95 | | |

**工程量清单综合单价分析表**　　　　　　　　表 1-59

工程名称："和熙"广场绿地工程　　　　　　标段：　　　　　　第　页　共　页

| 项目编码 | 050306001001 | 项目名称 | 喷泉管道 | 计量单位 | m | 工程量 | 6.59 |
|---|---|---|---|---|---|---|---|

清单综合单价组成明细

| 定额编号 | 定额名称 | 定额单位 | 数量 | 单价 | | | | 合价 | | | |
|---|---|---|---|---|---|---|---|---|---|---|---|
| | | | | 人工费 | 材料费 | 机械费 | 管理费和利润 | 人工费 | 材料费 | 机械费 | 管理费和利润 |
| 2-91(套北京定额) | 室外排水铸铁管埋设 | m | 1.000 | 3.11 | 24.03 | 0.12 | 5.00 | 3.11 | 24.03 | 0.12 | 5.00 |
| 5-16(套北京定额) | 喷泉喷头安装 | 套 | 1.012 | 0.55 | 0.73 | — | 0.24 | 0.56 | 0.74 | — | 0.24 |
| 人工单价 | | 小计 | | | | | | 3.67 | 24.77 | 0.12 | 5.24 |
| 28.00元/工日 | | 未计价材料费 | | | | | | 50.60 | | | |
| 清单项目综合单价 | | | | | | | | 84.40 | | | |

| 材料费明细 | 主要材料名称、规格、型号 | 单位 | 数量 | 单价（元） | 合价（元） | 暂估单价（元） | 暂估合价（元） |
|---|---|---|---|---|---|---|---|
| | 趵突泉喷头安装 | 套 | 1.01 | 50.00 | 50.60 | | |
| | 其他材料费 | | | | | | |
| | 材料费小计 | | | | 50.60 | | |

**工程量清单综合单价分析表**　　　　　　　　　　　　　表 1-60

工程名称："和熙"广场绿地工程　　　　　　标段：　　　　　第　页　共　页

| 项目编码 | 010101003004 | 项目名称 | | 挖基础土方 | | 计量单位 | | m³ | 工程量 | 1.58 |

| | | | | 清单综合单价组成明细 | | | | | | |
|---|---|---|---|---|---|---|---|---|---|---|
| 定额编号 | 定额名称 | 定额单位 | 数量 | 单价 | | | | 合价 | | |
| | | | | 人工费 | 材料费 | 机械费 | 管理费和利润 | 人工费 | 材料费 | 机械费 | 管理费和利润 |
| 1-122 | 素土夯实 | 10m² | 0.449 | 4.07 | — | 1.16 | 2.88 | 1.83 | — | 0.52 | 1.29 |
| 1-18 | 人工挖地槽、地沟 | m³ | 1.120 | 10.99 | — | — | 6.05 | 12.31 | — | — | 6.78 |
| 人工单价 | | | 小计 | | | | | 14.14 | — | 0.52 | 8.07 |
| 37.00 元/工日 | | | 未计价材料费 | | | | | | | |
| 清单项目综合单价 | | | | | | | | 22.73 | | |

| 材料费明细 | 主要材料名称、规格、型号 | | 单位 | 数量 | 单价（元） | 合价（元） | 暂估单价（元） | 暂估合价（元） |
|---|---|---|---|---|---|---|---|---|
| | | | | | | | | |
| | 其他材料费 | | | | | | | |
| | 材料费小计 | | | | | | | |

**工程量清单综合单价分析表**　　　　　　　　　　　　　表 1-61

工程名称："和熙"广场绿地工程　　　　　　标段：　　　　　第　页　共　页

| 项目编码 | 010501003001 | 项目名称 | | 独立基础 | | 计量单位 | | m³ | 工程量 | 1.58 |

| | | | | 清单综合单价组成明细 | | | | | | |
|---|---|---|---|---|---|---|---|---|---|---|
| 定额编号 | 定额名称 | 定额单位 | 数量 | 单价 | | | | 合价 | | |
| | | | | 人工费 | 材料费 | 机械费 | 管理费和利润 | 人工费 | 材料费 | 机械费 | 管理费和利润 |
| 3-496 | 250mm 厚 C10 混凝土垫层 | m³ | 1.120 | 67.34 | 159.42 | 10.48 | 21.55 | 75.44 | 178.59 | 11.74 | 24.14 |
| 人工单价 | | | 小计 | | | | | 75.44 | 178.59 | 11.74 | 24.14 |
| 37.00 元/工日 | | | 未计价材料费 | | | | | — | | |
| 清单项目综合单价 | | | | | | | | 289.91 | | |

| 材料费明细 | 主要材料名称、规格、型号 | | 单位 | 数量 | 单价（元） | 合价（元） | 暂估单价（元） | 暂估合价（元） |
|---|---|---|---|---|---|---|---|---|
| | C10 混凝土,40mm,32.5 级 | | m³ | 1.143 | 154.28 | 176.29 | | |
| | 水 | | m³ | 0.560 | 4.10 | 2.30 | | |
| | 其他材料费 | | | | | | | |
| | 材料费小计 | | | | | 178.59 | | |

**工程量清单综合单价分析表**　　　　　　　　　　　　　表 1-62

工程名称："和熙"广场绿地工程　　　　　　标段：　　　　　第　页　共　页

| 项目编码 | 010502001001 | 项目名称 | | 矩形柱 | | 计量单位 | | m³ | 工程量 | 1.19 |

| | | | | 清单综合单价组成明细 | | | | | | |
|---|---|---|---|---|---|---|---|---|---|---|
| 定额编号 | 定额名称 | 定额单位 | 数量 | 单价 | | | | 合价 | | |
| | | | | 人工费 | 材料费 | 机械费 | 管理费和利润 | 人工费 | 材料费 | 机械费 | 管理费和利润 |
| 1-279 | 现浇混凝土矩形柱 | m³ | 1.000 | 85.25 | 204.96 | 8.64 | 51.64 | 85.25 | 204.96 | 8.64 | 51.64 |
| 人工单价 | | | 小计 | | | | | 85.25 | 204.96 | 8.64 | 51.64 |
| 37.00 元/工日 | | | 未计价材料费 | | | | | — | | |
| 清单项目综合单价 | | | | | | | | 350.49 | | |

| 材料费明细 | 主要材料名称、规格、型号 | | 单位 | 数量 | 单价（元） | 合价（元） | 暂估单价（元） | 暂估合价（元） |
|---|---|---|---|---|---|---|---|---|
| | C25 混凝土,31.5mm,32.5 级 | | m³ | 0.985 | 195.79 | 192.85 | | |
| | 水泥砂浆 1:2 | | m³ | 0.031 | 221.77 | 6.87 | | |
| | 水 | | m³ | 1.220 | 4.10 | 5.00 | | |
| | 塑料薄膜 | | m² | 0.280 | 0.86 | 0.24 | | |
| | 其他材料费 | | | | | | | |
| | 材料费小计 | | | | | 204.97 | | |

## 工程量清单综合单价分析表

表 1-63

工程名称："和熙"广场绿地工程　　　　　标段：　　　　　第　页　共　页

| 项目编码 | 050402007001 | | 项目名称 | 现浇混凝土桌凳 | 计量单位 | 个 | 工程量 | 8 |
|---|---|---|---|---|---|---|---|---|

### 清单综合单价组成明细

| 定额编号 | 定额名称 | 定额单位 | 数量 | 单价 | | | | 合价 | | | |
|---|---|---|---|---|---|---|---|---|---|---|---|
| | | | | 人工费 | 材料费 | 机械费 | 管理费和利润 | 人工费 | 材料费 | 机械费 | 管理费和利润 |
| 1-275 | 现浇混凝土凳独立基础 | m³ | 0.021 | 33.30 | 182.89 | 22.56 | 30.72 | 0.71 | 3.89 | 0.48 | 0.65 |
| 人工单价 | | | 小计 | | | | | 0.71 | 3.89 | 0.48 | 0.65 |
| 37.00元/工日 | | | 未计价材料费 | | | | | — | | | |
| 清单项目综合单价 | | | | | | | | 5.73 | | | |

| 材料费明细 | 主要材料名称、规格、型号 | 单位 | 数量 | 单价（元） | 合价（元） | 暂估单价（元） | 暂估合价（元） |
|---|---|---|---|---|---|---|---|
| | C25混凝土,40mm,32.5级 | m³ | 0.022 | 175.90 | 3.79 | | |
| | 水 | m³ | 0.019 | 4.10 | 0.08 | | |
| | 塑料薄膜 | m² | 0.017 | 0.86 | 0.01 | | |
| | 其他材料费 | | | | | | |
| | 材料费小计 | | | | 3.89 | | |

## 工程量清单综合单价分析表

表 1-64

工程名称："和熙"广场绿地工程　　　　　标段：　　　　　第　页　共　页

| 项目编码 | 010702005001 | | 项目名称 | 其他木构件 | 计量单位 | m³ | 工程量 | 0.16 |
|---|---|---|---|---|---|---|---|---|

### 清单综合单价组成明细

| 定额编号 | 定额名称 | 定额单位 | 数量 | 单价 | | | | 合价 | | | |
|---|---|---|---|---|---|---|---|---|---|---|---|
| | | | | 人工费 | 材料费 | 机械费 | 管理费和利润 | 人工费 | 材料费 | 机械费 | 管理费和利润 |
| 2-391 | 30mm厚木坐凳条 | m³ | 1.000 | 348.75 | 3399.85 | 7.16 | 195.75 | 348.75 | 3399.85 | 7.16 | 195.75 |
| 人工单价 | | | 小计 | | | | | 348.75 | 3399.85 | 7.16 | 195.75 |
| 37.00元/工日 | | | 未计价材料费 | | | | | — | | | |
| 清单项目综合单价 | | | | | | | | 3951.51 | | | |

| 材料费明细 | 主要材料名称、规格、型号 | 单位 | 数量 | 单价（元） | 合价（元） | 暂估单价（元） | 暂估合价（元） |
|---|---|---|---|---|---|---|---|
| | 结构成材,枋板材 | m³ | 1.256 | 2700.00 | 3391.20 | | |
| | 防腐油 | kg | 0.100 | 1.71 | 0.17 | | |
| | 铁钉 | kg | 0.500 | 4.10 | 2.05 | | |
| | 其他材料费 | | | | 6.43 | | |
| | 材料费小计 | | | | 3399.85 | | |

## 工程量清单综合单价分析表

表 1-65

工程名称："和熙"广场绿地工程　　　　　标段：　　　　　第　页　共　页

| 项目编码 | 010515001001 | 项目名称 | 现浇混凝土钢筋 | 计量单位 | t | 工程量 | 0.081 |
|---|---|---|---|---|---|---|---|

**清单综合单价组成明细**

| 定额编号 | 定额名称 | 定额单位 | 数量 | 单价 | | | | 合价 | | | |
|---|---|---|---|---|---|---|---|---|---|---|---|
| | | | | 人工费 | 材料费 | 机械费 | 管理费和利润 | 人工费 | 材料费 | 机械费 | 管理费和利润 |
| 1-479 | 现浇构件钢筋(φ12以内) | t | 1.000 | 517.26 | 3916.60 | 128.48 | 355.16 | 517.26 | 3916.60 | 128.48 | 355.16 |
| 人工单价 | | | 小计 | | | | | 517.26 | 3916.60 | 128.48 | 355.16 |
| 37.00 元/工日 | | | 未计价材料费 | | | | | — | | | |
| 清单项目综合单价 | | | | | | | | 4917.50 | | | |

| 材料费明细 | 主要材料名称、规格、型号 | 单位 | 数量 | 单价(元) | 合价(元) | 暂估单价(元) | 暂估合价(元) |
|---|---|---|---|---|---|---|---|
| | 钢筋(综合) | t | 1.020 | 3800.00 | 3876.00 | | |
| | 水 | m³ | 0.040 | 4.10 | 0.16 | | |
| | 镀锌钢丝 22 号 | kg | 6.850 | 4.60 | 31.51 | | |
| | 电焊条 | kg | 1.860 | 4.80 | 8.93 | | |
| | 其他材料费 | | | | | | |
| | 材料费小计 | | | | 3916.60 | | |

## 工程量清单综合单价分析表

表 1-66

工程名称："和熙"广场绿地工程　　　　　标段：　　　　　第　页　共　页

| 项目编码 | 010702002001 | 项目名称 | 木梁 | 计量单位 | m³ | 工程量 | 1.04 |
|---|---|---|---|---|---|---|---|

**清单综合单价组成明细**

| 定额编号 | 定额名称 | 定额单位 | 数量 | 单价 | | | | 合价 | | | |
|---|---|---|---|---|---|---|---|---|---|---|---|
| | | | | 人工费 | 材料费 | 机械费 | 管理费和利润 | 人工费 | 材料费 | 机械费 | 管理费和利润 |
| 2-369 | 扁作梁 | m³ | 1.000 | 981.74 | 3313.20 | 3.88 | 542.09 | 981.74 | 3313.20 | 3.88 | 542.09 |
| 人工单价 | | | 小计 | | | | | 981.74 | 3315.11 | 3.88 | 542.09 |
| 37.00 元/工日 | | | 未计价材料费 | | | | | — | | | |
| 清单项目综合单价 | | | | | | | | 4840.91 | | | |

| 材料费明细 | 主要材料名称、规格、型号 | 单位 | 数量 | 单价(元) | 合价(元) | 暂估单价(元) | 暂估合价(元) |
|---|---|---|---|---|---|---|---|
| | 结构成材,枋板材 | m³ | 1.205 | 2700.00 | 3253.50 | | |
| | 杉原木 梢径 100~200mm | m³ | 0.052 | 900.00 | 46.80 | | |
| | 防腐油 | kg | 1.230 | 1.71 | 2.10 | | |
| | 铁钉 | kg | 0.550 | 4.10 | 2.26 | | |
| | 铁件制作 | kg | 0.500 | 8.50 | 4.25 | | |
| | 其他材料费 | | | | 6.20 | | |
| | 材料费小计 | | | | 3315.11 | | |

**工程量清单综合单价分析表**

表 1-67

工程名称:"和熙"广场绿地工程　　　　　　标段:　　　　　第　页　共　页

| 项目编码 | 010702005002 | 项目名称 | 其他木构件 | 计量单位 | m³ | 工程量 | 1.54 |

清单综合单价组成明细

| 定额编号 | 定额名称 | 定额单位 | 数量 | 单价 | | | | 合价 | | | |
|---|---|---|---|---|---|---|---|---|---|---|---|
| | | | | 人工费 | 材料费 | 机械费 | 管理费和利润 | 人工费 | 材料费 | 机械费 | 管理费和利润 |
| 2-408 | 亭屋顶斜构架 | m³ | 0.571 | 167.85 | 3200.42 | 1.50 | 93.14 | 95.91 | 1828.81 | 0.86 | 53.22 |
| 2-406 | 亭屋顶木檩条 | m³ | 0.429 | 402.75 | 3466.42 | 3.60 | 223.49 | 172.61 | 1485.61 | 1.54 | 95.78 |
| 人工单价 | | 小计 | | | | | | 268.52 | 3314.42 | 2.40 | 149.00 |
| 28.00 元/工日 | | 未计价材料费 | | | | | | | | | |
| 清单项目综合单价 | | | | | | | | 3734.35 | | | |

| 材料费明细 | 主要材料名称、规格、型号 | 单位 | 数量 | 单价(元) | 合价(元) | 暂估单价(元) | 暂估合价(元) |
|---|---|---|---|---|---|---|---|
| | 结构成材,枋板材 | m³ | 1.224 | 2700 | 3303.643 | | |
| | 铁钉 | kg | 2.629 | 4.10 | 10.78 | | |
| | 其他材料费 | | | | | | |
| | 材料费小计 | | | | 3314.42 | | |

**工程量清单综合单价分析表**

表 1-68

工程名称:"和熙"广场绿地工程　　　　　　标段:　　　　　第　页　共　页

| 项目编码 | 050303003001 | 项目名称 | 树皮屋面 | 计量单位 | m² | 工程量 | 36.68 |

清单综合单价组成明细

| 定额编号 | 定额名称 | 定额单位 | 数量 | 单价 | | | | 合价 | | | |
|---|---|---|---|---|---|---|---|---|---|---|---|
| | | | | 人工费 | 材料费 | 机械费 | 管理费和利润 | 人工费 | 材料费 | 机械费 | 管理费和利润 |
| 3-566 | 树皮屋面 | 10m² | 0.100 | 37.00 | 206.20 | — | 11.84 | 3.70 | 20.62 | — | 1.18 |
| 人工单价 | | 小计 | | | | | | 3.70 | 20.62 | — | 1.18 |
| 37.00 元/工日 | | 未计价材料费 | | | | | | — | | | |
| 清单项目综合单价 | | | | | | | | 25.50 | | | |

| 材料费明细 | 主要材料名称、规格、型号 | 单位 | 数量 | 单价(元) | 合价(元) | 暂估单价(元) | 暂估合价(元) |
|---|---|---|---|---|---|---|---|
| | 带树皮木板 | m² | 1.100 | 18.00 | 19.80 | | |
| | 铁钉 | kg | 0.200 | 4.10 | 0.82 | | |
| | 其他材料费 | | | | | | |
| | 材料费小计 | | | | 20.62 | | |

**工程量清单综合单价分析表**　　表 1-69

工程名称："和熙"广场绿地工程　　　　标段：　　　　　第　页　共　页

| 项目编码 | 010101003005 | 项目名称 | 挖基础土方 | 计量单位 | m³ | 工程量 | 3.75 |
|---|---|---|---|---|---|---|---|

清单综合单价组成明细

| 定额编号 | 定额名称 | 定额单位 | 数量 | 单价 | | | | 合价 | | | |
|---|---|---|---|---|---|---|---|---|---|---|---|
| | | | | 人工费 | 材料费 | 机械费 | 管理费和利润 | 人工费 | 材料费 | 机械费 | 管理费和利润 |
| 1-122 | 素土夯实 | 10m² | 0.096 | 4.07 | — | 1.16 | 2.88 | 0.39 | — | 0.11 | 0.28 |
| 1-18 | 人工挖地槽、地沟 | m³ | 1.170 | 10.99 | — | — | 6.05 | 12.86 | — | | 7.08 |
| 人工单价 | | | 小计 | | | | | 13.25 | — | 0.11 | 7.36 |
| 37.00 元/工日 | | | 未计价材料费 | | | | | — | | | |
| 清单项目综合单价 | | | | | | | | 20.72 | | | |

| 材料费明细 | 主要材料名称、规格、型号 | | | | 单位 | 数量 | 单价（元） | 合价（元） | 暂估单价（元） | 暂估合价（元） |
|---|---|---|---|---|---|---|---|---|---|---|
| | 其他材料费 | | | | | | | | | |
| | 材料费小计 | | | | | | | | | |

**工程量清单综合单价分析表**　　表 1-70

工程名称："和熙"广场绿地工程　　　　标段：　　　　　第　页　共　页

| 项目编码 | 010501001003 | 项目名称 | 垫层 | 计量单位 | m³ | 工程量 | 0.31 |
|---|---|---|---|---|---|---|---|

清单综合单价组成明细

| 定额编号 | 定额名称 | 定额单位 | 数量 | 单价 | | | | 合价 | | | |
|---|---|---|---|---|---|---|---|---|---|---|---|
| | | | | 人工费 | 材料费 | 机械费 | 管理费和利润 | 人工费 | 材料费 | 机械费 | 管理费和利润 |
| 3-496 | 100mm 厚 C15 混凝土垫层 | m³ | 1.161 | 67.34 | 159.42 | 10.48 | 21.55 | 78.20 | 185.13 | 12.17 | 25.03 |
| 人工单价 | | | 小计 | | | | | 78.20 | 185.13 | 12.17 | 25.03 |
| 37.00 元/工日 | | | 未计价材料费 | | | | | — | | | |
| 清单项目综合单价 | | | | | | | | 300.53 | | | |

| 材料费明细 | 主要材料名称、规格、型号 | | | | 单位 | 数量 | 单价（元） | 合价（元） | 暂估单价（元） | 暂估合价（元） |
|---|---|---|---|---|---|---|---|---|---|---|
| | C10 混凝土,40mm,32.5 级 | | | | m³ | 1.185 | 154.28 | 182.75 | | |
| | | | | | 水 | m³ | 0.581 | 4.10 | 2.38 | |
| | 其他材料费 | | | | | | | | | |
| | 材料费小计 | | | | | | | 185.13 | | |

**工程量清单综合单价分析表**　　　　　　　　　　　　表 1-71

工程名称："和熙"广场绿地工程　　　　　　标段：　　　　　第 页 共 页

| 项目编码 | 010501003002 | 项目名称 | 独立基础 | 计量单位 | m³ | 工程量 | 0.73 |

清单综合单价组成明细

| 定额编号 | 定额名称 | 定额单位 | 数量 | 单价 | | | | 合价 | | | |
|---|---|---|---|---|---|---|---|---|---|---|---|
| | | | | 人工费 | 材料费 | 机械费 | 管理费和利润 | 人工费 | 材料费 | 机械费 | 管理费和利润 |
| 3-496 | C20 现浇混凝土独立基础 | m³ | 1.205 | 67.34 | 159.42 | 10.48 | 21.55 | 81.18 | 192.18 | 12.63 | 25.98 |
| 人工单价 | | 小计 | | | | | | 81.18 | 192.18 | 12.63 | 25.98 |
| 37.00 元/工日 | | 未计价材料费 | | | | | | — | | | |
| 清单项目综合单价 | | | | | | | | 311.97 | | | |

| 材料费明细 | 主要材料名称、规格、型号 | 单位 | 数量 | 单价（元） | 合价（元） | 暂估单价（元） | 暂估合价（元） |
|---|---|---|---|---|---|---|---|
| | C10 混凝土,40mm,32.5 级 | m³ | 1.230 | 154.28 | 189.70 | | |
| | 水 | m³ | 0.603 | 4.10 | 2.47 | | |
| | 其他材料费 | | | | | | |
| | 材料费小计 | | | | 192.17 | | |

**工程量清单综合单价分析表**　　　　　　　　　　　　表 1-72

工程名称："和熙"广场绿地工程　　　　　　标段：　　　　　第 页 共 页

| 项目编码 | 050304001001 | 项目名称 | 现浇混凝土花架柱、梁 | 计量单位 | m³ | 工程量 | 0.36 |

清单综合单价组成明细

| 定额编号 | 定额名称 | 定额单位 | 数量 | 单价 | | | | 合价 | | | |
|---|---|---|---|---|---|---|---|---|---|---|---|
| | | | | 人工费 | 材料费 | 机械费 | 管理费和利润 | 人工费 | 材料费 | 机械费 | 管理费和利润 |
| 1-279 | 现浇混凝土矩形柱 | m³ | 1.000 | 85.25 | 204.96 | 8.64 | 51.64 | 85.25 | 204.96 | 8.64 | 51.64 |
| 人工单价 | | 小计 | | | | | | 85.25 | 204.96 | 8.64 | 51.64 |
| 37.00 元/工日 | | 未计价材料费 | | | | | | — | | | |
| 清单项目综合单价 | | | | | | | | 350.49 | | | |

| 材料费明细 | 主要材料名称、规格、型号 | 单位 | 数量 | 单价（元） | 合价（元） | 暂估单价（元） | 暂估合价（元） |
|---|---|---|---|---|---|---|---|
| | C25 混凝土,31.5mm,32.5 级 | m³ | 0.985 | 195.79 | 192.85 | | |
| | 水泥砂浆,1：2 | m³ | 0.031 | 221.77 | 6.87 | | |
| | 水 | m³ | 1.220 | 4.10 | 5.00 | | |
| | 塑料薄膜 | m² | 0.280 | 0.86 | 0.24 | | |
| | 其他材料费 | | | | | | |
| | 材料费小计 | | | | 204.97 | | |

**工程量清单综合单价分析表**  表 1-73

工程名称："和熙"广场绿地工程　标段：　第 页 共 页

| 项目编码 | 050304004001 | 项目名称 | 木花架柱、梁 | 计量单位 | m³ | 工程量 | 1.37 |
|---|---|---|---|---|---|---|---|

清单综合单价组成明细

| 定额编号 | 定额名称 | 定额单位 | 数量 | 单价 | | | | 合价 | | | |
|---|---|---|---|---|---|---|---|---|---|---|---|
| | | | | 人工费 | 材料费 | 机械费 | 管理费和利润 | 人工费 | 材料费 | 机械费 | 管理费和利润 |
| 2-374 | 花架木枋 | m³ | 1.00 | 372.91 | 3214.92 | 4.42 | 207.53 | 372.91 | 3218.05 | 4.42 | 207.53 |
| 人工单价 | | 小计 | | | | | | 372.91 | 3218.05 | 4.42 | 207.53 |
| 37.00 元/工日 | | 未计价材料费 | | | | | | — | | | |
| 清单项目综合单价 | | | | | | | | 3799.78 | | | |

| 材料费明细 | 主要材料名称、规格、型号 | 单位 | 数量 | 单价（元） | 合价（元） | 暂估单价（元） | 暂估合价（元） |
|---|---|---|---|---|---|---|---|
| | 结构成材，枋板材 | m³ | 1.187 | 2700.00 | 3204.90 | | |
| | 铁件制作 | kg | 0.820 | 8.50 | 6.97 | | |
| | 其他材料费 | | | | 6.18 | | |
| | 材料费小计 | | | | 3218.05 | | |

**工程量清单综合单价分析表**  表 1-74

工程名称："和熙"广场绿地工程　标段：　第 页 共 页

| 项目编码 | 011406001001 | 项目名称 | 抹灰面油漆 | 计量单位 | m² | 工程量 | 25.2 |
|---|---|---|---|---|---|---|---|

清单综合单价组成明细

| 定额编号 | 定额名称 | 定额单位 | 数量 | 单价 | | | | 合价 | | | |
|---|---|---|---|---|---|---|---|---|---|---|---|
| | | | | 人工费 | 材料费 | 机械费 | 管理费和利润 | 人工费 | 材料费 | 机械费 | 管理费和利润 |
| 2-586 | 木材面油漆 | 10m² | 0.100 | 188.55 | 51.56 | — | 103.71 | 18.86 | 5.16 | — | 10.37 |
| 人工单价 | | 小计 | | | | | | 18.86 | 5.16 | — | 10.37 |
| 45.00 元/工日 | | 未计价材料费 | | | | | | — | | | |
| 清单项目综合单价 | | | | | | | | 34.38 | | | |

| 材料费明细 | 主要材料名称、规格、型号 | 单位 | 数量 | 单价（元） | 合价（元） | 暂估单价（元） | 暂估合价（元） |
|---|---|---|---|---|---|---|---|
| | 生漆 | kg | 0.060 | 46.00 | 2.76 | | |
| | 坯油 | kg | 0.060 | 28.00 | 1.68 | | |
| | 松香水 | kg | 0.052 | 2.99 | 0.16 | | |
| | 石膏粉 325 目 | kg | 0.026 | 0.45 | 0.01 | | |
| | 银硃 | kg | 0.002 | 65.00 | 0.14 | | |
| | 氧化铁红 | kg | 0.021 | 4.37 | 0.09 | | |
| | 砂纸 | 张 | 0.165 | 1.02 | 0.17 | | |
| | 血料 | kg | 0.029 | 0.57 | 0.02 | | |
| | 其他材料费 | | | | 0.14 | | |
| | 材料费小计 | | | | 5.16 | | |

**工程量清单综合单价分析表**　　　　　　　　　　表 1-75

工程名称："和熙"广场绿地工程　　　　　标段：　　　　第　页　共　页

| 项目编码 | 010515001002 | 项目名称 | 现浇混凝土钢筋 | 计量单位 | t | 工程量 | 0.188 |
|---|---|---|---|---|---|---|---|

| | | | | 清单综合单价组成明细 | | | | | | | |

| 定额编号 | 定额名称 | 定额单位 | 数量 | 单价 | | | | 合价 | | | |
|---|---|---|---|---|---|---|---|---|---|---|---|
| | | | | 人工费 | 材料费 | 机械费 | 管理费和利润 | 人工费 | 材料费 | 机械费 | 管理费和利润 |
| 1-479 | 现浇构件钢筋（φ12 以内） | t | 1.00 | 517.26 | 3916.60 | 128.48 | 355.16 | 517.26 | 3916.60 | 128.48 | 355.16 |
| 人工单价 | | | 小计 | | | | | 517.26 | 3916.60 | 128.48 | 355.16 |
| 37.00 元/工日 | | | 未计价材料费 | | | | | — | | | |
| 清单项目综合单价 | | | | | | | | 4917.50 | | | |

| 材料费明细 | 主要材料名称、规格、型号 | 单位 | 数量 | 单价（元） | 合价（元） | 暂估单价（元） | 暂估合价（元） |
|---|---|---|---|---|---|---|---|
| | 钢筋（综合） | t | 1.020 | 3800.00 | 3876.00 | | |
| | 水 | m³ | 0.040 | 4.10 | 0.16 | | |
| | 镀锌钢丝，22 号 | kg | 6.850 | 4.60 | 31.51 | | |
| | 电焊条 | kg | 1.860 | 4.80 | 8.93 | | |
| | 其他材料费 | | | | | | |
| | 材料费小计 | | | | 3916.60 | | |

**工程量清单综合单价分析表**　　　　　　　　　　表 1-76

工程名称："和熙"广场绿地工程　　　　　标段：　　　　第　页　共　页

| 项目编码 | 050305006001 | 项目名称 | 石桌石凳 | 计量单位 | 个 | 工程量 | 4 |
|---|---|---|---|---|---|---|---|

| | | | | 清单综合单价组成明细 | | | | | | | |

| 定额编号 | 定额名称 | 定额单位 | 数量 | 单价 | | | | 合价 | | | |
|---|---|---|---|---|---|---|---|---|---|---|---|
| | | | | 人工费 | 材料费 | 机械费 | 管理费和利润 | 人工费 | 材料费 | 机械费 | 管理费和利润 |
| 3-569 | 石桌、石凳安装 | 10 组 | 0.100 | 654.16 | 15439.60 | 17.04 | 209.33 | 65.42 | 1543.96 | 1.70 | 20.93 |
| 人工单价 | | | 小计 | | | | | 65.42 | 1543.96 | 1.70 | 20.93 |
| 45.00 元/工日 | | | 未计价材料费 | | | | | — | | | |
| 清单项目综合单价 | | | | | | | | 1632.01 | | | |

| 材料费明细 | 主要材料名称、规格、型号 | 单位 | 数量 | 单价（元） | 合价（元） | 暂估单价（元） | 暂估合价（元） |
|---|---|---|---|---|---|---|---|
| | 石桌，900mm 以内 | 个 | 1.020 | 900.00 | 918.00 | | |
| | 石凳 | 个 | 4.080 | 150.00 | 612.00 | | |
| | 碎石 5～40mm | t | 0.072 | 36.50 | 2.64 | | |
| | C20 混凝土，16mm，32.5 级 | m³ | 0.048 | 186.30 | 9.00 | | |
| | 水泥砂浆 1：2 | m³ | 0.010 | 221.77 | 2.26 | | |
| | 水 | m³ | 0.014 | 4.10 | 0.06 | | |
| | 其他材料费 | | | | | | |
| | 材料费小计 | | | | 1543.96 | | |

**工程量清单综合单价分析表**                          表 1-77

工程名称："和熙"广场绿地工程                标段：           第 页 共 页

| 项目编码 | 010103001003 | | 项目名称 | 土(石)方回填 | 计量单位 | m³ | 工程量 | 2.62 |
|---|---|---|---|---|---|---|---|---|

清单综合单价组成明细

| 定额编号 | 定额名称 | 定额单位 | 数量 | 单价 | | | | 合价 | | | |
|---|---|---|---|---|---|---|---|---|---|---|---|
| | | | | 人工费 | 材料费 | 机械费 | 管理费和利润 | 人工费 | 材料费 | 机械费 | 管理费和利润 |
| 1-127 | 回填土 | m³ | 1.602 | 11.40 | — | 1.30 | 6.98 | 18.26 | — | 2.08 | 11.18 |
| 人工单价 | | | 小计 | | | | | 18.26 | — | 2.08 | 11.18 |
| 37.00 元/工日 | | | 未计价材料费 | | | | | — | | | |
| 清单项目综合单价 | | | | | | | | 31.53 | | | |

| 材料费明细 | 主要材料名称、规格、型号 | 单位 | 数量 | 单价(元) | 合价(元) | 暂估单价(元) | 暂估合价(元) |
|---|---|---|---|---|---|---|---|
| | | | | | | | |
| | 其他材料费 | | | | | | |
| | 材料费小计 | | | | | | |

## 三、实体项目

"和熙"广场绿地工程预算表见表 1-78，清单工程量计算表见表 1-79，分部分项工程和单价措施项目清单与计价表见表 1-80。

**工程预算表**                                         表 1-78

工程名称："和熙"广场绿地工程                标段：           第 页 共 页

| 序号 | 定额编号 | 分项工程名称 | 计量单位 | 工程量 | 基价(元) | 其中(元) | | | 合价(元) |
|---|---|---|---|---|---|---|---|---|---|
| | | | | | | 人工费 | 材料费 | 机械费 | |
| 1 | 1-121 | 平整场地 | 10m² | 345.60 | 35.96 | 23.20 | — | — | 12427.78 |
| 2 | 3-110 | 栽植乔木(雪松) | 10株 | 0.20 | 1665.08 | 1369.00 | 32.80 | 263.28 | 333.02 |
| 3 | 3-357 | 苗木养护 | 10株 | 0.20 | 36.96 | 51.65 | 36.30 | 41.55 | 7.39 |
| 4 | 3-120 | 栽植乔木(冷杉) | 10株 | 0.20 | 96.60 | 92.50 | 4.10 | — | 19.32 |
| 5 | 3-356 | 苗木养护 | 10株 | 0.20 | 102.62 | 39.15 | 28.79 | 34.68 | 7.39 |
| 6 | 3-119 | 栽植乔木(桂花) | 10株 | 0.62 | 55.99 | 52.91 | 3.08 | — | 34.43 |
| 7 | 3-356 | 苗木养护 | 10株 | 0.62 | 102.62 | 39.15 | 28.79 | 34.68 | 63.11 |
| 8 | 3-105 | 栽植乔木(大叶女贞) | 10株 | 5.95 | 190.13 | 185.00 | 5.13 | — | 1130.32 |
| 9 | 3-356 | 苗木养护 | 10株 | 5.95 | 102.62 | 39.15 | 28.79 | 34.68 | 610.08 |
| 10 | 3-109 | 栽植乔木(垂柳) | 10株 | 0.20 | 1059.10 | 821.40 | 20.50 | 217.20 | 211.82 |
| 11 | 3-362 | 苗木养护 | 10株 | 0.20 | 175.62 | 96.27 | 36.30 | 43.05 | 35.12 |
| 12 | 3-108 | 栽植乔木(银杏) | 10株 | 1.00 | 677.14 | 529.10 | 16.40 | 131.64 | 677.14 |
| 13 | 3-362 | 苗木养护 | 10株 | 1.00 | 175.62 | 96.27 | 36.30 | 43.05 | 175.62 |

续表

| 序号 | 定额编号 | 分项工程名称 | 计量单位 | 工程量 | 基价(元) | 人工费 | 材料费 | 机械费 | 合价(元) |
|---|---|---|---|---|---|---|---|---|---|
| | | | | | | 其中/元 | | | |
| 14 | 3-119 | 栽植乔木(黄山栾树) | 10株 | 3.69 | 55.99 | 52.91 | 3.08 | — | 206.60 |
| 15 | 3-361 | 苗木养护 | 10株 | 3.69 | 135.36 | 70.63 | 28.79 | 35.94 | 499.48 |
| 16 | 3-120 | 栽植乔木(国槐) | 10株 | 0.20 | 96.60 | 92.50 | 4.10 | — | 19.32 |
| 17 | 3-361 | 苗木养护 | 10株 | 0.20 | 135.36 | 70.63 | 28.79 | 35.94 | 27.07 |
| 18 | 3-139 | 栽植灌木(紫薇) | 10株 | 0.41 | 35.72 | 33.67 | 2.05 | — | 14.79 |
| 19 | 3-367 | 苗木养护 | 10株 | 0.41 | 30.22 | 9.29 | 10.80 | 10.13 | 12.51 |
| 20 | 3-140 | 栽植灌木(紫荆) | 10株 | 0.41 | 85.22 | 82.14 | 3.08 | — | 35.28 |
| 21 | 3-367 | 苗木养护 | 10株 | 0.41 | 30.22 | 9.29 | 10.80 | 10.13 | 12.51 |
| 22 | 3-137 | 栽植灌木(大叶黄杨) | 10株 | 0.21 | 5.08 | 4.26 | 0.82 | — | 1.05 |
| 23 | 3-366 | 苗木养护 | 10株 | 0.21 | 22.75 | 7.22 | 7.99 | 7.54 | 4.71 |
| 24 | 3-196 | 栽植花卉(棣棠) | 10m² | 4.62 | 61.13 | 59.57 | 1.56 | — | 282.42 |
| 25 | 3-400 | 苗木养护 | 10株 | 30.10 | 14.71 | 3.18 | 7.68 | 3.85 | 442.77 |
| 26 | 3-196 | 栽植花卉(月季) | 10m² | 2.55 | 61.13 | 59.57 | 1.56 | — | 155.88 |
| 27 | 3-400 | 苗木养护 | 10株 | 16.66 | 14.71 | 3.18 | 7.68 | 3.85 | 245.07 |
| 28 | 3-196 | 栽植花卉(蔷薇) | 10m² | 3.52 | 61.13 | 59.57 | 1.56 | — | 215.18 |
| 29 | 3-400 | 苗木养护 | 10株 | 23.00 | 14.71 | 3.18 | 7.68 | 3.85 | 338.33 |
| 30 | 3-196 | 栽植花卉(金钟花) | 10m² | 4.62 | 61.13 | 59.57 | 1.56 | — | 282.42 |
| 31 | 3-400 | 苗木养护 | 10株 | 30.10 | 14.71 | 3.18 | 7.68 | 3.85 | 442.77 |
| 32 | 3-196 | 栽植花卉(迎春花) | 10m² | 2.55 | 61.13 | 59.57 | 1.56 | — | 155.88 |
| 33 | 3-400 | 苗木养护 | 10株 | 16.66 | 14.71 | 3.18 | 7.68 | 3.85 | 245.07 |
| 34 | 3-196 | 栽植花卉(木香) | 10m² | 3.52 | 61.13 | 59.57 | 1.56 | — | 215.18 |
| 35 | 3-400 | 苗木养护 | 10株 | 23.00 | 14.71 | 3.18 | 7.68 | 3.85 | 338.33 |
| 36 | 3-210 | 铺种草皮 | 10m² | 156.88 | 29.80 | 27.75 | 2.05 | — | 4675.02 |
| 37 | 3-405 | 苗木养护 | 10m² | 156.88 | 50.05 | 16.54 | 8.64 | 24.87 | 7851.84 |
| 38 | 3-491 | 园路土基整理路床 | 10m² | 25.42 | 16.65 | 16.65 | — | — | 423.24 |
| 39 | 3-495 | 200mm厚碎石垫层 | m³ | 50.84 | 88.44 | 27.01 | 60.23 | 1.20 | 4496.29 |
| 40 | 3-492 | 30mm厚粗砂间层 | m³ | 7.63 | 76.99 | 18.50 | 57.59 | 0.90 | 587.43 |
| 41 | 3-502 | 100mm厚混凝土空心砖 | 10m² | 24.12 | 719.58 | 92.50 | 627.08 | — | 17356.27 |
| 42 | 3-491 | 园路土基整理路床 | 10m² | 85.96 | 16.65 | 16.65 | — | — | 1431.23 |
| 43 | 3-495 | 150mm厚碎石垫层 | m³ | 128.94 | 88.44 | 27.01 | 60.23 | 1.20 | 11403.45 |
| 44 | 1-756 | 20mm厚水泥砂浆 | 10m² | 85.96 | 73.39 | 31.08 | 37.10 | 5.21 | 6308.60 |
| 45 | 1-926 | 60mm厚青砖铺设 | 10m² | 85.96 | 647.20 | 283.42 | 358.08 | 5.70 | 55633.31 |
| 46 | 3-525 | 花岗石路牙 | 10m | 23.28 | 782.76 | 41.44 | 724.41 | 16.91 | 18222.65 |
| 47 | 1-122 | 围树椅素土夯实 | 10m² | 1.54 | 5.23 | 4.07 | — | 1.16 | 6.75 |
| 48 | 1-189 | 340mm厚砖基础 | m³ | 3.46 | 231.87 | 48.47 | 179.42 | 3.98 | 797.63 |

续表

| 序号 | 定额编号 | 分项工程名称 | 计量单位 | 工程量 | 基价(元) | 人工费 | 材料费 | 机械费 | 合价(元) |
|------|----------|--------------|----------|--------|----------|--------|--------|--------|----------|
| | | | | | | 其中/元 | | | |
| 49 | 1-778 | 花岗石面层 | 10m² | 1.15 | 2822.09 | 187.37 | 2623.43 | 11.29 | 3245.40 |
| 50 | 1-122 | 雕塑素土夯实 | 10m² | 0.49 | 5.23 | 4.07 | — | 1.16 | 2.56 |
| 51 | 1-18 | 人工挖地槽、地沟 | m³ | 0.98 | 10.99 | 10.99 | — | — | 10.77 |
| 52 | 1-189 | 砖基础 | m³ | 2.00 | 231.87 | 48.47 | 179.42 | 3.98 | 463.74 |
| 53 | 3-588 | 金属小品制作 | t | 19.63 | 7416.06 | 1920.30 | 4566.25 | 929.51 | 145577.26 |
| 54 | 3-589 | 金属小品安装 | t | 19.63 | 1069.87 | 684.50 | 126.62 | 258.75 | 21001.55 |
| 55 | 1-122 | 景观柱素土夯实 | 10m² | 0.38 | 5.23 | 4.07 | — | 1.16 | 1.99 |
| 56 | 1-18 | 人工挖地槽、地沟 | m³ | 1.73 | 10.99 | 10.99 | — | — | 19.01 |
| 57 | 3-493 | 3∶7灰土垫层 | m³ | 0.58 | 103.57 | 37.00 | 64.97 | 1.60 | 60.07 |
| 58 | 1-282 | 现浇混凝土圆形柱 | m³ | 0.53 | 304.90 | 91.46 | 204.80 | 8.64 | 161.60 |
| 59 | 2-148 | 石浮雕 | m² | 7.91 | 480.00 | 450.00 | — | 30.00 | 7598.40 |
| 60 | 1-127 | 回填土 | m³ | 0.92 | 12.70 | 11.40 | — | 1.30 | 11.68 |
| 61 | 1-122 | 景墙素土夯实 | 10m² | 0.23 | 5.23 | 4.07 | — | 1.16 | 1.20 |
| 62 | 1-18 | 人工挖地槽、地沟 | m³ | 1.25 | 10.99 | 10.99 | — | — | 13.74 |
| 63 | 3-496 | 250mm厚素混凝土垫层 | m³ | 0.57 | 237.24 | 67.34 | 159.42 | 10.48 | 135.23 |
| 64 | 1-189 | 砖砌基础 | m³ | 0.95 | 231.87 | 48.47 | 179.42 | 3.98 | 220.28 |
| 65 | 1-127 | 回填土 | m³ | 0.36 | 12.70 | 11.40 | — | 1.30 | 4.57 |
| 66 | 2-72 | 矩形漏窗 | 10m² | 0.42 | 5083.11 | 4442.85 | 617.56 | 22.70 | 2134.91 |
| 67 | 1-122 | 水池素土夯实 | 10m² | 1.54 | 5.23 | 4.07 | — | 1.16 | 8.05 |
| 68 | 1-18 | 人工挖地槽、地沟 | m³ | 13.40 | 10.99 | 10.99 | — | — | 147.05 |
| 69 | 3-496 | 100mm厚C20细石混凝土垫层 | m³ | 1.27 | 237.24 | 67.34 | 159.42 | 10.48 | 301.29 |
| 70 | 1-189 | 砖砌基础 | m³ | 5.47 | 231.87 | 48.47 | 179.42 | 3.98 | 1266.01 |
| 71 | 1-800 | 30mm厚防水层 | 10m² | 2.52 | 538.60 | 25.90 | 512.70 | | 1357.27 |
| 72 | 1-771 | 30mm厚大理石贴面 | 10m² | 1.18 | 1790.61 | 177.16 | 1603.00 | 10.45 | 3778.19 |
| 73 | 1-127 | 回填土 | m³ | 2.34 | 12.70 | 11.40 | — | 1.30 | 29.46 |
| 74 | 2-165 | 方整石板 | 10m² | 0.64 | 2254.62 | 162.00 | 2081.42 | 11.20 | 1442.96 |
| 75 | 2-91(套北京定额) | 室外排水铸铁管埋设 | m | 6.60 | 27.26 | 3.11 | 24.03 | 0.12 | 179.92 |
| 76 | 5-16(套北京定额) | 喷泉喷头安装 | 套 | 7.00 | 1.28 | 0.55 | 0.73 | — | 8.96 |
| 77 | 1-122 | 亭子素土夯实 | 10m² | 0.71 | 5.23 | 4.07 | — | 1.16 | 3.71 |
| 78 | 1-18 | 人工挖地槽、地沟 | m³ | 1.77 | 10.99 | 10.99 | — | — | 19.45 |
| 79 | 3-496 | 250mm厚C10混凝土垫层 | m³ | 1.77 | 237.24 | 67.34 | 159.42 | 10.48 | 419.91 |
| 80 | 1-279 | 现浇混凝土矩形柱 | m³ | 1.19 | 298.85 | 85.25 | 204.96 | 8.64 | 355.63 |
| 81 | 1-275 | 现浇混凝土凳独立基础 | m³ | 1.33 | 238.75 | 33.30 | 182.89 | 22.56 | 40.59 |

续表

| 序号 | 定额编号 | 分项工程名称 | 计量单位 | 工程量 | 基价(元) | 其中/元 | | | 合价(元) |
|---|---|---|---|---|---|---|---|---|---|
| | | | | | | 人工费 | 材料费 | 机械费 | |
| 82 | 2-393 | 30mm厚木坐凳条 | m³ | 0.16 | 3755.76 | 348.75 | 3399.85 | 7.16 | 600.92 |
| 83 | 1-479 | 现浇构件钢筋(φ12以内) | t | 0.08 | 4562.34 | 517.26 | 3916.60 | 128.48 | 369.55 |
| 84 | 2-369 | 木作梁 | m³ | 1.04 | 4298.82 | 981.74 | 3313.20 | 3.88 | 4470.77 |
| 85 | 2-408 | 亭屋顶斜构架 | m³ | 0.88 | 3369.77 | 167.85 | 3200.42 | 1.50 | 2965.40 |
| 86 | 2-406 | 亭屋顶木檩条 | m³ | 0.66 | 3872.77 | 402.75 | 3466.42 | 3.60 | 2556.03 |
| 87 | 3-566 | 树皮屋面 | 10m² | 3.67 | 243.20 | 37.00 | 206.20 | — | 892.54 |
| 88 | 1-122 | 花架素土夯实 | 10m² | 0.36 | 5.23 | 4.07 | — | 1.16 | 1.88 |
| 89 | 1-18 | 人工挖地槽、地沟 | m³ | 4.38 | 10.99 | 10.99 | — | — | 48.36 |
| 90 | 3-496 | 100mm厚C15混凝土垫层 | m³ | 0.36 | 237.24 | 67.34 | 159.42 | 10.48 | 85.41 |
| 91 | 3-496 | C20现浇混凝土独立基础 | m³ | 0.88 | 237.24 | 67.34 | 159.42 | 10.48 | 208.77 |
| 92 | 1-279 | 现浇混凝土矩形柱 | m³ | 0.36 | 298.85 | 85.25 | 204.96 | 8.64 | 107.59 |
| 93 | 2-374 | 花架木枋 | m³ | 1.37 | 3592.25 | 372.91 | 3214.92 | 4.42 | 4921.38 |
| 94 | 2-586 | 木材面油漆 | 10m² | 2.52 | 240.11 | 188.55 | 51.56 | — | 605.08 |
| 95 | 1-479 | 现浇构件钢筋(φ12以内) | t | 0.19 | 4562.34 | 517.26 | 3916.60 | 128.48 | 857.72 |
| 96 | 3-569 | 石桌、石凳安装 | 10组 | 0.40 | 16110.80 | 654.16 | 15439.60 | 17.04 | 6444.32 |
| 97 | 1-127 | 回填土 | m³ | 3.05 | 12.70 | 11.40 | — | 1.30 | 38.86 |
| 合计 | | | | | | | | | 364315.90 |

## 清单工程量计算表  表1-79

工程名称："和熙"广场绿地工程  标段：  第 页 共 页

| 序号 | 项目编码 | 项目名称 | 项目特征描述 | 计量单位 | 工程量 |
|---|---|---|---|---|---|
| 1 | 050101010001 | 整理绿化用地 | 整理绿化用地,土壤为普坚土 | m² | 3000 |
| 2 | 050102001001 | 栽植乔木 | 雪松,常绿乔木,带土球,胸径20cm | 株 | 2 |
| 3 | 050102001002 | 栽植乔木 | 冷杉,常绿乔木,裸根栽植,胸径10cm | 株 | 2 |
| 4 | 050102001003 | 栽植乔木 | 桂花,常绿乔木,裸根栽植,胸径8cm,高1.5m,土球直径为50cm | 株 | 6 |
| 5 | 050102001004 | 栽植乔木 | 大叶女贞,常绿乔木,胸径8cm,冠径2.0m以上,枝下高2.2m以上,带土球栽植,坑直径×深为700mm×600mm | 株 | 58 |
| 6 | 050102001005 | 栽植乔木 | 垂柳,落叶乔木,带土球,胸径16cm | 株 | 2 |
| 7 | 050102001006 | 栽植乔木 | 银杏,落叶乔木,带土球,胸径15cm | 株 | 10 |
| 8 | 050102001007 | 栽植乔木 | 黄山栾树,落叶乔木,裸根栽植,胸径8cm | 株 | 36 |
| 9 | 050102001008 | 栽植乔木 | 国槐,落叶乔木,裸根栽植,胸径10cm | 株 | 2 |
| 10 | 050102002001 | 栽植灌木 | 紫薇,胸径5cm,3年生,露地花卉,木本类 | 株 | 4 |
| 11 | 050102002002 | 栽植灌木 | 紫荆,落叶灌木,胸径6cm,高1.5m,多分枝,冠幅60cm | 株 | 4 |

| 序号 | 项目编码 | 项目名称 | 项目特征描述 | 计量单位 | 工程量 |
|---|---|---|---|---|---|
| 12 | 050102002003 | 栽植灌木 | 大叶黄杨,胸径 2cm,高 0.8m,带土球,土球直径 20cm 以内,蓬径 100cm 以内 | 株 | 2 |
| 13 | 050102008001 | 栽植花卉 | 棣棠,落叶灌木,冠幅 50cm,灌丛高度 0.8m,6.3 株/m² | m² | 46.2 |
| 14 | 050102008002 | 栽植花卉 | 月季,1 年生,6.3 株/m² | m² | 25.5 |
| 15 | 050102008003 | 栽植花卉 | 蔷薇,落叶灌木,2 年生,冠幅 50cm,灌丛高度 0.8m,6.3 株/m² | m² | 35.2 |
| 16 | 050102008004 | 栽植花卉 | 金钟花,高 1～1.2m,木本类,露地花卉,6.3 株/m² | m² | 46.2 |
| 17 | 050102008005 | 栽植花卉 | 迎春,露地花卉栽植,6.3 株/m²,木本类 | m² | 25.5 |
| 18 | 050102008006 | 栽植花卉 | 木香,1 年生,露地花卉栽植,6.3 株/m²,木本类 | m² | 35.2 |
| 19 | 050102013001 | 喷播植草 | 高羊茅,草坪铺种为满铺 | m² | 1568.8 |
| 20 | 050201001001 | 园路 | 园路,一级道路宽 3.0m,二级道路宽 1.8m,100mm 厚混凝土空心砖铺面,30mm 厚粗砂间层,200mm 厚碎石垫层,素土夯实 | m² | 241.2 |
| 21 | 050201001002 | 园路 | 广场工程,60mm 厚青砖铺设,20mm 厚水泥砂浆找平层,150mm 厚碎石,素土夯实 | m² | 859.6 |
| 22 | 050201003001 | 路牙铺设 | 路牙铺设,花岗石路牙,立栽(112 砖),灰土垫层 | m | 232.8 |
| 23 | 010401001001 | 砖基础 | 围树椅工程,340mm 厚青砖砌筑 | m³ | 3.46 |
| 24 | 011204001001 | 石材墙面 | 围树椅工程,20mm 厚芝麻白整打花岗石铺面 | m² | 11.52 |
| 25 | 010101003001 | 挖基础土方 | 雕塑工程,挖基础土方,挖土深度为 200mm | m³ | 0.9 |
| 26 | 010401001002 | 砖基础 | 雕塑工程,砖砌雕塑底座 | m³ | 2 |
| 27 | 010603003001 | 钢管柱 | 雕塑工程,钢塑主体雕塑,喷彩漆,高 2.5m | t | 19.63 |
| 28 | 010101003002 | 挖基础土方 | 景观柱工程,挖基础土方,挖土深度为 450mm | m³ | 1.32 |
| 29 | 010404001001 | 垫层 | 景观柱工程,150mm 厚 3:7 灰土垫层 | m³ | 0.44 |
| 30 | 010502003001 | 异形柱 | 景观柱工程,现浇 C20 混凝土景观柱,圆柱形,半径 0.1m,总高 2.4m,6 根 | m³ | 0.53 |
| 31 | 020207001001 | 石浮雕 | 景观柱工程,柱面浮雕,浮雕高度为 2.1m | m² | 7.91 |
| 32 | 010103001001 | 土(石)方回填 | 景观柱工程,土方回填,夯实,密实度达 95% 以上 | m³ | 0.75 |
| 33 | 010101003003 | 挖基础土方 | 景墙工程,挖基础土方,挖土深度为 550mm | m³ | 1.02 |
| 34 | 010501001002 | 垫层 | 景墙工程,250mm 厚素混凝土垫层 | m³ | 0.46 |
| 35 | 010401001003 | 砖基础 | 景墙工程,砖砌景墙底座,高度为 0.9m | m³ | 0.95 |
| 36 | 010103001002 | 土(石)方回填 | 景墙工程,土方回填,夯实,密实度达 95% 以上 | m³ | 0.24 |
| 37 | 010806001001 | 木组合窗 | 景墙工程,木组合窗,高 1.2m,长 3.5m | m² | 4.2 |
| 38 | 010507006001 | 砖水池、化粪池 | 水池工程,池壁、池底 30mm 厚大理石铺面,30mm 厚 1:2.5 水泥砂浆,200mm 厚砌砖,30mm 厚防水层,100mm 厚 C20 细石混凝土垫层,素土夯实 | 座 | 1 |
| 39 | 050202001001 | 石砌驳岸 | 水池工程,300mm×200mm×130mm 花岗石块石压顶 | m³ | 0.83 |
| 40 | 050306001001 | 喷泉管道 | 水池工程,DN30 喷泉管道长 6.92m,喷头数 7 个 | m | 6.59 |
| 41 | 010101003004 | 挖基础土方 | 亭子工程,挖基础土方,挖土深度为 250mm | m³ | 1.58 |
| 42 | 010501003001 | 独立基础 | 亭子工程,250mm 厚 C10 混凝土,素土夯实 | m³ | 1.58 |

续表

| 序号 | 项目编码 | 项目名称 | 项目特征描述 | 计量单位 | 工程量 |
|---|---|---|---|---|---|
| 43 | 010502001001 | 矩形柱 | 亭子工程,现浇 C20 混凝土矩形柱,长宽都为720mm,高为3750mm,2根 | m³ | 1.19 |
| 44 | 050402007001 | 现浇混凝土桌凳 | 亭子工程,现浇混凝土凳子,长为 1.31m,宽为0.47m,高为 0.5m | 个 | 8 |
| 45 | 010702005001 | 其他木构件 | 亭子工程,30mm 厚优质防腐木铺于混凝土凳子表面 | m³ | 0.16 |
| 46 | 010515001001 | 现浇混凝土钢筋 | 亭子工程,包括柱身φ12 螺纹钢和φ6 箍筋钢 | t | 0.081 |
| 47 | 010702002001 | 木梁 | 亭子工程,木梁为 180mm×180mm 的优质防腐木 | m³ | 1.04 |
| 48 | 010702005002 | 其他木构件 | 亭子工程,屋面木质构件包括斜构架防腐木,截面190mm×190mm,四周木檩条,截面 75mm×75mm | m³ | 1.54 |
| 49 | 050303003001 | 树皮屋面 | 亭子工程,亭子屋面树皮盖顶 | m² | 36.68 |
| 50 | 010101003005 | 挖基础土方 | 花架工程,挖基础土方,挖土深度为 1220mm | m³ | 3.75 |
| 51 | 010501001003 | 垫层 | 花架工程,100mm 厚 C15 混凝土垫层,素土夯实 | m³ | 0.31 |
| 52 | 010501003002 | 独立基础 | 花架工程,C20 现浇混凝土基础,总厚度 400mm | m³ | 0.73 |
| 53 | 050304001001 | 现浇混凝土花架柱、梁 | 花架工程,现浇混凝土长方体花架柱子,长宽都为240mm,高 3.1m | m³ | 0.36 |
| 54 | 050304004001 | 木花架柱、梁 | 花架工程,花架木梁包括截面积为 100mm×200mm 的防腐处理支撑实木和截面积为 80mm×120mm 的经防腐处理木梁 | m³ | 1.37 |
| 55 | 011406001001 | 抹灰面油漆 | 花架工程,柱子表面抹米黄色真石漆饰面 | m² | 25.2 |
| 56 | 010515001002 | 现浇混凝土钢筋 | 花架工程,包括柱身φ12 螺纹钢和φ6 箍筋钢 | t | 0.188 |
| 57 | 050305006001 | 石桌石凳 | 花架工程,花架下石凳子,长 1.5m,宽 0.5m,高 0.45m | 个 | 4 |
| 58 | 010103001003 | 土(石)方回填 | 花架工程,土方回填,夯实,密实度达 95% 以上 | m³ | 2.62 |

**分部分项工程和单价措施项目清单与计价表**　　　　表 1-80

工程名称:"和熙"广场绿地工程　　　　　　标段:　　　　　　第　页　共　页

| 序号 | 项目编码 | 项目名称 | 项目特征描述 | 计量单位 | 工程量 | 金额(元) | | |
|---|---|---|---|---|---|---|---|---|
| | | | | | | 综合单价 | 合价 | 其中:暂估价 |
| 1 | 050101010001 | 整理绿化用地 | 整理绿化用地,土壤为普坚土 | m² | 3000 | 4.32 | 12960.00 | |
| 2 | 050102001001 | 栽植乔木 | 雪松,常绿乔木,带土球,胸径 20cm | 株 | 2 | 669.92 | 1339.84 | |
| 3 | 050102001002 | 栽植乔木 | 冷杉,常绿乔木,裸根栽植,胸径 10cm | 株 | 2 | 445.64 | 891.28 | |
| 4 | 050102001003 | 栽植乔木 | 桂花,常绿乔木,裸根栽植,胸径 8cm,高 1.5m,土球直径为 50cm | 株 | 6 | 352.57 | 2115.42 | |
| 5 | 050102001004 | 栽植乔木 | 大叶女贞,常绿乔木,胸径 8cm,冠径 2.0m 以上,枝下高 2.2m 以上,带土球栽植,坑直径×深为 700mm×600mm | 株 | 58 | 294.86 | 17101.88 | |
| 6 | 050102001005 | 栽植乔木 | 垂柳,落叶乔木,带土球,胸径 16cm | 株 | 2 | 1304.84 | 2609.68 | |

续表

| 序号 | 项目编码 | 项目名称 | 项目特征描述 | 计量单位 | 工程量 | 综合单价 | 合价 | 其中：暂估价 |
|---|---|---|---|---|---|---|---|---|
| 7 | 050102001006 | 栽植乔木 | 银杏，落叶乔木，带土球，胸径15cm | 株 | 10 | 1249.79 | 12497.90 | |
| 8 | 050102001007 | 栽植乔木 | 黄山栾树，落叶乔木，裸根栽植，胸径8cm | 株 | 36 | 1103.17 | 39714.12 | |
| 9 | 050102001008 | 栽植乔木 | 国槐，落叶乔木，裸根栽植，胸径10cm | 株 | 2 | 245.91 | 491.82 | |
| 10 | 050102002001 | 栽植灌木 | 紫薇，胸径5cm，3年生，露地花卉，木本类 | 株 | 4 | 172.71 | 690.84 | |
| 11 | 050102002002 | 栽植灌木 | 紫荆，落叶灌木，胸径6cm，高1.5m，多分枝，冠幅60cm | 株 | 4 | 31.68 | 126.72 | |
| 12 | 050102002003 | 栽植灌木 | 大叶黄杨，胸径2cm，高0.8m，带土球，土球直径20cm以内，蓬径100cm以内 | 株 | 2 | 4.98 | 9.96 | |
| 13 | 050102008001 | 栽植花卉 | 棣棠，落叶灌木，冠幅50cm，灌丛高度0.8m，6.3株/m² | m² | 46.2 | 21.42 | 989.60 | |
| 14 | 050102008002 | 栽植花卉 | 月季，1年生，6.3株/m² | m² | 25.5 | 19.62 | 500.31 | |
| 15 | 050102008003 | 栽植花卉 | 蔷薇，落叶灌木，2年生，冠幅50cm，灌丛高度0.8m，6.3株/m² | m² | 35.2 | 19.82 | 697.66 | |
| 16 | 050102008004 | 栽植花卉 | 金钟花，高1~1.2m，木本类，露地花卉，6.3株/m² | m² | 46.2 | 21.27 | 982.67 | |
| 17 | 050102008005 | 栽植花卉 | 迎春，露地花卉栽植，6.3株/m²，木本类 | m² | 25.5 | 19.57 | 499.04 | |
| 18 | 050102008006 | 栽植花卉 | 木香，1年生，露地花卉栽植，6.3株/m²，木本类 | m² | 35.2 | 20.28 | 713.86 | |
| 19 | 050102013001 | 喷播植草 | 高羊茅，草坪铺种为满铺 | m² | 1568.8 | 13.48 | 21147.42 | |
| 20 | 050201001001 | 园路 | 园路，一级道路宽3.0m，二级道路宽1.8m，100mm厚混凝土空心砖铺面，30mm厚粗砂间层，200mm厚碎石垫层，素土夯实 | m² | 241.2 | 100.32 | 24197.18 | |
| 21 | 050201001002 | 园路 | 广场工程，60mm厚青砖铺设，20mm厚水泥砂浆找平层，150mm厚碎石，素土夯实 | m² | 859.6 | 106.72 | 91736.51 | |
| 22 | 050201003001 | 路牙铺设 | 路牙铺设，预制混凝土路牙，立栽（112砖），灰土垫层 | m | 232.8 | 79.60 | 18530.88 | |
| 23 | 010401001001 | 砖基础 | 围树椅工程，340mm厚青砖砌筑 | m³ | 3.46 | 263.75 | 907.30 | |
| 24 | 011204001001 | 石材墙面 | 围树椅工程，20mm厚芝麻白整打花岗石铺面 | m² | 11.52 | 293.14 | 3376.97 | |
| 25 | 010101003001 | 挖基础土方 | 雕塑工程，挖基础土方，挖土深度为200mm | m³ | 0.9 | 22.97 | 20.67 | |
| 26 | 010401001002 | 砖基础 | 雕塑工程，砖砌雕塑底座 | m³ | 2 | 260.71 | 521.42 | |
| 27 | 010603003001 | 钢管柱 | 雕塑工程，钢塑主体雕塑，喷彩漆，高2.5m | t | 19.63 | 9223.63 | 181059.86 | |
| 28 | 010101003002 | 挖基础土方 | 景观柱工程，挖基础土方，挖土深度为450mm | m³ | 1.32 | 24.67 | 32.56 | |

续表

| 序号 | 项目编码 | 项目名称 | 项目特征描述 | 计量单位 | 工程量 | 综合单价 | 合价 | 其中：暂估价 |
|---|---|---|---|---|---|---|---|---|
| | | | | | | 金额（元） | | |
| 29 | 010404001001 | 垫层 | 景观柱工程，150mm厚3：7灰土垫层 | m³ | 0.44 | 152.13 | 66.94 | |
| 30 | 010502003001 | 异形柱 | 景观柱工程，现浇C20混凝土景观柱，圆柱形，半径0.1m，总高2.4m，6根 | m³ | 0.53 | 359.95 | 190.77 | |
| 31 | 020207001001 | 石浮雕 | 景观柱工程，柱面浮雕，浮雕高度为2.1m | m² | 7.91 | 744.00 | 11777.52 | |
| 32 | 010103001001 | 土（石）方回填 | 景观柱工程，土方回填，夯实，密实度达95%以上 | m³ | 0.75 | 24.14 | 18.11 | |
| 33 | 010101003003 | 挖基础土方 | 景墙工程，挖基础土方，挖土深度为550mm | m³ | 1.02 | 22.71 | 23.16 | |
| 34 | 010501001002 | 垫层 | 景墙工程，250mm厚素混凝土垫层 | m³ | 0.46 | 320.67 | 147.51 | |
| 35 | 010401001003 | 砖基础 | 景墙工程，砖砌景墙底座，高度为0.9m | m³ | 0.95 | 260.71 | 247.67 | |
| 36 | 010103001002 | 土（石）方回填 | 景墙工程，土方回填，夯实，密实度达95%以上 | m³ | 0.24 | 29.52 | 7.08 | |
| 37 | 010806001001 | 木组合窗 | 景墙工程，木组合窗，高1.2m，长3.5m | m² | 4.2 | 753.92 | 3166.46 | |
| 38 | 010507006001 | 砖水池、化粪池 | 水池工程，池壁、池底30mm厚大理石铺面，30mm厚1：2.5水泥砂浆，200mm厚砌砖，30mm厚防水层，100mm厚C20细石混凝土垫层，素土夯实 | 座 | 1 | 7425.57 | 7425.57 | |
| 39 | 050202001001 | 石砌驳岸 | 水池工程，300mm×200mm×130mm花岗石块石压顶 | m³ | 0.83 | 1811.96 | 1503.93 | |
| 40 | 050306001001 | 喷泉管道 | 水池工程，DNS30喷泉管道长6.92m，喷头数7个 | m | 6.59 | 84.40 | 557.04 | |
| 41 | 010101003004 | 挖基础土方 | 亭子工程，挖基础土方，挖土深度为250mm | m³ | 1.58 | 22.73 | 35.91 | |
| 42 | 010501003001 | 独立基础 | 亭子工程，250mm厚C10混凝土，素土夯实 | m³ | 1.58 | 289.91 | 458.06 | |
| 43 | 010502001001 | 矩形柱 | 亭子工程，现浇C20混凝土矩形柱，长宽都为720mm，高为3750mm，2根 | m³ | 1.19 | 350.49 | 417.08 | |
| 44 | 050402007001 | 现浇混凝土桌凳 | 亭子工程，现浇混凝土凳子，长为1.31m，宽为0.47m，高为0.5m | 个 | 8 | 5.73 | 45.84 | |
| 45 | 010702005001 | 其他木构件 | 亭子工程，30mm厚优质防腐木铺于混凝土凳子表面 | m³ | 0.16 | 3951.51 | 632.24 | |
| 46 | 010515001001 | 现浇混凝土钢筋 | 亭子工程，包括柱身φ12螺纹钢和φ6箍筋钢 | t | 0.081 | 4917.50 | 398.32 | |
| 47 | 010702002001 | 木梁 | 亭子工程，木梁为180mm×180mm的优质防腐木 | m³ | 1.04 | 4840.91 | 5034.55 | |
| 48 | 010702005002 | 其他木构件 | 亭子工程，屋面木质构件包括斜构架防腐木，截面190mm×190mm，四周木檩条，截面75mm×75mm | m³ | 1.54 | 3734.35 | 5750.90 | |

续表

| 序号 | 项目编码 | 项目名称 | 项目特征描述 | 计量单位 | 工程量 | 金额(元) | | |
|---|---|---|---|---|---|---|---|---|
| | | | | | | 综合单价 | 合价 | 其中:暂估价 |
| 49 | 050303003001 | 树皮屋面 | 亭子工程,亭子屋面树皮盖顶 | m² | 36.68 | 25.50 | 935.34 | |
| 50 | 010101003005 | 挖基础土方 | 花架工程,挖基础土方,挖土深度为1220mm | m³ | 3.75 | 20.72 | 77.91 | |
| 51 | 010501001003 | 垫层 | 花架工程,100mm厚C15混凝土垫层,素土夯实 | m³ | 0.31 | 300.53 | 93.16 | |
| 52 | 010501003002 | 独立基础 | 花架工程,C20现浇混凝土基础,总厚度400mm | m³ | 0.73 | 311.97 | 227.74 | |
| 53 | 050304001001 | 现浇混凝土花架柱、梁 | 花架工程,现浇混凝土长方体花架柱子,长宽都为240mm,高3.1m | m³ | 0.36 | 350.49 | 126.18 | |
| 54 | 050304004001 | 木花架柱、梁 | 花架工程,花架木梁包括截面积为100mm×200mm的防腐处理支撑实木和截面积为80mm×120mm的经防腐处理木梁 | m³ | 1.37 | 3799.78 | 5205.70 | |
| 55 | 011406001001 | 抹灰面油漆 | 花架工程,柱子表面抹米黄色真石漆饰面 | m² | 25.2 | 34.38 | 866.38 | |
| 56 | 010515001002 | 现浇混凝土钢筋 | 花架工程,包括柱身φ12螺纹钢和φ6箍筋钢 | t | 0.188 | 4917.50 | 924.49 | |
| 57 | 050305006001 | 石桌石凳 | 花架工程,花架下石凳子,长1.5m,宽0.5m,高0.45m | 个 | 4 | 1632.01 | 6528.04 | |
| 58 | 010103001003 | 土(石)方回填 | 花架工程,土方回填,夯实,密实度达95%以上 | m³ | 2.62 | 31.53 | 60.22 | |
| | | | 合计 | | | | 489413.21 | |

## 投 标 报 价

投标报价根据《建设工程工程量清单计价规范》(GB 50500—2013)等编制而成,由分部分项工程和单价措施项目费、总价措施项目费、其他项目费、规费和税金组成。

一份完整的投标报价包括封面、扉页、总说明、建设项目投标报价汇总表、单项工程投标报价汇总表、单位工程投标报价汇总表、分部分项工程和措施项目清单与计价表(包括分部分项工程和单价措施项目清单与计价表、综合单价分析表、总价措施项目清单与计价表等)、其他项目计价表(包括其他项目清单与计价汇总表、暂列金额明细表、材料(工程设备)暂估单价及调整表、专业工程暂估价、计日工表、总承包服务费计价表等)、规费、税金项目计价表。

"和熙"广场绿地工程的投标报价如下所示:

投标总价封面

_____工程

投标总价

投标人 _____

(单位盖章)

投标总价扉页 　　年 月 日

# 投 标 总 价

招标人："和熙"广场

工程名称："和熙"广场绿地工程

投标总价(小写)：515301

　　　　　　(大写)：伍拾壹万伍千叁佰零壹元

投标人：某某园林公司

　　　　　(单位盖章)

法定代表人　某某园林公司

或其授权人：法定代表人

　　　　　　　(签字或盖章)


编制人：×××签字盖造价工程师或造价员专用章

　　　　　(造价人员签字盖专用章)


编制时间：××××年×月×日


# 工程计价总说明

## 总 说 明

工程名称："和熙"广场绿地工程　　　　　　第　页 共　页

1. 工程概况：本工程为某广场绿地工程,此绿地为某城市广场中的公共活动绿地,主要包括铺装广场、亭子、水池、景观柱、花架、雕塑、景墙等景观设施,满足人们集散、休闲、娱乐等各项活动,各景观设施分别有详细施工图。

2. 投标报价包括范围：为本次招标的广场绿地工程施工图范围内的园林绿化工程。

3. 投标报价编制依据：

(1)招标文件及其所提供的工程量清单和有关计价的要求,招标文件的补充通知和答疑纪要

(2)该绿地施工图及投标施工组织设计

(3)有关的技术标准、规范和安全管理规定

(4)省建设主管部门颁发的计价定额和计价管理办法及有关计价文件

(5)材料价格采用工程所在地工程造价管理机构发布的价格信息,对于造价信息没有发布的材料,其价格参照市场价

4. 其他(略)


相关表格见表1-81～表1-91。

**建设项目投标报价汇总表**　　　　　　　　　　　表 1-81

工程名称："和熙"广场绿地工程　　　　　　第　页　共　页

| 序号 | 单项工程名称 | 金额(元) | 其　中 | | |
| --- | --- | --- | --- | --- | --- |
| | | | 暂估价(元) | 安全文明施工费(元) | 规费(元) |
| 1 | "和熙"广场绿地工程 | 515301 | | 3426 | 7114 |
| | 合　　计 | 515301 | | 3426 | 7114 |

**单项工程投标报价汇总表**　　　　　　　　　　　表 1-82

工程名称："和熙"广场绿地工程　　　　　　第　页　共　页

| 序号 | 单项工程名称 | 金额(元) | 其　中 | | |
| --- | --- | --- | --- | --- | --- |
| | | | 暂估价(元) | 安全文明施工费(元) | 规费(元) |
| 1 | "和熙"广场绿地工程 | 515301 | | 3426 | 7114 |
| | 合　　计 | 515301 | | 3426 | 7114 |

**单位工程投标报价汇总表**
表 1-83

工程名称:"和熙"广场绿地工程　标段:　　　第　页　共　页

| 序号 | 汇 总 内 容 | 金额(元) | 其中暂估价(元) |
|---|---|---|---|
| 1 | 分部分项工程费 | 489413 | |
| 2 | 措施项目费 | 8810 | |
| 2.1 | 安全文明施工费 | 3426 | |
| 3 | 其他项目费 | 9964 | |
| 4 | 规费 | 7114 | |
| 5 | 税金 | — | |
| | 投标报价合计=1+2+3+4+5 | 515301 | |

注:此处暂不列暂估价,估价见其他项目费表中。

# 分部分项工程措施项目计价表

分部分项工程和单价措施项目清单与计价表,见表 1-84。

**总价措施项目清单与计价表**
表 1-84

工程名称:"和熙"广场绿地工程　　　　　　标段:　　　　　　第　页　共　页

| 序号 | 项目编码 | 项目名称 | 计 算 基 础 | 费率(%) | 金额(元) | 调整费率(%) | 调整后金额(元) | 备注 |
|---|---|---|---|---|---|---|---|---|
| 1 | 050405001001 | 安全文明施工费 | 分部分项工程费(489413) | 0.7 | 3426 | | | |
| 2 | 050405002001 | 夜间施工费 | 根据工程实际情况确定,由发承包双方在合同中约定 | | | | | |
| 3 | 050405004001 | 二次搬运费 | 分部分项工程费(489413) | 1.1 | 5384 | | | |
| 4 | 050405005001 | 冬雨期施工 | 根据工程实际情况确定,由发承包双方在合同中约定 | | | | | |
| 5 | 050405003001 | 非夜间施工照明费 | 根据工程实际情况确定,由发承包双方在合同中约定 | | | | | |
| 6 | 050405006001 | 反季节栽植影响措施 | 根据工程实际情况确定,由发承包双方在合同中约定 | | | | | |
| 7 | 050405007001 | 地上、地下设施的临时保护设施 | 根据工程实际情况确定,由发承包双方在合同中约定 | | | | | |
| 8 | 050405008001 | 已完工程及设备保护 | 工程实际情况确定 | | | | | |
| 9 | | 其他费用 | | | | | | |
| 10 | | | | | | | | |
| | | 合　　　计 | | | | | 8810 | |

**其他项目清单与计价汇总表**　　　　　　　　　　　　表 1-85

工程名称："和熙"广场绿地工程　　　　　　　　　标段：　　第　页　共　页

| 序号 | 项 目 名 称 | 金额(元) | 结算金额(元) | 备注 |
|---|---|---|---|---|
| 1 | 总承包服务费 | 9964 | | |
| 2 | 暂列金额 | | | |
| 3 | 计日工 | | | |
| | | | | |
| | 合　　计 | 9964 | | |

**暂列金额明细表**　　　　　　　　　　　　　　　　表 1-86

工程名称："和熙"广场绿地工程　　　　　　　　　标段：　　第　页　共　页

| 序号 | 项 目 名 称 | 计量单位 | 暂定金额(元) | 备注 |
|---|---|---|---|---|
| 1 | | | | |
| 2 | | | | |
| 3 | | | | |
| 4 | | | | |
| 5 | | | | |
| 6 | | | | |
| 7 | | | | |
| 8 | | | | |
| 9 | | | | |
| 10 | | | | |
| | 合　　计 | | | — |

**材料（工程设备）暂估单价及调整表**　　　　　　　表 1-87

工程名称："和熙"广场绿地工程　　　　　　　　　标段：　　第　页　共　页

| 序号 | 材料(工程设备)名称、规格、型号 | 计量单位 | 数量 | | 暂估(元) | | 确认(元) | | 差额±(元) | | 备注 |
|---|---|---|---|---|---|---|---|---|---|---|---|
| | | | 暂估 | 确认 | 单价 | 合价 | 单价 | 合价 | 单价 | 合价 | |
| | | | | | | | | | | | |
| | | | | | | | | | | | |
| | | | | | | | | | | | |
| | | | | | | | | | | | |
| | | | | | | | | | | | |
| | | | | | | | | | | | |
| | | | | | | | | | | | |
| | 合　计 | | | | | | | | | | |

**专业工程暂估价及结算价表**　　　　　　　　　　　　　　　　　　表 1-88

工程名称："和熙" 广场绿地工程　　　　　　　　标段：　　第　页　共　页

| 序号 | 工 程 名 称 | 工程内容 | 暂估金额（元） | 结算金额（元） | 差额 ±（元） | 备注 |
|---|---|---|---|---|---|---|
| | | | | | | |
| | | | | | | |
| | | | | | | |
| | | | | | | |
| | | | | | | |
| | | | | | | |
| | | | | | | |
| | | | | | | |
| | | | | | | |
| | | | | | | |
| 合　　计 | | | | | | |

**计日工表**　　　　　　　　　　　　　　　　　　　　　　　　　　表 1-89

工程名称："和熙" 广场绿地工程　　　　　　　　标段：　　第　页　共　页

| 编号 | 项目名称 | 单位 | 暂定数量 | 实际数量 | 综合单价（元） | 合价（元） | |
|---|---|---|---|---|---|---|---|
| | | | | | | 暂定 | 实际 |
| 一 | 人工 | | | | | | |
| 1 | | | | | | | |
| 2 | | | | | | | |
| 3 | | | | | | | |
| 4 | | | | | | | |
| 人工小计 | | | | | | | |
| 二 | 材料 | | | | | | |
| 1 | | | | | | | |
| 2 | | | | | | | |
| 3 | | | | | | | |
| 4 | | | | | | | |
| 材料小计 | | | | | | | |
| 三 | 施工机械 | | | | | | |
| 1 | | | | | | | |
| 2 | | | | | | | |
| 3 | | | | | | | |
| 4 | | | | | | | |
| 施工机械小计 | | | | | | | |
| 四企业管理费和利润 | | | | | | | |
| 总　　计 | | | | | | | |

**总承包服务费计价表**　　　　　　　　　　　　　　　　表 1-90

工程名称："和熙"广场绿地工程　　　　　　　　　　标段：　　第　页　共　页

| 序号 | 项目名称 | 项目价值（元） | 服务内容 | 计算基础 | 费率（%） | 金额（元） |
|---|---|---|---|---|---|---|
| 1 | 发包人发包专业工程 | | | | | |
| 2 | 发包人提供材料 | | | | | |
| | | | | | | |
| | | | | | | |
| | | | | | | |
| | | | | | | |
| | | | | | | |
| | | | | | | |
| | | | | | | |
| | | | | | | |
| | 合　　计 | — | — | — | — | |

**规费、税金项目计价表**　　　　　　　　　　　　　　表 1-91

工程名称："和熙"广场绿地工程　　　　　　　　　　标段：　　第　页　共　页

| 序号 | 项目名称 | 计算基础 | 计算计数 | 费率（%） | 金额（元） |
|---|---|---|---|---|---|
| 1 | 规费 | 定额人工费 | | | |
| 1.1 | 社会保险费 | 定额人工费 | | | |
| （1） | 养老保险费 | 定额人工费 | | | |
| （2） | 失业保险费 | 定额人工费 | | | |
| （3） | 医疗保险费 | 定额人工费 | | | |
| （4） | 工伤保险费 | 定额人工费 | | | |
| （5） | 生育保险费 | 定额人工费 | | | |
| 1.2 | 住房公积金 | 定额人工费 | | | |
| 1.3 | 工程排污费 | 按工程所在地环境保护部门收取标准,按实计入 | | | |
| 2 | 税金 | 分部分项工程费＋措施项目费＋其他项目费＋规费－按规定不计税的工程设备金额 | | | |
| | 合　　计 | | | | |

编制人（造价人员）：　　　　　　　　　　　　　复核人（造价工程师）：

# 案例 2 "馨园"居住区组团绿地工程

## 第一部分 工程概况

某居住区组团绿地如图 2-1 所示,其中图 2-1 为组团绿地总平面图,图 2-2 为施工定位图。

基址仅需要简单的整理即可,无须砍、挖、伐树;园林植物种植种类、数量如表 2-1 所示。种植设计工程量计算参照植物名录表 2-1,均为普坚土种植,乔木种植、灌木种植数量如图 2-1 所示,丛植、群植以附表所给绿篱、花卉等种植长度、面积或数量计算。

绿地的长度和宽度分别为 40m 和 32m,丛植花卉金钟花的占地面积为 6m²,迎春的占地面积为 8m²,散植淡竹的占地面积为 30m²。绿地为喷播草坪,场地中设置有置石、水池、花坛、雕塑、景墙、围树椅等。土壤为二类干土,现浇混凝土均为自拌。根据以上图示及说明计算工程量。

植物名录表

表 2-1

| 序号 | 名称 | 规格 | 单位 | 数量 |
|---|---|---|---|---|
| 1 | 大叶女贞 | 胸径 7cm,冠径 2.0m 以上,枝下高 2.2m | 株 | 10 |
| 2 | 合欢 | 胸径 16cm,冠幅 5m | 株 | 2 |
| 3 | 垂柳 | 胸径 16cm | 株 | 6 |
| 4 | 银杏 | 胸径 13cm | 株 | 10 |
| 5 | 雪松 | 胸径 10cm,高 3m | 株 | 4 |
| 6 | 桂花 | 胸径 8cm,高 2m | 株 | 5 |
| 7 | 日本晚樱 | 胸径 8cm,冠幅 2.5m | 株 | 6 |
| 8 | 紫叶李 | 胸径 6cm | 株 | 4 |
| 9 | 紫薇 | 胸径 4cm,冠幅 2.5m | 株 | 6 |
| 10 | 鸡爪槭 | 胸径 8cm,冠幅 2m | 株 | 10 |
| 11 | 云南素馨 | 高 1m,16 株/m² | m² | 6 |
| 12 | 迎春 | 高 1m,16 株/m² | m² | 8 |
| 13 | 淡竹 | 胸径 3cm,高 2m 以上,7 株/m² | 株 | 210 |
| 14 | 紫藤 | 地径 3cm | 株 | 10 |
| 15 | 月季 | 1 年生,20 株/m² | m² | 27 |
| 16 | 金叶女贞 | 高 0.6m,宽 0.8m | m | 36.10 |
| 17 | 大叶黄杨 | 高 0.6m,宽 0.8m | m | 14.30 |
| 18 | 蔷薇 | 2 年生,高 0.8m,20 株/m² | m² | 4.5 |
| 19 | 高羊茅 | 喷播植草 | m² | 646 |

## 第二部分　工程量计算及清单表格编制

### 一、绿化工程

（一）绿化工程清单工程量

根据《园林绿化工程工程量计算规范》（GB 50858—2013）附录 E。

1. 整理绿化用地

项目编码：050101010001　　项目名称：整理绿化用地

工程量计算规则：按设计图示尺寸以面积计算，如图 2-1 所示。
$$S＝长×宽＝40×32＝1280m^2$$

【注释】　40——该场地的总长度；

32——该场地的总宽度。

2. 栽植乔木

（1）大叶女贞

项目编码：050102001001　　项目名称：栽植乔木，带土球

工程量计算规则：按设计图示数量计算。由植物名录表 2-1 得：

栽植大叶女贞的工程量：10 株

（2）合欢

项目编码：050102001002　　项目名称：栽植乔木，裸根栽植

工程量计算规则：按设计图示数量计算。由植物名录表 2-1 得：

栽植合欢的工程量：2 株

（3）垂柳

项目编码：050102001003　　项目名称：栽植乔木，裸根栽植

工程量计算规则：按设计图示数量计算。由植物名录表 2-1 得：

栽植垂柳的工程量：6 株

（4）银杏

项目编码：050102001004　　项目名称：栽植乔木，裸根栽植

工程量计算规则：按设计图示数量计算。由植物名录表 2-1 得：

栽植银杏的工程量：10 株

（5）雪松

项目编码：050102001005　　项目名称：栽植乔木，带土球

工程量计算规则：按设计图示数量计算。由植物名录表 2-1 得：

栽植雪松的工程量：4 株

3. 栽植竹类

淡竹

项目编码：050102003001　　项目名称：栽植竹类，散植

工程量计算规则：按设计图示数量计算。由植物名录表 2-1 得：
$$30×7＝210 株$$

【注释】 30m² 为题目中已知的淡竹占地面积，7 株/m² 为植物名录表中给出的淡竹种植密度。

栽植淡竹的工程量：210 株

4．栽植灌木

（1）桂花

项目编码：050102002001　　项目名称：栽植灌木，带土球

工程量计算规则：按设计图示数量计算。由植物名录表 2-1 得：

栽植桂花的工程量：5 株

（2）日本晚樱

项目编码：050102002002　　项目名称：栽植灌木，裸根栽植

工程量计算规则：按设计图示数量计算。由植物名录表 2-1 得：

栽植日本晚樱的工程量：6 株

（3）紫叶李

项目编码：050102002003　　项目名称：栽植灌木，裸根栽植

工程量计算规则：按设计图示数量计算。由植物名录表 2-1 得：

栽植紫叶李的工程量：4 株

（4）紫薇

项目编码：050102002004　　项目名称：栽植灌木，裸根栽植

工程量计算规则：按设计图示数量计算。由植物名录表 2-1 得：

栽植紫薇的工程量：6 株

（5）鸡爪槭

项目编码：050102002005　　项目名称：栽植灌木，裸根栽植

工程量计算规则：按设计图示数量计算。由植物名录表 2-1 得：

栽植鸡爪槭的工程量：10 株

5．栽植绿篱

（1）金叶女贞

项目编码：050102005001　　项目名称：栽植绿篱

工程量计算规则：按设计图示以长度计算。由图 2-3 知：

$$L_1 = 13.8 + 7.5 + 4.0 + 10.8 = 36.1 \text{m}$$

【注释】 13.8——金叶女贞绿篱（a）中的长度；

7.5＋4.0——金叶女贞绿篱（b）中的长度；

10.8——金叶女贞绿篱（c）中的长度。

栽植金叶女贞的工程量：36.1m

（2）大叶黄杨

项目编码：050102005002　　项目名称：栽植绿篱

工程量计算规则：按设计图示以长度计算。由图 2-3 知：

$$L_2 = 4.5 + 4 + 1.8 + 4.0 = 14.3 \text{m}$$

【注释】 4.5＋4——紫叶小檗绿篱（d）中的长度；

1.8＋4.0——紫叶小檗绿篱（e）中的长度。

栽植大叶黄杨的工程量：14.3m

**6. 栽植攀缘植物**

紫藤

项目编码：050102006001　　　项目名称：栽植攀缘植物

工程量计算规则：按设计图示数量计算。由植物名录表 2-1 得：

栽植紫藤的工程量：10 株

**7. 栽植花卉**

（1）云南素馨

项目编码：050102008001　　　项目名称：栽植花卉

工程量计算规则：按设计图示数量计算。由植物名录表 2-1 得：

栽植云南素馨的工程量：6m²

（2）迎春

项目编码：050102008002　　　项目名称：栽植花卉

工程量计算规则：按设计图示数量计算。由植物名录表 2-1 得：

栽植迎春的工程量：8m²

（3）月季

项目编码：050102008003　　　项目名称：栽植花卉

工程量计算规则：按设计图示数量计算。由植物名录表 2-1 得：

栽植月季的工程量：27m²

（4）蔷薇

项目编码：050102008004　　　项目名称：栽植花卉

工程量计算规则：按设计图示数量计算。由植物名录表 2-1 得：

栽植蔷薇的工程量：4.5m²

**8. 高羊茅**

项目编码：050102013001　　　项目名称：喷播植草

工程量计算规则：按设计图示以面积计算。由图 2-4 知：

$S=$ 整理绿化用地 $S_1$ －硬质铺装面积 $S_2$ －丛植花卉占地面积 $S_3$ －绿篱占地面积 $S_4$

（1）整理绿化用地 $S_1=40\times32=1280\text{m}^2$

【注释】　40——总场地的总长度；

　　　　　32——总场地的总宽度。

（2）硬质铺装面积 $S_2=$ 广场 4 的总面积＋广场 1 的总面积＋园路 1 的面积＋花坛（2＋3）的面积＋广场 2 的面积＋园路 2 的面积＋园路 3 的面积＋广场 3 的总面积＋园路 4 的面积

$(6\times7.5+6.3\times21.2+7.4\times19.2)+(10.4\times3)+(8.8\times3)+(6\times2.8\times2)+(10\times5.2+6.8\times2)+(4.8\times2)+(1.5\times4.8)+(17\times6)+(0.6\times0.3\times8)=(45+133.56+142.08)+31.2+26.4+33.6+65.6+9.6+7.2+102+1.44=579.68\text{m}^2$

【注释】　硬质铺装面积是指场地中的园路、广场、花坛（2＋3）的总占地面积，如图 2-4 所示。式中广场 4 的总面积（6m×7.5m＋6.3m×21.2m＋7.4m×19.2m）指图 2-4 中标号 1、3、4 所代表区域面积总和；广场 1 的总面积（10.4m×3m）指图 2-4 中标号 2 所代表区域中长和宽的乘积；园路 1 的面积（8.8m×3m）指图 2-4 中标号 5 所代表区域中长和宽的乘积；花坛（2＋3）的总面积（6m×2.8m×2）指图 2-4 标号 6 所代表区域中长和宽的乘积；广场 2 的总面积（10m×5.2m＋6.8m×2m）指图 2-4 中标号 7 所代表区域面积总和；园路 2 的面积（4.8m×2m）指图 2-4 中标号 8 所代表区域中长和宽的乘积；园路 3 的面积（1.5m×4.8m）指图 2-4 中标号 9 所代表区域中长和宽的乘积；广场 3 的总面积（17m×6m）指图 2-4 中标号 10 所代表区域中长和宽的乘积；园路 4 的面积（0.6m×0.3m×8）中：0.6m 指单个步石的长度，0.3m 指单个步石的宽度，8 指步石的数量。

（3）由题目已知条件知：金钟花丛植面积为 6m²，迎春丛植面积 8m²

丛植花卉用地面积 $S_3$＝6＋8＝14m²

（4）绿篱占地面积 $S_4$＝长×宽＝36.1×0.8＋14.3×0.8＝40.32m²

【注释】 36.1——图 2-3 中金叶女贞绿篱的总长度；

14.3——紫叶小檗绿篱的总长度；

0.8——绿篱的宽度。

$$S＝1280－579.68－14.00－40.32＝646.00m²$$

喷播植草的工程量：646m²

（二）绿化工程定额工程量

苗木预算价格参照《江苏省仿古建筑与园林工程计价表》，定额计算参照《江苏省仿古建筑与园林工程计价表》。

【注释】 ① 本章种植工程定额子目均未包括苗木、花卉本身的价值。苗木、花卉价值应分品种不同，按规格分别取定苗木编织期价格。

② 本章定额子目苗木含量已综合了种植损耗、场内运输损耗、成活率补损损耗，其中乔灌木土球直径在 100cm 以上，损耗系数为 10%；乔灌木土球直径在 40～100cm 以内，损耗系数为 5%；乔灌木土球直径在 40cm 以内，损耗系数为 2%；其他苗木（花卉）等损耗系数为 2%。

③ 起挖、栽植乔木，带土球是当土球直径大于 120cm（含 120cm）或裸根时胸径大于 15cm（含 15cm）以上的截干乔木，定额人工及机械乘以 0.8。

④ 本定额已考虑绿化养护废弃物的场外运输，运输距离在 15km 以内。

1. 整理绿化用地

工程量计算规则：按建筑物外墙外边线每边各加 2m 范围以平方米计算。

本地块为普坚土，整理绿化用地工程量为：

$$S＝长×宽＝(40＋2＋2)×(32＋2＋2)＝1584m²＝158.4(10m²) \quad 套用定额 1-121$$

【注释】 40——该场地的总长度；

32——该场地的总宽度；

2——工作面加宽尺寸。

2. 栽植乔木

（1）栽植大叶女贞

1）苗木预算价格见表 2-2。

**大叶女贞预算价格** 表 2-2

| 代码编号 | 名称 | 规格 | 单位 | 预算价格（元） |
|---|---|---|---|---|
| 801100121 | 大叶女贞 | 胸径 7cm,冠径 2.0m 以上,枝下高 2.2m 以上 | 株 | 150.00 |

栽植大叶女贞 10 株，胸径 7cm，冠径 2.0m 以上，枝下高 2.2m 以上，由表 2-2 知，预算价格为：

$$150.00 \times 10 = 1500.00 \ 元$$

2）栽植大叶女贞

带土球栽植，坑直径×深为 700mm×600mm，工程量为：10/10＝1（10 株）套用定额 3-105

3）苗木养护——Ⅱ级养护

大叶女贞：常绿乔木，胸径 7cm，工程量为：10/10＝1（10 株）套用定额 3-356

（2）栽植合欢

1）苗木预算价格见表 2-3。

**合欢预算价格**　　　　　　　　　　　　　　　　　表 2-3

| 代码编号 | 名称 | 规格 | 单位 | 预算价格（元） |
|---|---|---|---|---|
| 802240214 | 合欢 | 胸径 15～20cm | 株 | 1140.00 |

栽植合欢 2 株，胸径 16cm，由表 2-3 可知，预算价格为：

$$1140.00 \times 2 = 2280.00 \ 元$$

2）栽植合欢

裸根栽植，胸径 16cm＞15cm，定额人工及机械乘以 0.8。

工程量为：2/10＝0.2（10 株）　　　　　　　　　　套用定额 3-123

3）苗木养护——Ⅱ级养护

合欢：落叶乔木，胸径 16cm，工程量为：2/10＝0.2（10 株）　　套用定额 3-362

（3）栽植垂柳

1）苗木预算价格见表 2-4。

**垂柳预算价格**　　　　　　　　　　　　　　　　　表 2-4

| 代码编号 | 名称 | 规格 | 单位 | 预算价格（元） |
|---|---|---|---|---|
| 802020214 | 垂柳 | 胸径 15～20cm | 株 | 1020.00 |

栽植垂柳 6 株，胸径 16cm，由表 2-4 可知，预算价格为：

$$1020.00 \times 6 = 6120.00 \ 元$$

2）栽植垂柳

裸根栽植，胸径 16cm＞15cm，定额人工及机械乘以 0.8。

工程量为：6/10＝0.6（10 株）　　　　　　　　　　套用定额 3-123

3）苗木养护——Ⅱ级养护

垂柳：落叶乔木，胸径 16cm，工程量为：6/10＝0.6（10 株）　　套用定额 3-362

（4）栽植银杏

1）苗木预算价格见表 2-5。

**银杏预算价格**　　　　　　　　　　　　　　　　　表 2-5

| 代码编号 | 名称 | 规格 | 单位 | 预算价格（元） |
|---|---|---|---|---|
| 802230213 | 银杏 | 胸径 12～15cm | 株 | 780.00 |

栽植银杏10株，胸径13cm，由表2-5知，预算价格为：

$$780.00 \times 10 = 7800.00 \, 元$$

2）栽植银杏

裸根栽植，胸径13cm，工程量为：10/10＝1（10株） 　　　　套用定额3-122

3）苗木养护——Ⅱ级养护

银杏：落叶乔木，胸径13cm，工程量为：10/10＝1（10株） 　　套用定额3-362

（5）栽植雪松

1）苗木预算价格见表2-6。

雪松预算价格 　　　　表2-6

| 代码编号 | 名称 | 规格 | 单位 | 预算价格（元） |
|---|---|---|---|---|
| 801010210 | 雪松 | 高3～3.5m | 株 | 105.00 |

栽植雪松4株，胸径10cm，高3～3.5m，由表2-6知，预算价格为：

$$105.00 \times 4 = 420.00 \, 元$$

2）栽植雪松

带土球栽植，胸径10cm，高3～3.5m，土球直径100cm，工程量为：4/10＝0.4（10株）

　　　　套用定额3-107

3）苗木养护——Ⅱ级养护

雪松：常绿乔木，胸径10cm，工程量为：4/10＝0.4（10株） 　套用定额3-356

3. 栽植竹类

栽植淡竹

1）苗木预算价格见表2-7。

淡竹预算价格 　　　　表2-7

| 代码编号 | 名称 | 规格 | 单位 | 预算价格（元） |
|---|---|---|---|---|
| 801090502 | 淡竹 | 每枝2m以上 | 株 | 3.00 |

栽植淡竹210株，胸径3cm，每枝2m以上，由表2-7知，预算价格为：

$$3.00 \times 210 = 630.00 \, 元$$

2）栽植淡竹

散生竹，胸径3cm，工程量为：210/10＝21（10株） 　　　套用定额3-175

3）苗木养护——Ⅱ级养护

淡竹：散生竹，胸径3cm，工程量为：210/10＝21（10株） 　套用定额3-386

4. 栽植灌木

（1）栽植桂花

1）苗木预算价格见表2-8。

桂花预算价格 　　　　表2-8

| 代码编号 | 名称 | 规格 | 单位 | 预算价格（元） |
|---|---|---|---|---|
| 801100308 | 桂花 | 高2～2.5m | 株 | 310.00 |

栽植桂花 5 株，胸径 8cm，高 2m，由表 2-8 知，预算价格为：

$$310.00 \times 5 = 1550.00 \text{ 元}$$

2）栽植桂花

带土球栽植，土球直径为 50cm，冠幅 2m，工程量为：5/10＝0.5（10 株）

套用定额 3-140

3）苗木养护——Ⅱ级养护

桂花：常绿灌木，冠幅 2m，工程量为：5/10＝0.5（10 株）　　套用定额 3-369

（2）栽植日本晚樱

1）苗木预算价格见表 2-9。

**日本晚樱预算价格**　　　　　　　　　　　　　　　　　　　　　　　表 2-9

| 代码编号 | 名称 | 规格 | 单位 | 预算价格（元） |
|---|---|---|---|---|
| 802150209 | 日本晚樱 | 胸径 7～8cm | 株 | 275.00 |

栽植日本晚樱 6 株，胸径 8cm，冠幅 2.5m，由表 2-9 知，预算价格为：

$$275.00 \times 6 = 1650 \text{ 元}$$

2）栽植日本晚樱

裸根栽植，胸径 8cm，冠幅 2.5m，工程量为：6/10＝0.6（10 株）　套用定额 3-157

3）苗木养护——Ⅱ级养护

日本晚樱：落叶灌木，冠幅 2.5m，工程量为：6/10＝0.6（10 株）　套用定额 3-370

（3）栽植紫叶李

1）苗木预算价格见表 2-10。

**紫叶李预算价格**　　　　　　　　　　　　　　　　　　　　　　　表 2-10

| 代码编号 | 名称 | 规格 | 单位 | 预算价格（元） |
|---|---|---|---|---|
| 802241307 | 紫叶李 | 胸径 5～6cm | 株 | 90.00 |

栽植紫叶李 4 株，胸径 6cm，由表 2-10 知，预算价格为：

$$90.00 \times 4 = 360.00 \text{ 元}$$

2）栽植紫叶李

裸根栽植，胸径 6cm，冠幅 2.5m，工程量为：4/10＝0.4（10 株）　　套用定额 3-157

3）苗木养护——Ⅱ级养护

紫叶李：落叶灌木，冠幅 2.5m，工程量为：4/10＝0.4（10 株）　　套用定额 3-370

（4）栽植紫薇

1）苗木预算价格见表 2-11。

**紫薇预算价格**　　　　　　　　　　　　　　　　　　　　　　　表 2-11

| 代码编号 | 名称 | 规格 | 单位 | 预算价格（元） |
|---|---|---|---|---|
| 802140106 | 紫薇 | 胸径 4～5cm | 株 | 105.00 |

栽植紫薇 6 株，胸径 4cm，冠幅 2.5m，由表 2-11 知，预算价格为：

$$105.00 \times 6 = 630.00 \text{ 元}$$

2）栽植紫薇

裸根栽植，胸径4cm，冠幅2.5m，工程量为：6/10＝0.6（10株）　　套用定额3-157

3）苗木养护——Ⅱ级养护

紫薇：落叶灌木，冠幅2.5m，工程量为：6/10＝0.6（10株）　　套用定额3-370

（5）栽植鸡爪槭

1）苗木预算价格见表2-12。

鸡爪槭预算价格　　表2-12

| 代码编号 | 名称 | 规格 | 单位 | 预算价格（元） |
|---|---|---|---|---|
| 802060609 | 鸡爪槭 | 胸径7～8cm | 株 | 1100.00 |

栽植鸡爪槭10株，胸径8cm，冠幅2m，由表2-12知，预算价格为：
$$1100.00×10＝11000.00 元$$

2）栽植鸡爪槭

裸根栽植，胸径8cm，冠幅2m，工程量为：10/10＝1（10株）　　套用定额3-156

3）苗木养护——Ⅱ级养护

鸡爪槭：落叶灌木，冠幅2m，工程量为：10/10＝1（10株）　　套用定额3-369

5. 栽植绿篱

（1）栽植金叶女贞

1）苗木预算价格见表2-13。

金叶女贞预算价格　　表2-13

| 代码编号 | 名称 | 规格 | 单位 | 预算价格（元） |
|---|---|---|---|---|
| 804070303 | 金叶女贞 | 高0.5～0.8m | 株 | 2.20 |

栽植金叶女贞36.1m，每米3株，高0.6m，由表2-13知，预算价格为：
$$2.20×36.1×3＝238.26 元$$

2）栽植金叶女贞

栽植单排绿篱金叶女贞，高度为0.6m，长度36.1m，工程量为：36.1/10＝3.61（10m）

套用定额3-160

3）苗木养护——Ⅱ级养护

金叶女贞：单排绿篱，高度为0.6m，工程量为：36.1/10＝3.61（10m）

套用定额3-377

（2）栽植大叶黄杨

1）苗木预算价格见表2-14。

大叶黄杨预算价格　　表2-14

| 代码编号 | 名称 | 规格 | 单位 | 预算价格（元） |
|---|---|---|---|---|
| 803020303 | 大叶黄杨 | 高0.5～0.8m | 株 | 1.65 |

栽植大叶黄杨14.3m，高0.6m，每米3株，由表2-14知，预算价格为：
$$1.65×14.3×3＝70.79 元$$

2）栽植大叶黄杨

栽植单排绿篱大叶黄杨，高度为 0.6m，长度 14.3m，工程量为：14.3/10＝1.43（10m）　　　　　　　　　　　　　　　　　　　　　　套用定额 3-160

3）苗木养护——Ⅱ级养护

大叶黄杨：单排绿篱，高度为 0.6m，工程量为：14.3/10＝1.43（10m）

套用定额 3-377

6. 栽植攀缘植物

栽植紫藤

1）苗木预算价格见表 2-15。

紫藤预算价格　　　　　　　　　　　　　　　表 2-15

| 代码编号 | 名称 | 规格 | 单位 | 预算价格（元） |
| --- | --- | --- | --- | --- |
| 805010103 | 紫藤 | 3 年生 | 株 | 40.00 |

栽植紫藤 10 株，地径 3cm，3 年生，由表 2-15 知，预算价格为：

$$40.00 \times 10 = 400.00 元$$

2）栽植紫藤

栽植紫藤，地径 3cm，工程量为：10/10＝1（10m）　　　　套用定额 3-186

3）苗木养护——Ⅱ级养护

紫藤：地径 3cm，工程量为：10/10＝1（10m）　　　　套用定额 3-394

7. 栽植花卉

（1）栽植云南素馨

1）苗木预算价格见表 2-16。

云南素馨预算价格　　　　　　　　　　　　　　　表 2-16

| 代码编号 | 名称 | 规格 | 单位 | 预算价格（元） |
| --- | --- | --- | --- | --- |
| 805050402 | 云南素馨 | 2 年生 | 株 | 3.00 |

栽植云南素馨 96 株，2 年生，由表 2-16 知，预算价格为：

$$3.00 \times 96 = 288.00 元$$

2）栽植云南素馨

栽植云南素馨，16 株/m²，工程量为：6/10＝0.6（10m²）　　套用定额 3-198

3）苗木养护——Ⅱ级养护

云南素馨：露地花卉，木本类，工程量为：6/10＝0.6（10m²）　套用定额 3-400

（2）栽植迎春

1）苗木预算价格见表 2-17。

迎春预算价格　　　　　　　　　　　　　　　表 2-17

| 代码编号 | 名称 | 规格 | 单位 | 预算价格（元） |
| --- | --- | --- | --- | --- |
| 805050304 | 迎春 | 4 年生 | 株 | 10.00 |

栽植迎春 128 株，4 年生，由表 2-17 知，预算价格为：

$$10.00 \times 130.00 = 1300.00 元$$

2) 栽植迎春

栽植迎春，16 株/m²，工程量为：8/10＝0.8（10m²）　　　套用定额 3-198

3) 苗木养护——Ⅱ级养护

迎春：露地花卉，木本类，工程量为：8/10＝0.8（10m²）　　套用定额 3-400

（3）栽植月季

1) 苗木预算价格见表 2-18。

**月季预算价格**　　　　　　　　　　　　　　　　　　　　　表 2-18

| 代码编号 | 名称 | 规格 | 单位 | 预算价格（元） |
|---|---|---|---|---|
| 805040301 | 月季 | 1 年生 | 株 | 0.85 |

栽植月季 540 株，1 年生，由表 2-18 知，预算价格为：

$$0.85×540.00＝459.00元$$

2) 栽植月季

栽植月季，20 株/m²，工程量为：27/10＝2.7（10m²）　　　套用定额 3-198

3) 苗木养护——Ⅱ级养护

月季：露地花卉，木本类，工程量为：27/10＝2.7（10m²）　　套用定额 3-400

（4）栽植蔷薇

1) 苗木预算价格见表 2-19。

**蔷薇预算价格**　　　　　　　　　　　　　　　　　　　　　表 2-19

| 代码编号 | 名称 | 规格 | 单位 | 预算价格（元） |
|---|---|---|---|---|
| 805040102 | 蔷薇 | 2 年生 | 株 | 2.40 |

栽植蔷薇 90 株，2 年生，由表 2-19 知，预算价格为：

$$2.40×90＝216.00元$$

2) 栽植蔷薇

栽植蔷薇，20 株/m²，工程量为：4.5/10＝0.45（10m²）　　套用定额 3-198

3) 苗木养护——Ⅱ级养护

蔷薇：露地花卉，木本类，工程量为：4.5/10＝0.45（10m²）　套用定额 3-400

8. 喷播植草

栽植高羊茅

1) 苗木预算价格见表 2-20。

**高羊茅预算价格**　　　　　　　　　　　　　　　　　　　　表 2-20

| 代码编号 | 名称 | 规格 | 单位 | 预算价格（元） |
|---|---|---|---|---|
| 806040501 | 高羊茅 | — | m² | 2.40 |

由清单工程量计算得，喷播高羊茅的面积为 646m²，由表 2-20 知，预算价格为：

$$2.40×646＝1550.4元$$

2) 喷播植草

喷播植草高羊茅，坡度 1∶1 以下，坡长 12m 以外，工程量为：646/10＝64.6

（10m²）  套用定额 3-216

3）苗木养护——Ⅱ级养护

高羊茅：草坪类（割草机修剪），冷季型，工程量为：646/10＝64.6（10m²）

套用定额 3-403

（三）绿地工程综合单价分析见表 2-21～表 2-40

**工程量清单综合单价分析表**  表 2-21

工程名称："馨园"居住区组团绿地工程　　　　标段：　　　第　页　共　页

| 项目编码 | 050101010001 | | | 项目名称 | | 整理绿化用地 | | 计量单位 | m² | 工程量 | 1280 |
|---|---|---|---|---|---|---|---|---|---|---|---|

清单综合单价组成明细

| 定额编号 | 定额名称 | 定额单位 | 数量 | 单价 | | | | 合价 | | | |
|---|---|---|---|---|---|---|---|---|---|---|---|
| | | | | 人工费 | 材料费 | 机械费 | 管理费和利润 | 人工费 | 材料费 | 机械费 | 管理费和利润 |
| 1-121 | 平整场地 | 10m² | 0.12 | 23.20 | — | — | 12.76 | 2.78 | — | — | 1.53 |
| 人工单价 | | 小计 | | | | | | 2.78 | | — | 1.53 |
| 37.00 元/工日 | | 未计价材料费 | | | | | | | — | | |
| 清单项目综合单价 | | | | | | | | | 4.31 | | |

| 材料费明细 | 主要材料名称、规格、型号 | 单位 | 数量 | 单价（元） | 合价（元） | 暂估单价（元） | 暂估合价（元） |
|---|---|---|---|---|---|---|---|
| | | | | | | | |
| | | | | | | | |
| | | | | | | | |
| | | | | | | | |
| | 其他材料费 | | | — | — | — | — |
| | 材料费小计 | | | — | — | — | — |

**工程量清单综合单价分析表**  表 2-22

工程名称："馨园"居住区组团绿地工程　　　　标段：　　　第　页　共　页

| 项目编码 | 050102001001 | | | 项目名称 | | 栽植乔木——大叶女贞 | | 计量单位 | 株 | 工程量 | 10 |
|---|---|---|---|---|---|---|---|---|---|---|---|

清单综合单价组成明细

| 定额编号 | 定额名称 | 定额单位 | 数量 | 单价 | | | | 合价 | | | |
|---|---|---|---|---|---|---|---|---|---|---|---|
| | | | | 人工费 | 材料费 | 机械费 | 管理费和利润 | 人工费 | 材料费 | 机械费 | 管理费和利润 |
| 3-105 | 栽植乔木 | 10株 | 0.10 | 185.00 | 5.13 | — | 59.20 | 18.50 | 0.51 | — | 5.92 |
| 3-356 | 苗木养护 | 10株 | 0.10 | 39.15 | 28.79 | 34.68 | 12.53 | 3.92 | 2.88 | 3.47 | 1.25 |
| 人工单价 | | 小计 | | | | | | 22.42 | 3.39 | 3.47 | 7.17 |
| 37.00 元/工日 | | 未计价材料费 | | | | | | | 166.50 | | |
| 清单项目综合单价 | | | | | | | | | 202.95 | | |

| 材料费明细 | 主要材料名称、规格、型号 | 单位 | 数量 | 单价（元） | 合价（元） | 暂估单价（元） | 暂估合价（元） |
|---|---|---|---|---|---|---|---|
| | 大叶女贞，带土球，土球直径 70cm，胸径 7cm，冠径 2.0m 以上，枝下高 2.2m | 株 | 1.05 | 150.00 | 157.50 | | |
| | 基肥 | kg | 0.60 | 15.00 | 9.00 | | |
| | 其他材料费 | | | — | — | | |
| | 材料费小计 | | | — | 166.50 | | |

**工程量清单综合单价分析表**

表 2-23

工程名称："馨园"居住区组团绿地工程　　　　　　标段：　　　　第　页　共　页

| 项目编码 | 050102001002 | 项目名称 | 栽植乔木——合欢 | 计量单位 | 株 | 工程量 | 2 |
|---|---|---|---|---|---|---|---|

清单综合单价组成明细

| 定额编号 | 定额名称 | 定额单位 | 数量 | 单价 | | | | 合价 | | | |
|---|---|---|---|---|---|---|---|---|---|---|---|
| | | | | 人工费 | 材料费 | 机械费 | 管理费和利润 | 人工费 | 材料费 | 机械费 | 管理费和利润 |
| 3-123 | 栽植乔木 | 10株 | 0.10 | 246.57 | 12.30 | 42.13 | 98.63 | 24.66 | 1.23 | 4.21 | 9.86 |
| 3-362 | 苗木养护 | 10株 | 0.10 | 96.27 | 36.30 | 43.05 | 30.81 | 9.63 | 3.63 | 4.31 | 3.08 |
| 人工单价 | | | 小计 | | | | | 34.28 | 4.86 | 8.52 | 12.94 |
| 37.00元/工日 | | | 未计价材料费 | | | | | 1284.00 | | | |
| 清单项目综合单价 | | | | | | | | 1344.61 | | | |

| 材料费明细 | 主要材料名称、规格、型号 | | | 单位 | 数量 | 单价（元） | 合价（元） | 暂估单价（元） | 暂估合价（元） |
|---|---|---|---|---|---|---|---|---|---|
| | 合欢，裸根栽植，胸径16cm | | | 株 | 1.10 | 1140.00 | 1254.00 | | |
| | 基肥 | | | kg | 2.00 | 15.00 | 30.00 | | |
| | 其他材料费 | | | | | — | — | — | |
| | 材料费小计 | | | | | — | 1284.00 | — | |

**工程量清单综合单价分析表**

表 2-24

工程名称："馨园"居住区组团绿地工程　　　　　　标段：　　　　第　页　共　页

| 项目编码 | 050102001003 | 项目名称 | 栽植乔木——垂柳 | 计量单位 | 株 | 工程量 | 6 |
|---|---|---|---|---|---|---|---|

清单综合单价组成明细

| 定额编号 | 定额名称 | 定额单位 | 数量 | 单价 | | | | 合价 | | | |
|---|---|---|---|---|---|---|---|---|---|---|---|
| | | | | 人工费 | 材料费 | 机械费 | 管理费和利润 | 人工费 | 材料费 | 机械费 | 管理费和利润 |
| 3-123 | 栽植乔木 | 10株 | 0.10 | 246.57 | 12.30 | 42.13 | 98.63 | 24.66 | 1.23 | 4.21 | 9.86 |
| 3-362 | 苗木养护 | 10株 | 0.10 | 96.27 | 36.30 | 43.05 | 30.81 | 9.63 | 3.63 | 4.31 | 3.08 |
| 人工单价 | | | 小计 | | | | | 34.28 | 4.86 | 8.52 | 12.94 |
| 37.00元/工日 | | | 未计价材料费 | | | | | 1152.00 | | | |
| 清单项目综合单价 | | | | | | | | 1212.61 | | | |

| 材料费明细 | 主要材料名称、规格、型号 | | | 单位 | 数量 | 单价（元） | 合价（元） | 暂估单价（元） | 暂估合价（元） |
|---|---|---|---|---|---|---|---|---|---|
| | 垂柳，裸根栽植，胸径16cm | | | 株 | 1.10 | 1020.00 | 1122.00 | | |
| | 基肥 | | | kg | 2.00 | 15.00 | 30.00 | | |
| | 其他材料费 | | | | | — | — | — | |
| | 材料费小计 | | | | | — | 1152.00 | — | |

**工程量清单综合单价分析表**　　　　表 2-25

工程名称："馨园"居住区组团绿地工程　　　　标段：　　　　第　页　共　页

| 项目编码 | 050102001004 | 项目名称 | 栽植乔木——银杏 | 计量单位 | 株 | 工程量 | 10 |
|---|---|---|---|---|---|---|---|

清单综合单价组成明细

| 定额编号 | 定额名称 | 定额单位 | 数量 | 单价 | | | | 合价 | | | |
|---|---|---|---|---|---|---|---|---|---|---|---|
| | | | | 人工费 | 材料费 | 机械费 | 管理费和利润 | 人工费 | 材料费 | 机械费 | 管理费和利润 |
| 3-122 | 栽植乔木 | 10株 | 0.10 | 246.79 | 8.20 | — | 78.97 | 24.68 | 0.82 | — | 7.90 |
| 3-362 | 苗木养护 | 10株 | 0.10 | 96.27 | 36.30 | 43.05 | 30.81 | 9.63 | 3.63 | 4.31 | 3.08 |
| 人工单价 | | 小计 | | | | | | 34.31 | 4.45 | 4.31 | 10.98 |
| 37.00 元/工日 | | 未计价材料费 | | | | | | 880.50 | | | |
| 清单项目综合单价 | | | | | | | | 934.54 | | | |

| 材料费明细 | 主要材料名称、规格、型号 | 单位 | 数量 | 单价（元） | 合价（元） | 暂估单价（元） | 暂估合价（元） |
|---|---|---|---|---|---|---|---|
| | 银杏,裸根栽植,胸径 13cm | 株 | 1.10 | 780.00 | 858.00 | | |
| | 基肥 | kg | 1.50 | 15.00 | 22.50 | | |
| | 其他材料费 | | | — | — | | — |
| | 材料费小计 | | | — | 880.50 | | — |

**工程量清单综合单价分析表**　　　　表 2-26

工程名称："馨园"居住区组团绿地工程　　　　标段：　　　　第　页　共　页

| 项目编码 | 050102001005 | 项目名称 | 栽植乔木——雪松 | 计量单位 | 株 | 工程量 | 4 |
|---|---|---|---|---|---|---|---|

清单综合单价组成明细

| 定额编号 | 定额名称 | 定额单位 | 数量 | 单价 | | | | 合价 | | | |
|---|---|---|---|---|---|---|---|---|---|---|---|
| | | | | 人工费 | 材料费 | 机械费 | 管理费和利润 | 人工费 | 材料费 | 机械费 | 管理费和利润 |
| 3-107 | 栽植乔木 | 10株 | 0.10 | 370.00 | 12.30 | 85.56 | 118.40 | 37.00 | 1.23 | 8.56 | 11.84 |
| 3-356 | 苗木养护 | 10株 | 0.10 | 39.15 | 28.79 | 34.68 | 12.53 | 3.92 | 2.88 | 3.47 | 1.25 |
| 人工单价 | | 小计 | | | | | | 40.92 | 4.11 | 12.02 | 13.09 |
| 37.00 元/工日 | | 未计价材料费 | | | | | | 125.25 | | | |
| 清单项目综合单价 | | | | | | | | 195.39 | | | |

| 材料费明细 | 主要材料名称、规格、型号 | 单位 | 数量 | 单价（元） | 合价（元） | 暂估单价（元） | 暂估合价（元） |
|---|---|---|---|---|---|---|---|
| | 雪松,带土球栽植,胸径 10cm,高 3～3.5m,土球直径 100cm | 株 | 1.05 | 105.00 | 110.25 | | |
| | 基肥 | kg | 1.00 | 15.00 | 15.00 | | |
| | 其他材料费 | | | — | — | | — |
| | 材料费小计 | | | — | 125.25 | | — |

**工程量清单综合单价分析表**　表 2-27

工程名称："馨园"居住区组团绿地工程　　　　标段：　　　第 页 共 页

| 项目编码 | 050102003001 | 项目名称 | 栽植竹类——淡竹 | 计量单位 | 株 | 工程量 | 210 |
|---|---|---|---|---|---|---|---|

清单综合单价组成明细

| 定额编号 | 定额名称 | 定额单位 | 数量 | 单价 | | | | 合价 | | | |
|---|---|---|---|---|---|---|---|---|---|---|---|
| | | | | 人工费 | 材料费 | 机械费 | 管理费和利润 | 人工费 | 材料费 | 机械费 | 管理费和利润 |
| 3-175 | 栽植竹类 | 10 株 | 0.10 | 20.35 | 1.56 | — | 6.51 | 2.04 | 0.16 | — | 0.65 |
| 3-386 | 苗木养护 | 10 株 | 0.10 | 1.92 | 2.69 | 1.32 | 0.62 | 0.19 | 0.27 | 0.13 | 0.06 |
| 人工单价 | | 小计 | | | | | | 2.23 | 0.43 | 0.13 | 0.71 |
| 37.00 元/工日 | | 未计价材料费 | | | | | | 3.66 | | | |
| 清单项目综合单价 | | | | | | | | 7.16 | | | |

| 材料费明细 | 主要材料名称、规格、型号 | 单位 | 数量 | 单价（元） | 合价（元） | 暂估单价（元） | 暂估合价（元） |
|---|---|---|---|---|---|---|---|
| | 淡竹，散生竹，胸径 3cm，每枝 2m 以上 | 株 | 1.02 | 3.00 | 3.06 | | |
| | 基肥 | kg | 0.04 | 15.00 | 0.60 | | |
| | 其他材料费 | | | — | — | | — |
| | 材料费小计 | | | — | 3.66 | | — |

**工程量清单综合单价分析表**　表 2-28

工程名称："馨园"居住区组团绿地工程　　　　标段：　　　第 页 共 页

| 项目编码 | 050102002001 | 项目名称 | 栽植灌木——桂花 | 计量单位 | 株 | 工程量 | 5 |
|---|---|---|---|---|---|---|---|

清单综合单价组成明细

| 定额编号 | 定额名称 | 定额单位 | 数量 | 单价 | | | | 合价 | | | |
|---|---|---|---|---|---|---|---|---|---|---|---|
| | | | | 人工费 | 材料费 | 机械费 | 管理费和利润 | 人工费 | 材料费 | 机械费 | 管理费和利润 |
| 3-140 | 栽植灌木 | 10 株 | 0.10 | 82.14 | 3.08 | — | 26.29 | 8.21 | 0.31 | — | 2.63 |
| 3-369 | 苗木养护 | 10 株 | 0.10 | 15.61 | 19.36 | 21.04 | 5.00 | 1.56 | 1.94 | 2.10 | 0.50 |
| 人工单价 | | 小计 | | | | | | 9.78 | 2.24 | 2.10 | 3.13 |
| 37.00 元/工日 | | 未计价材料费 | | | | | | 328.50 | | | |
| 清单项目综合单价 | | | | | | | | 345.75 | | | |

| 材料费明细 | 主要材料名称、规格、型号 | 单位 | 数量 | 单价（元） | 合价（元） | 暂估单价（元） | 暂估合价（元） |
|---|---|---|---|---|---|---|---|
| | 桂花，带土球栽植，胸径 8cm，高 2m，冠幅 2m，土球直径为 50cm | 株 | 1.050 | 310.00 | 325.50 | | |
| | 基肥 | kg | 0.200 | 15.00 | 3.00 | | |
| | 其他材料费 | | | — | — | | — |
| | 材料费小计 | | | — | 328.50 | | — |

**工程量清单综合单价分析表**　　　　　表 2-29

工程名称："馨园"居住区组团绿地工程　　　　标段：　　　第　页　共　页

| 项目编码 | 050102002002 | 项目名称 | 栽植灌木——日本晚樱 | 计量单位 | 株 | 工程量 | 6 |
|---|---|---|---|---|---|---|---|

清单综合单价组成明细

| 定额编号 | 定额名称 | 定额单位 | 数量 | 单价 | | | | 合价 | | | |
|---|---|---|---|---|---|---|---|---|---|---|---|
| | | | | 人工费 | 材料费 | 机械费 | 管理费和利润 | 人工费 | 材料费 | 机械费 | 管理费和利润 |
| 3-157 | 栽植灌木 | 10株 | 0.10 | 370.00 | 12.30 | — | 118.40 | 37.00 | 1.23 | — | 11.84 |
| 3-370 | 苗木养护 | 10株 | 0.10 | 20.39 | 23.98 | 27.98 | 6.52 | 2.04 | 2.40 | 2.80 | 0.65 |
| 人工单价 | | 小计 | | | | | | 39.04 | 3.63 | 2.80 | 12.49 |
| 37.00 元/工日 | | 未计价材料费 | | | | | | 303.75 | | | |
| 清单项目综合单价 | | | | | | | | 361.71 | | | |

| 材料费明细 | 主要材料名称、规格、型号 | | 单位 | 数量 | 单价（元） | 合价（元） | 暂估单价（元） | 暂估合价（元） |
|---|---|---|---|---|---|---|---|---|
| | 日本晚樱，裸根栽植，胸径 8cm，冠幅 2.5m | | 株 | 1.050 | 275.00 | 288.75 | | |
| | 基肥 | | kg | 1.000 | 15.00 | 15.00 | | |
| | 其他材料费 | | | | — | | | |
| | 材料费小计 | | | | — | 303.75 | | — |

**工程量清单综合单价分析表**　　　　　表 2-30

工程名称："馨园"居住区组团绿地工程　　　　标段：　　　第　页　共　页

| 项目编码 | 050102002003 | 项目名称 | 栽植灌木——紫叶李 | 计量单位 | 株 | 工程量 | 4 |
|---|---|---|---|---|---|---|---|

清单综合单价组成明细

| 定额编号 | 定额名称 | 定额单位 | 数量 | 单价 | | | | 合价 | | | |
|---|---|---|---|---|---|---|---|---|---|---|---|
| | | | | 人工费 | 材料费 | 机械费 | 管理费和利润 | 人工费 | 材料费 | 机械费 | 管理费和利润 |
| 3-157 | 栽植灌木 | 10株 | 0.10 | 370.00 | 12.30 | — | 118.40 | 37.00 | 1.23 | — | 11.84 |
| 3-370 | 苗木养护 | 10株 | 0.10 | 20.39 | 23.98 | 27.98 | 6.52 | 2.04 | 2.40 | 2.80 | 0.65 |
| 人工单价 | | 小计 | | | | | | 39.04 | 3.63 | 2.80 | 12.49 |
| 37.00 元/工日 | | 未计价材料费 | | | | | | 109.50 | | | |
| 清单项目综合单价 | | | | | | | | 167.46 | | | |

| 材料费明细 | 主要材料名称、规格、型号 | | 单位 | 数量 | 单价（元） | 合价（元） | 暂估单价（元） | 暂估合价（元） |
|---|---|---|---|---|---|---|---|---|
| | 紫叶李，裸根栽植，胸径 6cm，冠幅 2.5m | | 株 | 1.050 | 90.00 | 94.50 | | |
| | 基肥 | | kg | 1.000 | 15.00 | 15.00 | | |
| | 其他材料费 | | | | — | | | |
| | 材料费小计 | | | | — | 109.50 | | — |

## 工程量清单综合单价分析表

表 2-31

工程名称:"馨园"居住区组团绿地工程　　　　　　　　标段:　　　第　页　共　页

| 项目编码 | 050102002004 | 项目名称 | 栽植灌木——紫薇 | 计量单位 | 株 | 工程量 | 6 |

### 清单综合单价组成明细

| 定额编号 | 定额名称 | 定额单位 | 数量 | 单价 | | | | 合价 | | | |
|---|---|---|---|---|---|---|---|---|---|---|---|
| | | | | 人工费 | 材料费 | 机械费 | 管理费和利润 | 人工费 | 材料费 | 机械费 | 管理费和利润 |
| 3-157 | 栽植灌木 | 10 株 | 0.10 | 370.00 | 12.30 | — | 118.40 | 37.00 | 1.23 | — | 11.84 |
| 3-370 | 苗木养护 | 10 株 | 0.10 | 20.39 | 23.98 | 27.98 | 6.52 | 2.04 | 2.40 | 2.80 | 0.65 |
| 人工单价 | | 小计 | | | | | | 39.04 | 3.63 | 2.80 | 12.49 |
| 37.00 元/工日 | | 未计价材料费 | | | | | | 125.25 | | | |
| 清单项目综合单价 | | | | | | | | 183.21 | | | |

| 材料费明细 | 主要材料名称、规格、型号 | | 单位 | 数量 | 单价(元) | 合价(元) | 暂估单价(元) | 暂估合价(元) |
|---|---|---|---|---|---|---|---|---|
| | 紫薇,裸根栽植,胸径 4cm,冠幅 2.5m | | 株 | 1.050 | 105.00 | 110.25 | | |
| | 基肥 | | kg | 1.000 | 15.00 | 15.00 | | |
| | 其他材料费 | | | | — | — | — | — |
| | 材料费小计 | | | | | 125.25 | — | |

## 工程量清单综合单价分析表

表 2-32

工程名称:"馨园"居住区组团绿地工程　　　　　　　　标段:　　　第　页　共　页

| 项目编码 | 050102002005 | 项目名称 | 栽植灌木——鸡爪槭 | 计量单位 | 株 | 工程量 | 10 |

### 清单综合单价组成明细

| 定额编号 | 定额名称 | 定额单位 | 数量 | 单价 | | | | 合价 | | | |
|---|---|---|---|---|---|---|---|---|---|---|---|
| | | | | 人工费 | 材料费 | 机械费 | 管理费和利润 | 人工费 | 材料费 | 机械费 | 管理费和利润 |
| 3-156 | 栽植灌木 | 10 株 | 0.10 | 247.90 | 6.15 | — | 79.33 | 24.79 | 0.62 | — | 7.93 |
| 3-369 | 苗木养护 | 10 株 | 0.10 | 15.61 | 19.36 | 21.04 | 5.00 | 1.56 | 1.94 | 2.10 | 0.50 |
| 人工单价 | | 小计 | | | | | | 26.35 | 2.55 | 2.10 | 8.43 |
| 37.00 元/工日 | | 未计价材料费 | | | | | | 122.25 | | | |
| 清单项目综合单价 | | | | | | | | 161.69 | | | |

| 材料费明细 | 主要材料名称、规格、型号 | | 单位 | 数量 | 单价(元) | 合价(元) | 暂估单价(元) | 暂估合价(元) |
|---|---|---|---|---|---|---|---|---|
| | 鸡爪槭,裸根栽植,胸径 8cm,冠幅 2m | | 株 | 1.050 | 105.00 | 110.25 | | |
| | 基肥 | | kg | 0.800 | 15.00 | 12.00 | | |
| | 其他材料费 | | | | — | — | — | — |
| | 材料费小计 | | | | | 122.25 | — | |

## 工程量清单综合单价分析表

表 2-33

工程名称："馨园"居住区组团绿地工程　　　　　　标段：　　　　第　页　共　页

| 项目编码 | 050102005001 | 项目名称 | 栽植绿篱——金叶女贞 | 计量单位 | m | 工程量 | 36.1 |
|---|---|---|---|---|---|---|---|

清单综合单价组成明细

| 定额编号 | 定额名称 | 定额单位 | 数量 | 单价 | | | | 合价 | | | |
|---|---|---|---|---|---|---|---|---|---|---|---|
| | | | | 人工费 | 材料费 | 机械费 | 管理费和利润 | 人工费 | 材料费 | 机械费 | 管理费和利润 |
| 3-160 | 栽植绿篱 | 10m | 0.10 | 12.58 | 1.64 | — | 4.02 | 1.26 | 0.16 | — | 0.40 |
| 3-377 | 苗木养护 | 10m | 0.10 | 8.44 | 9.78 | 3.38 | 2.70 | 0.84 | 0.98 | 0.34 | 0.27 |
| 人工单价 | | 小计 | | | | | | 2.10 | 1.14 | 0.34 | 0.67 |
| 37.00 元/工日 | | 未计价材料费 | | | | | | 8.98 | | | |
| 清单项目综合单价 | | | | | | | | 13.24 | | | |

| 材料费明细 | 主要材料名称、规格、型号 | 单位 | 数量 | 单价（元） | 合价（元） | 暂估单价（元） | 暂估合价（元） |
|---|---|---|---|---|---|---|---|
| | 金叶女贞，单排绿篱，高度为 0.6m，长度 36.1m，每米 3 株 | 株 | 3.060 | 2.20 | 6.73 | | |
| | 基肥 | kg | 0.150 | 15.00 | 2.25 | | |
| | 其他材料费 | | | — | — | | |
| | 材料费小计 | | | — | 8.98 | — | |

## 工程量清单综合单价分析表

表 2-34

工程名称："馨园"居住区组团绿地工程　　　　　　标段：　　　　第　页　共　页

| 项目编码 | 050102005002 | 项目名称 | 栽植绿篱——大叶黄杨 | 计量单位 | m | 工程量 | 14.3 |
|---|---|---|---|---|---|---|---|

清单综合单价组成明细

| 定额编号 | 定额名称 | 定额单位 | 数量 | 单价 | | | | 合价 | | | |
|---|---|---|---|---|---|---|---|---|---|---|---|
| | | | | 人工费 | 材料费 | 机械费 | 管理费和利润 | 人工费 | 材料费 | 机械费 | 管理费和利润 |
| 3-160 | 栽植绿篱 | 10m | 0.10 | 12.58 | 1.64 | — | 4.02 | 1.26 | 0.16 | — | 0.40 |
| 3-377 | 苗木养护 | 10m | 0.10 | 8.44 | 9.78 | 3.38 | 2.70 | 0.84 | 0.98 | 0.34 | 0.27 |
| 人工单价 | | 小计 | | | | | | 2.10 | 1.14 | 0.34 | 0.67 |
| 37.00 元/工日 | | 未计价材料费 | | | | | | 7.30 | | | |
| 清单项目综合单价 | | | | | | | | 11.56 | | | |

| 材料费明细 | 主要材料名称、规格、型号 | 单位 | 数量 | 单价（元） | 合价（元） | 暂估单价（元） | 暂估合价（元） |
|---|---|---|---|---|---|---|---|
| | 大叶黄杨，单排绿篱，高度为 0.6m，长度 14.3m，每米 3 株 | 株 | 3.060 | 1.65 | 5.05 | | |
| | 基肥 | kg | 0.150 | 15.00 | 2.25 | | |
| | 其他材料费 | | | — | — | | |
| | 材料费小计 | | | — | 7.30 | — | |

**工程量清单综合单价分析表**　　　　　　　　　表 2-35

工程名称："馨园"居住区组团绿地工程　　　　　标段：　　　　　第　页　共　页

| 项目编码 | 050102006001 | 项目名称 | 栽植攀缘植物——紫藤 | 计量单位 | 株 | 工程量 | 10 |

清单综合单价组成明细

| 定额编号 | 定额名称 | 定额单位 | 数量 | 单价 | | | | 合价 | | | |
|---|---|---|---|---|---|---|---|---|---|---|---|
| | | | | 人工费 | 材料费 | 机械费 | 管理费和利润 | 人工费 | 材料费 | 机械费 | 管理费和利润 |
| 3-186 | 栽植攀缘植物 | 10 株 | 0.10 | 6.29 | 0.59 | — | 2.01 | 0.63 | 0.06 | — | 0.20 |
| 3-394 | 苗木养护 | 10 株 | 0.10 | 6.66 | 9.49 | 7.35 | 2.13 | 0.67 | 0.95 | 0.74 | 0.21 |

| 人工单价 | 小计 | 1.30 | 1.01 | 0.74 | 0.41 |
|---|---|---|---|---|---|
| 37.00 元/工日 | 未计价材料费 | 41.40 | | | |
| 清单项目综合单价 | | 44.86 | | | |

| 材料费明细 | 主要材料名称、规格、型号 | 单位 | 数量 | 单价（元） | 合价（元） | 暂估单价（元） | 暂估合价（元） |
|---|---|---|---|---|---|---|---|
| | 紫藤,地径 3cm | 株 | 1.020 | 40.00 | 40.80 | | |
| | 基肥 | kg | 0.040 | 15.00 | 0.60 | | |
| | 其他材料费 | | | — | — | | — |
| | 材料费小计 | | | — | 41.40 | | — |

**工程量清单综合单价分析表**　　　　　　表 2-36

工程名称："馨园"居住区组团绿地工程　　　　　标段：　　　　　第　页　共　页

| 项目编码 | 050102008001 | 项目名称 | 栽植花卉——云南素馨 | 计量单位 | m² | 工程量 | 6 |

清单综合单价组成明细

| 定额编号 | 定额名称 | 定额单位 | 数量 | 单价 | | | | 合价 | | | |
|---|---|---|---|---|---|---|---|---|---|---|---|
| | | | | 人工费 | 材料费 | 机械费 | 管理费和利润 | 人工费 | 材料费 | 机械费 | 管理费和利润 |
| 3-198 | 栽植花卉 | 10m² | 0.10 | 42.92 | 4.06 | — | 13.74 | 4.29 | 0.41 | — | 1.37 |
| 3-400 | 苗木养护 | 10m² | 0.10 | 3.18 | 7.68 | 3.85 | 1.02 | 0.32 | 0.77 | 0.39 | 0.10 |

| 人工单价 | 小计 | 4.61 | 1.17 | 0.39 | 1.48 |
|---|---|---|---|---|---|
| 37.00 元/工日 | 未计价材料费 | 3.51 | | | |
| 清单项目综合单价 | | 11.16 | | | |

| 材料费明细 | 主要材料名称、规格、型号 | 单位 | 数量 | 单价（元） | 合价（元） | 暂估单价（元） | 暂估合价（元） |
|---|---|---|---|---|---|---|---|
| | 云南素馨,木本类,16 株/m² | 株 | 1.020 | 3.00 | 3.06 | | |
| | 基肥 | kg | 0.030 | 15.00 | 0.45 | | |
| | 其他材料费 | | | — | — | | — |
| | 材料费小计 | | | — | 3.51 | | — |

工程量清单综合单价分析表  表 2-37

工程名称："馨园"居住区组团绿地工程　　　　标段：　　　第　页　共　页

| 项目编码 | 050102008002 | 项目名称 | 栽植花卉——迎春 | 计量单位 | m² | 工程量 | 8 |

清单综合单价组成明细

| 定额编号 | 定额名称 | 定额单位 | 数量 | 单价 | | | | 合价 | | | |
|---|---|---|---|---|---|---|---|---|---|---|---|
| | | | | 人工费 | 材料费 | 机械费 | 管理费和利润 | 人工费 | 材料费 | 机械费 | 管理费和利润 |
| 3-198 | 栽植花卉 | 10m² | 0.10 | 42.92 | 4.06 | — | 13.74 | 4.29 | 0.41 | — | 1.37 |
| 3-400 | 苗木养护 | 10m² | 0.10 | 3.18 | 7.68 | 3.85 | 1.02 | 0.32 | 0.77 | 0.39 | 0.10 |
| 人工单价 | | 小计 | | | | | | 4.61 | 1.17 | 0.39 | 1.48 |
| 37.00 元/工日 | | 未计价材料费 | | | | | | 10.65 | | | |
| 清单项目综合单价 | | | | | | | | 18.30 | | | |

| 材料费明细 | 主要材料名称、规格、型号 | 单位 | 数量 | 单价（元） | 合价（元） | 暂估单价（元） | 暂估合价（元） |
|---|---|---|---|---|---|---|---|
| | 迎春,露地花卉,木本类 16 株/m² | 株 | 1.020 | 10.00 | 10.20 | | |
| | 基肥 | kg | 0.030 | 15.00 | 0.45 | | |
| | 其他材料费 | | | — | — | | |
| | 材料费小计 | | | — | 10.65 | — | |

工程量清单综合单价分析表  表 2-38

工程名称："馨园"居住区组团绿地工程　　　　标段：　　　第　页　共　页

| 项目编码 | 050102008003 | 项目名称 | 栽植花卉——月季 | 计量单位 | m² | 工程量 | 27 |

清单综合单价组成明细

| 定额编号 | 定额名称 | 定额单位 | 数量 | 单价 | | | | 合价 | | | |
|---|---|---|---|---|---|---|---|---|---|---|---|
| | | | | 人工费 | 材料费 | 机械费 | 管理费和利润 | 人工费 | 材料费 | 机械费 | 管理费和利润 |
| 3-198 | 栽植花卉 | 10m² | 0.10 | 42.92 | 4.06 | — | 13.74 | 4.29 | 0.41 | — | 1.37 |
| 3-400 | 苗木养护 | 10m² | 0.10 | 3.18 | 7.68 | 3.85 | 1.02 | 0.32 | 0.77 | 0.39 | 0.10 |
| 人工单价 | | 小计 | | | | | | 4.61 | 1.17 | 0.39 | 1.48 |
| 37.00 元/工日 | | 未计价材料费 | | | | | | 1.32 | | | |
| 清单项目综合单价 | | | | | | | | 8.97 | | | |

| 材料费明细 | 主要材料名称、规格、型号 | 单位 | 数量 | 单价（元） | 合价（元） | 暂估单价（元） | 暂估合价（元） |
|---|---|---|---|---|---|---|---|
| | 月季,露地花卉,木本类,20 株/m² | 株 | 1.020 | 0.85 | 0.87 | | |
| | 基肥 | kg | 0.030 | 15.00 | 0.45 | | |
| | 其他材料费 | | | — | — | | |
| | 材料费小计 | | | — | 1.32 | — | |

**工程量清单综合单价分析表**　　　　　　　　　　　　表 2-39

工程名称："馨园"居住区组团绿地工程　　　　　　标段：　　　第　页　共　页

| 项目编码 | 050102008004 | 项目名称 | 栽植花卉<br>——蔷薇 | 计量单位 | m² | 工程量 | 4.5 |
|---|---|---|---|---|---|---|---|

清单综合单价组成明细

| 定额编号 | 定额名称 | 定额单位 | 数量 | 单价 | | | | 合价 | | | |
|---|---|---|---|---|---|---|---|---|---|---|---|
| | | | | 人工费 | 材料费 | 机械费 | 管理费和利润 | 人工费 | 材料费 | 机械费 | 管理费和利润 |
| 3-198 | 栽植花卉 | 10m² | 0.10 | 42.92 | 4.06 | — | 13.74 | 4.29 | 0.41 | — | 1.37 |
| 3-400 | 苗木养护 | 10m² | 0.10 | 3.18 | 7.68 | 3.85 | 1.02 | 0.32 | 0.77 | 0.39 | 0.10 |
| 人工单价 | | | 小计 | | | | | 4.61 | 1.17 | 0.39 | 1.48 |
| 37.00 元/工日 | | | 未计价材料费 | | | | | 2.90 | | | |
| 清单项目综合单价 | | | | | | | | 10.55 | | | |

| 材料费明细 | 主要材料名称、规格、型号 | 单位 | 数量 | 单价（元） | 合价（元） | 暂估单价（元） | 暂估合价（元） |
|---|---|---|---|---|---|---|---|
| | 蔷薇,露地花卉,木本类,20 株/m² | 株 | 1.020 | 2.40 | 2.45 | | |
| | 基肥 | kg | 0.030 | 15.00 | 0.45 | | |
| | 其他材料费 | | | — | — | | — |
| | 材料费小计 | | | — | 2.90 | | — |

**工程量清单综合单价分析表**　　　　　　　　　　　　表 2-40

工程名称："馨园"居住区组团绿地工程　　　　　　标段：　　　第　页　共　页

| 项目编码 | 050102013001 | 项目名称 | 喷播植草<br>——高羊茅 | 计量单位 | m² | 工程量 | 646 |
|---|---|---|---|---|---|---|---|

清单综合单价组成明细

| 定额编号 | 定额名称 | 定额单位 | 数量 | 单价 | | | | 合价 | | | |
|---|---|---|---|---|---|---|---|---|---|---|---|
| | | | | 人工费 | 材料费 | 机械费 | 管理费和利润 | 人工费 | 材料费 | 机械费 | 管理费和利润 |
| 3-216 | 喷播植草 | 10m² | 0.10 | 18.65 | 7.15 | 20.20 | 5.97 | 1.87 | 0.72 | 2.02 | 0.60 |
| 3-403 | 苗木养护 | 10m² | 0.10 | 8.55 | 8.64 | 9.48 | 2.74 | 0.86 | 0.86 | 0.95 | 0.27 |
| 人工单价 | | | 小计 | | | | | 2.72 | 1.58 | 0.74 | 0.87 |
| 37.00 元/工日 | | | 未计价材料费 | | | | | 0.70 | | | |
| 清单项目综合单价 | | | | | | | | 6.61 | | | |

| 材料费明细 | 主要材料名称、规格、型号 | 单位 | 数量 | 单价（元） | 合价（元） | 暂估单价（元） | 暂估合价（元） |
|---|---|---|---|---|---|---|---|
| | 高羊茅,草坪类（割草机修剪）,冷季型,<br>坡度 1:1 以下,坡长 12m 以外 | kg | 0.035 | 20.00 | 0.70 | | |
| | 其他材料费 | | | — | — | | |
| | 材料费小计 | | | — | 0.70 | | |

## 二、园路、园桥、假山工程

（一）园路、园桥、假山工程清单工程量

1. 园路

（1）园路1

项目编码：050201001001　　项目名称：园路

工程量计算规则：按设计图示尺寸以面积计算，不包括路牙。如图 2-5 所示。

【注释】　由图 2-4 可知每条园路在总结平面图中所处的位置。

$$园路1面积\ S_1 = 长 \times 宽 = 8.8 \times 3.0 = 26.40 \text{m}^2$$

工程量为：26.40m²

（2）园路2

项目编码：050201001002　　项目名称：园路

工程量计算规则：按设计图示尺寸以面积计算，不包括路牙。如图 2-5 所示。

【注释】　由图 2-4 可知每条园路在总结平面图中所处的位置。

$$园路2面积\ S_2 = 长 \times 宽 = 4.8 \times 2.0 = 9.60 \text{m}^2$$

工程量为：9.60m²

（3）园路3

项目编码：050201001003　　项目名称：园路

工程量计算规则：按设计图示尺寸以面积计算，不包括路牙。如图 2-5 所示。

【注释】　由图 2-4 可知每条园路在总结平面图中所处的位置。

$$园路3面积\ S_3 = 长 \times 宽 = 1.5 \times 4.8 = 7.20 \text{m}^2$$

工程量为：7.20m²

（4）园路4

项目编码：050201001004　　项目名称：园路

工程量计算规则：按设计图示尺寸以面积计算，不包括路牙。如图 2-5 所示。

【注释】　由图 2-4 可知每条园路在总结平面图中所处的位置。

$$园路4面积\ S_4 = 长 \times 宽 = 0.6 \times 0.3 \times 8 = 1.44 \text{m}^2$$

工程量为：1.44m²

（5）广场1

项目编码：050201001005　　项目名称：园路

工程量计算规则：按设计图示尺寸以面积计算，不包括路牙。

由图 2-4 得出广场示意图，如图 2-6 所示。

广场1的面积 $S_{G1}$＝广场1总面积 $S_1$－雕塑占地面积 $S_2$－坐凳占地面积 $S_3$－亭子占地面积 $S_4$－台阶2占地面积 $S_5$

由计算喷播植草面积知：$S_1 = 长 \times 宽 = 10.4 \times 3 = 31.2 \text{m}^2$

由图 2-9 知：$S_2 = 1.2 \times 1.2 = 1.44 \text{m}^2$

【注释】　1.2——分别指雕塑底座的长度和宽度。

由图 2-23、图 2-24 可知：$S_3$＝坐凳柱底面积之和＝$0.46 \times 0.1 \times 2 = 0.09 \text{m}^2$

【注释】 0.46——坐凳柱的长度；

0.1——坐凳柱的宽度；2——坐凳柱的数量。

由图 2-12 可知：$S_4$＝长×宽＝3×3＝9.00m²

【注释】 亭子的底座基础面层与广场 1 面层不同，计算广场 1 的面积时排除在外。3m 指亭子底座的长度和宽度。

由亭子台阶 2、图 2-12 知：$S_5$＝长×宽＝1×0.35×2＝0.70m²

【注释】 式中 2 指台阶的阶数。

$S_{G1}＝S_1－S_2－S_3－S_4－S_5＝31.2－1.44－0.09－9.00－0.70＝19.97m²$

工程量：19.97m²

（6）广场 2

项目编码：050201001006    项目名称：园路

工程量计算规则：按设计图示尺寸以面积计算，不包括路牙。

由图 2-4 得出广场示意图，如图 2-6 所示。

广场 2 的面积 $S_{G2}$＝广场 2 总面积 $S_1$－坐凳占地面积 $S_2$－花架基础底面积 $S_3$

由计算喷播植草面积知：$S_2$＝长×宽＝10×5.2＋6.8×2.0＝65.6m²

由图 2-23、图 2-24 可知：

$S_3$＝坐凳柱底面积之和＝0.46×0.1×2×2＝0.18m²

【注释】 式中第一个 2 指一个坐凳的两个柱，第二个 2 指广场二中有两个坐凳。

由图 2-35 可知：$S_3$＝花架基础底面积之和＝6.8×2＝13.6m²

【注释】 此花架的基础面层与广场 2 的面层不同，广场 2 的面积计算排除在外。

$S_{G2}＝S_1－S_2－S_3＝65.6－0.18－13.6＝51.82m²$

工程量：51.82m²

（7）广场 3

项目编码：050201001007    项目名称：园路

工程量计算规则：按设计图示尺寸以面积计算，不包括路牙。

由图 2-4 得出广场示意图，如图 2-6 所示。

广场 3 的面积 $S_{G3}$＝广场 3 总面积 $S_1$－树池坐凳占地面积 $S_2$

由计算喷播植草面积知：$S_1$＝长×宽＝17×6＝102.00m²

由图 2-45 可知：$S_2$＝长×宽×10＝1.6×1.6×10＝25.60m²

【注释】 式中 1.6m 指正方形树池坐凳的最外边长，10 指树池坐凳数量。

$S_{G3}＝S_1－S_2＝102.00－25.60＝76.40m²$

工程量：76.40m²

（8）广场 4

项目编码：050201001008    项目名称：园路

工程量计算规则：按设计图示尺寸以面积计算，不包括路牙。

由图 2-4 得出广场示意图，如图 2-6 所示。

广场 4 的面积 $S_{G4}$＝广场 4 总面积 $S_1$－花坛 1 占地面积 $S_2$－水池占地面积 $S_3$－景墙占地面积 $S_4$－台阶 3 占地面积 $S_5$

由计算喷播植草面积知：$S_1$＝6×7.5＋6.3×21.2＋7.4×19.2＝45＋133.56＋

$142.08 = 320.64m^2$

由图 2-26 可知：$S_2 = 长 \times 宽 = 4 \times 2 = 8.00m^2$

【注释】 4m 指花坛 1 的长度，2m 指花坛 1 的宽度。

由图 2-40 可知：$S_3 = 3.6 \times 2.4 + 4 \times 2 + 2.5 \times 1 = 19.14^2$

【注释】 式中数据参照图 2-40 的尺寸标注。

由图 2-20 可知：$S_4 = 底面积 \times 数量 = 3 \times 0.3 \times 3 = 2.70m^2$

【注释】 3m 指景墙的长度，0.3m 指景墙的厚度，3 指景墙的数量。

由亭子台阶 3、图 2-12 知：$S_5 = 长 \times 宽 = 1 \times 0.35 \times 2 = 0.70m^2$

【注释】 式中 1m 指亭子台阶 3 的长度，0.35m 指台阶踏板的宽度，2 指台阶的阶数。

$S_{G4} = S_1 - S_2 - S_3 - S_4 - S_5 = 320.64 - 8 - 19.14 - 2.7 - 0.70 = 290.10$

工程量：$290.10m^2$

2. 路牙铺设

(1) 园路道牙

项目编码：050201003001    项目名称：路牙铺设

工程量计算规则：按设计图示尺寸以长度计算。如图 2-5 所示：

$L_d = L_1 + L_2 + L_3 + L_4 = 8.8 + 4.8 + 4.8 + 0 = 18.4m$

$L = 2L_d = 2 \times 18.4 = 36.8m$

【注释】 $L_4$ 为步石，不需要做道牙，故为 0m。本题为双侧道牙，故为一侧道牙 $\times 2$。

工程量：36.8m

(2) 广场路牙

项目编码：050201003002    项目名称：路牙铺设

工程量计算规则：按设计图示尺寸以长度计算。参照图 2-2 和图 2-6 知：

$L_d = L_1 + L_2 + L_3 + L_4 = (10.4 + 10.4 + 3.0 + 3.0) + (5.2 + 10 + 5.2 + 10) + (6.0 + 6.0 + 17 + 17) + (13.8 + 7.5 + 4.8 + 10.8 + 19.2) = 26.8 + 30.4 + 46 + 56.1 = 159.30m$

【注释】 广场道牙——本题主要指在广场与绿地、原路、广场交界处所做的收边工程，10.4m + 10.4m + 3.0m + 3.0m 中：10.4m、10.4m、3.0m、3.0m 分别指广场 1 与绿地、广场 4 交界的四个边的长度；5.2m + 10m + 5.2m + 10m 中，5.2m、10m、5.2m、10m 分别指广场 2 与绿地、广场 4 交界的四个边的长度，其中花架的边缘未设置道牙；6.0m + 6.0m + 17m + 17m 中，6.0m、6.0m、17m、17m 分别指广场 3 与绿地交界的边长长度；13.8m + 7.5m + 4.8m + 10.8m + 19.2m 中，13.8m、7.5m、4.8m、10.8m、19.2m 分别指广场 4 与绿地交界的边长长度。

工程量：159.30m

3. 堆砌石假山

依据《江苏省仿古建筑与园林工程计价表交底材料》得假山重量的计算公式：

$$W_重 = 2.6 \times V_计 \times K_n$$

【注释】 $W_重$——假山石重量（t）。

2.6——石料密度（t/m³）。

$K_n$——折算系数，$H$ 在 1m 以内时为 0.77m；

$H$ 在 1～2m 以内时为 0.72m；

$H$ 在 2～3m 以内时为 0.653m；

$H$ 在 3～4m 以内时为 0.60m。

$$V_计＝A_矩×H_大$$

【注释】 $A_矩$——假山不规则平面轮廓水平投影面积的最大外接矩形面积（$m^2$）。

$H_大$——假山石着地点至最高顶的垂直距离（m）。

$V_计$——叠成后的假山计算体积（$m^3$）。

（1）置石

项目编码：050301002001    项目名称：堆砌石假山

工程量计算规则：按照图示尺寸以质量计算。依据上面的假山重量的计算公式。

由图 2-7、图 2-8 可知：

$$V_计＝1.8×1.1×2.5＝4.95m^3$$

【注释】 式中 1.8m 为置石假山投影外接矩形的长度，1.1m 为置石假山投影外接矩形的宽度，2.5m 为假山石着地点至最高顶的垂直距离。

$$W_重＝2.6×4.95×0.653＝8.404t$$

堆砌置石假山工程量：8.404t

（2）雕塑

项目编码：050301002002    项目名称：堆砌石假山

工程量计算规则：按照图示尺寸以质量计算。依据上面的假山重量的计算公式。

由图 2-9、图 2-10 可知：

$$V_计＝1.0×0.8×2.3＝1.84m^3$$

【注释】 式中 1.0m 为置石假山投影外接矩形的长度，0.8m 为置石假山投影外接矩形的宽度，2.3m 为假山石着地点至最高顶的垂直距离。

$$W_重＝2.6×1.84×0.653＝3.124t$$

堆砌雕塑石假山工程量：3.124t

（二）园路、园桥、假山工程定额工程量

定额说明：

1）园路包括垫层。面层、垫层缺项可按第一册地面工程相应项目定额执行，其综合人工乘以系数 1.10，块料面层中包括的砂浆结合层或铺筑用砂的数量不调整。

2）如用与路面同样的材料铺路沿或路牙，其工料、机械台班费已包括在定额内，用其他材料或预制块的铺地，按相应项目定额另行计算。

工程量计算规则：

1）各种园路垫层按设计图示尺寸，两边各放宽 5cm 乘以厚度以体积计算。

2）各种园路面层按设计图示尺寸长乘以宽按面积计算。

3）路牙按设计图示尺寸以延长米计算。

1. 园路

（1）园路 1

由图 2-48、图 2-49 可知：

1）园路土基整理路床

工程量计算规则：各种园路垫层按设计图示尺寸，两边各放宽 50mm 乘以厚度按体积计算，所以整理路床则应按设计图示尺寸两边各放宽 50mm 按面积计算。

由图 2-5 可知：
$$S_1 = 长 \times 宽 = (8.8 + 0.05 \times 2) \times (3.0 + 0.05 \times 2) = 27.59 m^2$$

【注释】 0.05m 指园路垫层两边放宽的长度。

工程量为：$27.59/10 = 2.76 m^2$（$10 m^2$）　　　　　　　　　　套用定额 3-491

2）200mm 厚碎石垫层
$$V = sh = 27.59 \times 0.2 = 5.52 m^3$$

【注释】 垫层底面积 S 同整理路床工程量，0.2m 为碎石垫层厚度。

工程量为：$5.52 m^3$　　　　　　　　　　　　　　　　　　　　套用定额 3-495

3）40mm 厚中粗砂
$$V = sh = 27.59 \times 0.04 = 1.10 m^3$$

【注释】 垫层底面积 S 同整理路床工程量，0.04m 为中粗砂的厚度。

工程量为：$1.10 m^3$　　　　　　　　　　　　　　　　　　　　套用定额 3-492

4）60mm 厚透水砖
$$S = 长 \times 宽 = 8.8 \times 3.0 = 26.40 m^2$$

【注释】 8.8——园路 1 的长度；

　　　　　3.0——园路 1 的宽度。

工程量为：$26.40/10 = 2.64$（$10 m^2$）　　　　　　　　　　　套用定额 3-514

（2）园路 2

由图 2-50、图 2-51 可知：

1）园路土基整理路床

由图 2-5 可知：
$$S_2 = 长 \times 宽 = (4.8 + 0.05 \times 2) \times (2.0 + 0.05 \times 2) = 10.29 m^2$$

【注释】 0.05m 指园路垫层两边放宽的长度。

工程量为：$10.29/10 = 1.03$（$10 m^2$）　　　　　　　　　　　套用定额 3-491

2）200mm 厚碎石垫层
$$V = sh = 10.29 \times 0.2 = 2.06 m^3$$

【注释】 垫层底面积 S 同整理路床工程量，0.2m 为碎石垫层厚度。

工程量为：$2.06 m^3$　　　　　　　　　　　　　　　　　　　　套用定额 3-495

3）40mm 厚中粗砂
$$V = sh = 10.29 \times 0.04 = 0.41 m^3$$

【注释】 垫层底面积 S 同整理路床工程量，0.04m 为中粗砂的厚度。

工程量为：$0.41 m^3$　　　　　　　　　　　　　　　　　　　　套用定额 3-492

4）60mm 厚透水砖
$$S = 长 \times 宽 = 4.8 \times 2.0 = 9.60 m^2$$

【注释】 4.8——园路 2 的长度；

　　　　　2.0——园路 2 的宽度。

工程量为：$9.60/10 = 0.96$（$10 m^2$）　　　　　　　　　　　套用定额 3-514

（3）园路3

由图2-52、图2-53可知：

1）园路土基整理路床

由图2-5可知：

$$S_3 = 长 \times 宽 = (4.8 + 0.05 \times 2) \times (1.5 + 0.05 \times 2) = 7.84 m^2$$

【注释】 0.05m指园路垫层两边放宽的长度。

工程量为：7.84/10＝0.78m² 套用定额3-491

2）100mm厚碎石垫层

$$V = sh = 7.84 \times 0.1 = 0.78 m^3$$

【注释】 垫层底面积S同整理路床工程量，0.1m为碎石垫层厚度。

工程量为：0.78m³ 套用定额3-495

3）60mm厚C15混凝土

$$V = sh = 7.84 \times 0.06 = 0.47 m^3$$

【注释】 垫层底面积S同整理路床工程量，0.06m为混凝土的厚度。

工程量为：0.47m³ 套用定额3-496

4）30mm厚1：2水泥砂浆

$$S = 7.84 m^2$$

【注释】 面积同园路土基整理路床。

工程量为：7.84/10＝0.78（10m²） 套用定额1-846

5）乱铺冰片石面层

$$S = 长 \times 宽 = 4.8 \times 1.5 = 7.20 m^2$$

【注释】 4.8——园路3冰片石面层的长度；

　　　　 1.5——园路3冰片石面层的宽度。

工程量为：7.20/10＝0.72（10m²） 套用定额3-520

（4）园路4

由图2-54、图2-55可知：

1）园路土基整理路床

由图2-5可知：

$$S_4 = 长 \times 宽 = (0.6 + 0.05 \times 2) \times (0.3 + 0.05 \times 2) \times 8 = 2.24 m^2$$

【注释】 0.05m指园路垫层两边放宽的长度。

工程量为：2.24/10＝0.24m² 套用定额3-491

2）30mm厚中砂垫层

$$V = sh = 2.24 \times 0.03 = 0.07 m^3$$

【注释】 垫层底面积S同园路4整理路床工程量，0.03m为中砂的厚度。

工程量为：0.07m³ 套用定额3-492

3）50mm厚预制混凝土石板

$$S = 长 \times 宽 = 0.6 \times 0.3 \times 8 = 1.44 m^2$$

【注释】 0.6——预制混凝土石板的长度；

　　　　 0.3——预制混凝土石板的宽度；

111

8——预制混凝土石板的块数。

工程量为：$1.44/10=0.14$（10m²）　　　　　　　　　　套用定额 3-500

（5）广场 1

由清单工程量计算得广场 1 的面积为：$S=19.97$m²

由图 2-56、图 2-57 可知：

1）园路土基整理路床

工程量为：$19.97/10=2.00$（10m²）　　　　　　　　　套用定额 3-491

2）150mm 厚碎石垫层

$$V=sh=19.97\times0.15=3.00m^3$$

【注释】 垫层底面积 $S$ 同整理路床工程量，0.15m 为碎石垫层厚度。

工程量为：3.00m³　　　　　　　　　　　　　　　　　套用定额 3-495

3）100mm 厚 C15 混凝土

$$V=sh=19.97\times0.1=2.00m^3$$

【注释】 底面积 $S$ 同整理路床工程量，0.1m 为混凝土的厚度。

工程量为：2.00m³　　　　　　　　　　　　　　　　　套用定额 3-496

4）20mm 厚 1：2 水泥砂浆结合层

工程量为：$19.97/10=2.00$（10m²）　　　　　　　　　套用定额 1-846

5）600mm×600mm×30mm 米黄色花岗石面层

工程量为：$19.97/10=2.00$（10m²）　　　　　　　　　套用定额 3-519

（6）广场 2

由清单工程量计算得广场 2 的面积为：$S=51.82$m²

由图 2-58、图 2-59 可知：

1）园路土基整理路床

工程量为：$51.82/10=5.18$（10m²）　　　　　　　　　套用定额 3-491

2）150mm 厚碎石垫层

$$V=sh=51.82\times0.15=7.77m^3$$

【注释】 垫层底面积 $S$ 同整理路床工程量，0.15m 为碎石垫层厚度。

工程量为：7.77m³　　　　　　　　　　　　　　　　　套用定额 3-495

3）100mm 厚 C15 素混凝土

$$V=sh=51.82\times0.1=5.18m^3$$

【注释】 底面积 $S$ 同整理路床工程量，0.1m 为混凝土的厚度。

工程量为：5.18m³　　　　　　　　　　　　　　　　　套用定额 3-496

4）20mm 厚 1：2.5 水泥砂浆结合层

工程量为：$51.82/10=5.18$（10m²）　　　　　　　　　套用定额 1-846

5）25mm 厚地砖

工程量为：$51.82/10=5.18$（10m²）　　　　　　　　　套用定额 1-787

（7）广场 3

由清单工程量计算得广场 3 的面积为：$S=76.40$m²

由图 2-60、图 2-61 可知：

1）园路土基整理路床

工程量为：76.40/10＝7.64（10m²）　　　　　　　　　　　套用定额3-491

2）200mm厚碎石垫层

$$V=sh=76.40\times0.2=15.28m^3$$

【注释】　垫层底面积S同广场3整理路床工程量，0.2m为碎石垫层厚度。

工程量为：15.28m³　　　　　　　　　　　　　　　　　　套用定额3-495

3）40mm厚中粗砂

$$V=sh=76.40\times0.04=3.06m^3$$

【注释】　底面积S同广场3整理路床工程量，0.04m为中粗砂的厚度。

工程量为：3.06m³　　　　　　　　　　　　　　　　　　套用定额3-492

4）60mm厚透水砖

工程量为：76.40/10＝7.64（10m²）　　　　　　　　　　　套用定额3-514

【注释】　同广场3整理路床工程量。

（8）广场4

由清单工程量计算得广场4的面积为：$S=290.10m^2$

由图2-62、图2-63可知：

1）园路土基整理路床

工程量为：290.10/10＝29.01（10m²）　　　　　　　　　　套用定额3-491

2）150mm厚碎石垫层

$$V=sh=290.10\times0.15=43.52m^3$$

【注释】　垫层底面积S同整理路床工程量，0.15m为碎石垫层厚度。

工程量为：43.52m³　　　　　　　　　　　　　　　　　　套用定额3-495

3）100mm厚C15混凝土

$$V=sh=290.10\times0.1=29.01m^3$$

【注释】　底面积S同整理路床工程量，0.1m为混凝土的厚度。

工程量为：29.01m³　　　　　　　　　　　　　　　　　　套用定额3-496

4）20mm厚1：2水泥砂浆结合层

工程量为：290.10/10＝29.01（10m²）　　　　　　　　　　套用定额1-846

5）30mm厚花岗石面层

工程量为：290.10/10＝29.01（10m²）　　　　　　　　　　套用定额3-519

2. 路牙铺设

（1）园路道牙

工程量计算规则：路牙铺设按设计图示尺寸以延长米计算。

由清单工程量计算可知：$L=36.8m$

工程量为36.8/10＝3.68（10m）　　　　　　　　　　　　　套用定额3-529

（2）广场道牙

工程量计算规则：路牙铺设按设计图示尺寸以延长米计算。

由清单工程量计算可知：$L=159.30m$

工程量为159.30/10＝15.93（10m）　　　　　　　　　　　套用定额3-525

3. 堆砌石假山

(1) 置石

由清单工程量计算知堆砌置石假山工程量为：$W_重 = 8.404$t，

布置景石，10t 以内　　　　　　　　　　　　　套用定额 3-482

(2) 雕塑

1) 假山

由清单工程量计算知堆砌置石假山工程量为：黄石假山 $W_重 = 3.124$t，

高度 2.3m　　　　　　　　　　　　　　　　　套用定额 3-466

2) 80mm 厚碎石垫层（干铺）

由图 2-9、图 2-11 可知：

$$V = sh = 1.2 \times 1.2 \times 0.08 = 0.12\text{m}^3$$

【注释】 1.2m 分别为垫层的长度和宽度，0.08m 为碎石垫层厚度。

定额工程量为：0.12m³　　　　　　　　　　　套用定额 1-750

3) 100mm 厚 C15 混凝土（不分格，自拌混凝土）

$$V = sh = 1.2 \times 1.2 \times 0.1 = 0.14\text{m}^3$$

【注释】 1.2m 为混凝土的长度和宽度，0.1m 为混凝土的厚度。

定额工程量为：0.14m³　　　　　　　　　　　套用定额 1-752

4) 20mm 厚 1：2 水泥砂浆抹面

$$S_1 = 1.2 \times 1.2 + 1.2 \times 0.2 \times 4 = 2.40\text{m}^2$$

【注释】 1.2m 为水泥砂浆底面的长和宽，0.2m 为底座侧面的高度，4 指底座的四个侧面。

定额工程量为：2.40/10 = 0.24（10m²）　　　　套用定额 1-846

(三) 园路、园桥、假山工程综合单价分析见表 2-41～表 2-52

**工程量清单综合单价分析表**　　　　　　　　　　　　表 2-41

工程名称："馨园"居住区组团绿地工程　　　　标段：　　　第　页　共　页

| 项目编码 | 050201001001 | | 项目名称 | 园路(园路1) | 计量单位 | m² | 工程量 | 26.4 |
|---|---|---|---|---|---|---|---|---|

清单综合单价组成明细

| 定额编号 | 定额名称 | 定额单位 | 数量 | 单价 | | | | 合价 | | | |
|---|---|---|---|---|---|---|---|---|---|---|---|
| | | | | 人工费 | 材料费 | 机械费 | 管理费和利润 | 人工费 | 材料费 | 机械费 | 管理费和利润 |
| 3-491 | 园路土基整理路床 | 10m² | 0.1045 | 16.65 | — | — | 5.33 | 1.74 | — | — | 0.56 |
| 3-495 | 基础垫层（碎石） | m³ | 0.2091 | 27.01 | 60.23 | 1.20 | 8.64 | 5.65 | 12.59 | 0.25 | 1.81 |
| 3-492 | 基础垫层（砂） | m³ | 0.0417 | 18.50 | 57.59 | 0.90 | 5.92 | 0.77 | 2.40 | 0.04 | 0.25 |
| 3-514 | 高强度透水砖 | 10m² | 0.1000 | 69.93 | 418.58 | 11.20 | 22.38 | 6.99 | 41.86 | 1.12 | 2.24 |
| 人工单价 | | | 小计 | | | | | 15.15 | 56.85 | 1.41 | 4.85 |
| 37.00 元/工日 | | | 未计价材料费 | | | | | 5.06 | | | |
| 清单项目综合单价 | | | | | | | | 83.32 | | | |

| 材料费明细 | 主要材料名称、规格、型号 | 单位 | 数量 | 单价（元） | 合价（元） | 暂估单价（元） | 暂估合价（元） |
|---|---|---|---|---|---|---|---|
| | 干硬性水泥砂浆（未计价） | m³ | 0.0303 | 167.12 | 5.06 | | |
| | 其他材料费 | | | — | — | — | |
| | 材料费小计 | | | — | 5.06 | — | |

## 工程量清单综合单价分析表

表 2-42

工程名称："馨园"居住区组团绿地工程　　　　标段：　　　第　页　共　页

| 项目编码 | 050201001002 | | 项目名称 | | 园路(园路2) | | 计量单位 | m² | 工程量 | | 9.60 |
|---|---|---|---|---|---|---|---|---|---|---|---|

清单综合单价组成明细

| 定额编号 | 定额名称 | 定额单位 | 数量 | 单价 | | | | 合价 | | | |
|---|---|---|---|---|---|---|---|---|---|---|---|
| | | | | 人工费 | 材料费 | 机械费 | 管理费和利润 | 人工费 | 材料费 | 机械费 | 管理费和利润 |
| 3-491 | 园路土基整理路床 | 10m² | 0.1073 | 16.65 | — | — | 5.33 | 1.79 | — | — | 0.57 |
| 3-495 | 基础垫层(碎石) | 10m² | 0.2146 | 27.01 | 60.23 | 1.20 | 8.64 | 5.80 | 12.93 | 0.26 | 1.85 |
| 3-492 | 基础垫层(砂) | m³ | 0.0427 | 18.50 | 57.59 | 0.90 | 5.92 | 0.79 | 2.46 | 0.04 | 0.25 |
| 3-514 | 高强度透水砖 | 10m² | 0.1000 | 69.93 | 418.58 | 11.20 | 22.38 | 6.99 | 41.86 | 1.12 | 2.24 |
| 人工单价 | | 小计 | | | | | | 15.37 | 57.24 | 1.42 | 4.92 |
| 37.00 元/工日 | | 未计价材料费 | | | | | | 5.06 | | | |
| 清单项目综合单价 | | | | | | | | 84.00 | | | |

| 材料费明细 | 主要材料名称、规格、型号 | 单位 | 数量 | 单价(元) | 合价(元) | 暂估单价(元) | 暂估合价(元) |
|---|---|---|---|---|---|---|---|
| | 干硬性水泥砂浆(未计价) | m³ | 0.0303 | 167.12 | 5.06 | | |
| | 其他材料费 | | | — | — | — |
| | 材料费小计 | | | — | 5.06 | — |

## 工程量清单综合单价分析表

表 2-43

工程名称："馨园"居住区组团绿地工程　　　　标段：　　　第　页　共　页

| 项目编码 | 050201001003 | | 项目名称 | | 园路(园路3) | | 计量单位 | m² | 工程量 | | 7.20 |
|---|---|---|---|---|---|---|---|---|---|---|---|

清单综合单价组成明细

| 定额编号 | 定额名称 | 定额单位 | 数量 | 单价 | | | | 合价 | | | |
|---|---|---|---|---|---|---|---|---|---|---|---|
| | | | | 人工费 | 材料费 | 机械费 | 管理费和利润 | 人工费 | 材料费 | 机械费 | 管理费和利润 |
| 3-491 | 园路土基整理路床 | 10m² | 0.1083 | 16.65 | — | — | 5.33 | 1.80 | — | — | 0.58 |
| 3-495 | 基础垫层(碎石) | 10m² | 0.1083 | 27.01 | 60.23 | 1.20 | 8.64 | 2.93 | 6.52 | 0.13 | 0.94 |
| 3-496 | 基础垫层(混凝土) | m³ | 0.0653 | 67.34 | 159.42 | 10.48 | 21.55 | 4.40 | 10.41 | 0.68 | 1.41 |
| 1-846 | 抹水泥砂浆(零星项目) | 10m² | 0.1083 | 146.08 | 42.69 | 5.48 | 83.36 | 15.82 | 4.62 | 0.59 | 9.03 |
| 3-520 | 乱铺冰片石面层 | 10m² | 0.1000 | 170.94 | 658.28 | — | 53.70 | 17.09 | 65.83 | | 5.37 |
| 人工单价 | | 小计 | | | | | | 42.04 | 87.38 | 1.41 | 17.32 |
| 37.00 元/工日 | | 未计价材料费 | | | | | | 6.68 | | | |
| 清单项目综合单价 | | | | | | | | 154.83 | | | |

| 材料费明细 | 主要材料名称、规格、型号 | 单位 | 数量 | 单价(元) | 合价(元) | 暂估单价(元) | 暂估合价(元) |
|---|---|---|---|---|---|---|---|
| | 干硬性水泥砂浆(未计价) | m³ | 0.0400 | 167.12 | 6.68 | | |
| | 其他材料费 | | | — | — | — |
| | 材料费小计 | | | — | 6.68 | — |

**工程量清单综合单价分析表**　　　　　　　　　　　　　　**表 2-44**

工程名称："馨园"居住区组团绿地工程　　　　　　　标段：　　　　　第　页　共　页

| 项目编码 | 050201001004 | 项目名称 | 园路(园路4) | 计量单位 | m² | 工程量 | 1.44 |

清单综合单价组成明细

| 定额编号 | 定额名称 | 定额单位 | 数量 | 单价 | | | | 合价 | | | |
|---|---|---|---|---|---|---|---|---|---|---|---|
| | | | | 人工费 | 材料费 | 机械费 | 管理费和利润 | 人工费 | 材料费 | 机械费 | 管理费和利润 |
| 3-491 | 园路土基整理路床 | 10m² | 0.1528 | 16.65 | — | — | 5.33 | 2.54 | — | — | 0.81 |
| 3-492 | 基础垫层(砂) | m³ | 0.0486 | 18.50 | 57.59 | 0.90 | 5.92 | 0.90 | 2.80 | 0.04 | 0.29 |
| 3-500 | 预制方格混凝土面层 | 10m² | 0.1000 | 62.16 | 327.73 | | 19.89 | 6.22 | 32.77 | | 1.99 |
| 人工单价 | | | 小计 | | | | | 9.66 | 35.57 | 0.04 | 3.09 |
| 37.00 元/工日 | | | 未计价材料费 | | | | | — | | | |
| 清单项目综合单价 | | | | | | | | 48.36 | | | |

| | 主要材料名称、规格、型号 | 单位 | 数量 | 单价(元) | 合价(元) | 暂估单价(元) | 暂估合价(元) |
|---|---|---|---|---|---|---|---|
| 材料费明细 | 山砂 | t | 0.1672 | 33.00 | 5.52 | | |
| | 预制混凝土道板(矩形) | m³ | 0.0510 | 585.00 | 29.84 | | |
| | 水 | m³ | 0.0216 | 4.10 | 0.09 | | |
| | 其他材料费 | | | — | 0.13 | — | |
| | 材料费小计 | | | — | 35.57 | — | |

**工程量清单综合单价分析表**　　　　　　　　　　　　　　**表 2-45**

工程名称："馨园"居住区组团绿地工程　　　　　　　标段：　　　　　第　页　共　页

| 项目编码 | 050201001005 | 项目名称 | 园路(广场1) | 计量单位 | m² | 工程量 | 19.97 |

清单综合单价组成明细

| 定额编号 | 定额名称 | 定额单位 | 数量 | 单价 | | | | 合价 | | | |
|---|---|---|---|---|---|---|---|---|---|---|---|
| | | | | 人工费 | 材料费 | 机械费 | 管理费和利润 | 人工费 | 材料费 | 机械费 | 管理费和利润 |
| 3-491 | 园路土基整理路床 | 10m² | 0.1000 | 16.65 | — | — | 5.33 | 1.67 | — | — | 0.53 |
| 3-495 | 基础垫层(碎石) | m³ | 0.1502 | 27.01 | 60.23 | 1.20 | 8.64 | 4.06 | 9.05 | 0.18 | 1.30 |
| 3-496 | 基础垫层(混凝土) | m³ | 0.1000 | 67.34 | 159.42 | 10.48 | 21.55 | 6.73 | 15.94 | 1.05 | 2.16 |
| 1-846 | 抹水泥砂浆(零星项目) | 10m² | 0.1000 | 146.08 | 42.69 | 5.48 | 83.36 | 14.61 | 4.27 | 0.55 | 8.34 |
| 3-519 | 花岗石板50mm厚以内 | 10m² | 0.1000 | 179.45 | 2629.35 | 14.73 | 57.42 | 17.95 | 262.94 | 1.47 | 5.74 |
| 人工单价 | | | 小计 | | | | | 45.01 | 292.19 | 1.78 | 18.06 |
| 37.00 元/工日 | | | 未计价材料费 | | | | | — | | | |

续表

| 项目编码 | 050201001005 | 项目名称 | 园路(广场1) | 计量单位 | m² | 工程量 | 19.97 |
|---|---|---|---|---|---|---|---|
| 清单项目综合单价 | | | | | 357.04 | | |

<table>
<tr><td rowspan="20">材料费明细</td><td colspan="2">主要材料名称、规格、型号</td><td>单位</td><td>数量</td><td>单价<br>(元)</td><td>合价<br>(元)</td><td>暂估<br>单价<br>(元)</td><td>暂估<br>合价<br>(元)</td></tr>
<tr><td colspan="2">碎石5~40mm</td><td>t</td><td>0.2478</td><td>36.50</td><td>9.05</td><td></td><td></td></tr>
<tr><td colspan="2">C10混凝土,40mm,32.5级</td><td>t</td><td>0.1020</td><td>154.28</td><td>15.74</td><td></td><td></td></tr>
<tr><td colspan="2">水泥砂浆1:2</td><td>m³</td><td>0.0082</td><td>221.77</td><td>1.82</td><td></td><td></td></tr>
<tr><td colspan="2">水泥砂浆1:3</td><td>m³</td><td>0.0127</td><td>182.43</td><td>2.32</td><td></td><td></td></tr>
<tr><td colspan="2">801胶素水泥浆</td><td>m³</td><td>0.0002</td><td>495.03</td><td>0.10</td><td></td><td></td></tr>
<tr><td colspan="2">花岗石板,厚50mm以内</td><td>m²</td><td>1.0200</td><td>250.00</td><td>255.00</td><td></td><td></td></tr>
<tr><td colspan="2">水泥,32.5级</td><td>kg</td><td>4.6000</td><td>0.30</td><td>1.38</td><td></td><td></td></tr>
<tr><td colspan="2">白水泥</td><td>kg</td><td>0.1000</td><td>0.52</td><td>0.05</td><td></td><td></td></tr>
<tr><td colspan="2">干性水泥砂浆</td><td>m³</td><td>0.0303</td><td>167.12</td><td>5.06</td><td></td><td></td></tr>
<tr><td colspan="2">素水泥浆</td><td>m³</td><td>0.0010</td><td>457.23</td><td>0.46</td><td></td><td></td></tr>
<tr><td colspan="2">水</td><td>m³</td><td>0.0842</td><td>4.10</td><td>0.35</td><td></td><td></td></tr>
<tr><td colspan="2">锯(木)屑</td><td>m³</td><td>0.0060</td><td>10.45</td><td>0.06</td><td></td><td></td></tr>
<tr><td colspan="2">棉纱头</td><td>kg</td><td>0.0100</td><td>5.30</td><td>0.05</td><td></td><td></td></tr>
<tr><td colspan="2">合金钢切割锯片</td><td>片</td><td>0.0042</td><td>61.75</td><td>0.26</td><td></td><td></td></tr>
<tr><td colspan="2">其他材料费</td><td></td><td></td><td>—</td><td>0.50</td><td>—</td><td></td></tr>
<tr><td colspan="2">材料费小计</td><td></td><td></td><td>—</td><td>292.19</td><td></td><td></td></tr>
</table>

## 工程量清单综合单价分析表    表2-46

工程名称:"馨园"居住区组团绿地工程　　　　　　标段:　　　　第 页 共 页

| 项目编码 | 050201001006 | 项目名称 | 园路(广场2) | 计量单位 | m² | 工程量 | 51.82 |
|---|---|---|---|---|---|---|---|

清单综合单价组成明细

| 定额编号 | 定额名称 | 定额单位 | 数量 | 单价 | | | | 合价 | | | |
|---|---|---|---|---|---|---|---|---|---|---|---|
| | | | | 人工费 | 材料费 | 机械费 | 管理费和利润 | 人工费 | 材料费 | 机械费 | 管理费和利润 |
| 3-491 | 园路土基整理路床 | 10m² | 0.1000 | 16.65 | — | — | 5.33 | 1.67 | | | 0.53 |
| 3-495 | 基础垫层(碎石) | m³ | 0.1499 | 27.01 | 60.23 | 1.20 | 8.64 | 4.05 | 9.03 | 0.18 | 1.30 |
| 3-496 | 基础垫层(混凝土) | m³ | 0.1000 | 67.34 | 159.42 | 10.48 | 21.55 | 6.73 | 15.94 | 1.05 | 2.16 |
| 1-846 | 抹水泥砂浆(零星项目) | 10m² | 0.1000 | 146.08 | 42.69 | 5.48 | 83.36 | 14.61 | 4.27 | 0.55 | 8.34 |
| 1-787 | 楼地面(地砖) | 10m² | 0.1000 | 156.73 | 1214.82 | 5.03 | 88.97 | 15.67 | 121.48 | 0.50 | 8.90 |
| 人工单价 | | | 小计 | | | | | 42.73 | 150.72 | 1.78 | 21.22 |
| 37.00元/工日 | | | 未计价材料费 | | | | | — | | | |
| 清单项目综合单价 | | | | | | | | 216.44 | | | |

117

| 项目编码 | 050201001006 | | 项目名称 | 园路(广场2) | 计量单位 | m² | 工程量 | 51.82 |
|---|---|---|---|---|---|---|---|---|

| | 主要材料名称、规格、型号 | 单位 | 数量 | 单价(元) | 合价(元) | 暂估单价(元) | 暂估合价(元) |
|---|---|---|---|---|---|---|---|
| 材料费明细 | 碎石5~40mm | t | 0.2473 | 36.50 | 9.03 | | |
| | C10混凝土,40mm,32.5级 | t | 0.1020 | 154.28 | 15.74 | | |
| | 水泥砂浆1:2 | m³ | 0.0133 | 221.77 | 2.95 | | |
| | 水泥砂浆1:3 | m³ | 0.0329 | 182.43 | 6.00 | | |
| | 801胶素水泥浆 | m³ | 0.0002 | 495.03 | 0.10 | | |
| | 同质地砖600mm×600mm | 块 | 2.9000 | 39.80 | 115.42 | | |
| | 素水泥浆 | m³ | 0.0010 | 457.23 | 0.46 | | |
| | 白水泥80 | kg | 0.1000 | 0.52 | 0.05 | | |
| | 棉纱头 | kg | 0.0100 | 5.30 | 0.05 | | |
| | 锯(木)屑 | m³ | 0.0060 | 10.45 | 0.06 | | |
| | 合金钢切割锯片 | 片 | 0.0025 | 61.75 | 0.15 | | |
| | 水 | m³ | 0.0842 | 4.10 | 0.35 | | |
| | 其他材料费 | | | — | 0.36 | | |
| | 材料费小计 | | | — | 150.72 | | |

工程量清单综合单价分析表

表 2-47

工程名称:"馨园"居住区组团绿地工程　　　　　标段:　　　　第　页　共　页

| 项目编码 | 050201001007 | | 项目名称 | 园路(广场3) | 计量单位 | m² | 工程量 | 76.4 |
|---|---|---|---|---|---|---|---|---|

清单综合单价组成明细

| 定额编号 | 定额名称 | 定额单位 | 数量 | 单价 | | | | 合价 | | | |
|---|---|---|---|---|---|---|---|---|---|---|---|
| | | | | 人工费 | 材料费 | 机械费 | 管理费和利润 | 人工费 | 材料费 | 机械费 | 管理费和利润 |
| 3-491 | 园路土基整理路床 | 10m² | 0.1000 | 16.65 | — | — | 5.33 | 1.67 | | | 0.53 |
| 3-495 | 基础垫层(碎石) | m³ | 0.2000 | 27.01 | 60.23 | 1.20 | 8.64 | 5.40 | 12.05 | 0.24 | 1.73 |
| 3-492 | 基础垫层(砂) | m³ | 0.0401 | 18.50 | 57.59 | 0.90 | 5.92 | 0.74 | 2.31 | 0.04 | 0.24 |
| 3-514 | 高强度透水砖 | 10m² | 0.1000 | 69.93 | 418.58 | 11.20 | 22.38 | 6.99 | 41.86 | 1.12 | 2.24 |
| 人工单价 | | 小计 | | | | | | 14.80 | 56.21 | 1.40 | 4.74 |
| 37.00元/工日 | | 未计价材料费 | | | | | | 5.06 | | | |
| 清单项目综合单价 | | | | | | | | 77.15 | | | |

| | 主要材料名称、规格、型号 | 单位 | 数量 | 单价(元) | 合价(元) | 暂估单价(元) | 暂估合价(元) |
|---|---|---|---|---|---|---|---|
| 材料费明细 | 干硬性水泥砂浆(未计价) | m³ | 0.0303 | 167.12 | 5.06 | | |
| | 中砂 | t | 0.0390 | 36.50 | 1.42 | | |
| | 合金钢切割锯片 | 片 | 0.0042 | 61.75 | 0.26 | | |
| | 水 | m³ | 0.0120 | 4.10 | 0.05 | | |
| | 其他材料费 | | | — | — | | |
| | 材料费小计 | | | — | 5.06 | | |

## 工程量清单综合单价分析表

表 2-48

工程名称："馨园"居住区组团绿地工程　　　　　标段：　　　　　第 页 共 页

| 项目编码 | 050201001008 | | 项目名称 | 园路(广场4) | | 计量单位 | m² | 工程量 | 290.1 |
|---|---|---|---|---|---|---|---|---|---|

清单综合单价组成明细

| 定额编号 | 定额名称 | 定额单位 | 数量 | 单价 | | | | 合价 | | | |
|---|---|---|---|---|---|---|---|---|---|---|---|
| | | | | 人工费 | 材料费 | 机械费 | 管理费和利润 | 人工费 | 材料费 | 机械费 | 管理费和利润 |
| 3-491 | 园路土基整理路床 | 10m² | 0.1000 | 16.65 | — | — | 5.33 | 1.67 | — | — | 0.53 |
| 3-495 | 基础垫层(碎石) | m³ | 0.1500 | 27.01 | 60.23 | 1.20 | 8.64 | 4.05 | 9.03 | 0.18 | 1.30 |
| 3-496 | 基础垫层(混凝土) | m³ | 0.1000 | 67.34 | 159.42 | 10.48 | 21.55 | 6.73 | 15.94 | 1.05 | 2.16 |
| 1-846 | 抹水泥砂浆(零星项目) | 10m² | 0.1000 | 146.08 | 42.69 | 5.48 | 83.36 | 14.61 | 4.27 | 0.55 | 8.34 |
| 3-519 | 花岗石板50mm厚以内 | 10m² | 0.1000 | 179.45 | 2629.35 | 14.73 | 57.42 | 17.95 | 262.935 | 1.47 | 5.74 |
| 人工单价 | | | 小计 | | | | | 45.00 | 292.18 | 1.78 | 18.06 |
| 37.00元/工日 | | | 未计价材料费 | | | | | — | | | |
| 清单项目综合单价 | | | | | | | | 357.02 | | | |

| | 主要材料名称、规格、型号 | 单位 | 数量 | 单价(元) | 合价(元) | 暂估单价(元) | 暂估合价(元) |
|---|---|---|---|---|---|---|---|
| 材料费明细 | 碎石5~40mm | t | 0.2475 | 36.50 | 9.03 | | |
| | C10混凝土,40mm,32.5级 | t | 0.1020 | 154.28 | 15.74 | | |
| | 水泥砂浆1:2 | m³ | 0.0082 | 221.77 | 1.82 | | |
| | 水泥砂浆1:3 | m³ | 0.0127 | 182.43 | 2.32 | | |
| | 801胶素水泥浆 | m³ | 0.0002 | 495.03 | 0.10 | | |
| | 花岗石板,厚50mm以内 | m² | 1.0200 | 250.00 | 255.00 | | |
| | 水泥,32.5级 | kg | 4.6000 | 0.30 | 1.38 | | |
| | 白水泥 | kg | 0.1000 | 0.52 | 0.05 | | |
| | 干性水泥砂浆 | m³ | 0.0303 | 167.12 | 5.06 | | |
| | 素水泥浆 | m³ | 0.0010 | 457.23 | 0.46 | | |
| | 水 | m³ | 0.0842 | 4.10 | 0.35 | | |
| | 锯(木)屑 | m³ | 0.0060 | 10.45 | 0.06 | | |
| | 棉纱头 | kg | 0.0100 | 5.30 | 0.05 | | |
| | 合金钢切割锯片 | 片 | 0.0042 | 61.75 | 0.26 | | |
| | 其他材料费 | | | — | 0.50 | — | |
| | 材料费小计 | | | — | 292.18 | — | |

**工程量清单综合单价分析表**　　　　　　　　　表 2-49

工程名称："馨园"居住区组团绿地工程　　　　标段：　　　第　页　共　页

| 项目编码 | 050201003001 | 项目名称 | 路牙铺设——园路路牙 | 计量单位 | m | 工程量 | 36.8 |
|---|---|---|---|---|---|---|---|

**清单综合单价组成明细**

| 定额编号 | 定额名称 | 定额单位 | 数量 | 单价 | | | | 合价 | | | |
|---|---|---|---|---|---|---|---|---|---|---|---|
| | | | | 人工费 | 材料费 | 机械费 | 管理费和利润 | 人工费 | 材料费 | 机械费 | 管理费和利润 |
| 3-529 | 望砖筑边，10cm | 10m | 0.1000 | 40.70 | 32.99 | 32.34 | 13.03 | 4.07 | 3.30 | 3.23 | 1.30 |
| 人工单价 | | 小计 | | | | | | 4.07 | 3.30 | 3.23 | 1.30 |
| 37.00 元/工日 | | 未计价材料费 | | | | | | — | | | |
| 清单项目综合单价 | | | | | | | | 11.90 | | | |

| | 主要材料名称、规格、型号 | 单位 | 数量 | 单价（元） | 合价（元） | 暂估单价（元） | 暂估合价（元） |
|---|---|---|---|---|---|---|---|
| 材料费明细 | 望砖 | 百块 | 0.0580 | 34.00 | 1.97 | | |
| | 水泥砂浆，1:3 | m³ | 0.0027 | 182.43 | 0.49 | | |
| | 合金钢切割锯片 | 片 | 0.0124 | 61.75 | 0.77 | | |
| | 水 | m³ | 0.0020 | 4.10 | 0.01 | | |
| | 其他材料费 | | | — | 0.06 | | |
| | 材料费小计 | | | — | 3.30 | | |

**工程量清单综合单价分析表**　　　　　　　　　表 2-50

工程名称："馨园"居住区组团绿地工程　　　　标段：　　　第　页　共　页

| 项目编码 | 050201003002 | 项目名称 | 路牙铺设——广场路牙 | 计量单位 | m | 工程量 | 159.3 |
|---|---|---|---|---|---|---|---|

**清单综合单价组成明细**

| 定额编号 | 定额名称 | 定额单位 | 数量 | 单价 | | | | 合价 | | | |
|---|---|---|---|---|---|---|---|---|---|---|---|
| | | | | 人工费 | 材料费 | 机械费 | 管理费和利润 | 人工费 | 材料费 | 机械费 | 管理费和利润 |
| 3-525 | 花岗石路牙 | 10m | 0.1000 | 41.44 | 724.41 | 16.91 | 13.26 | 4.14 | 72.44 | 1.69 | 1.33 |
| 人工单价 | | 小计 | | | | | | 4.14 | 72.44 | 1.69 | 1.33 |
| 37.00 元/工日 | | 未计价材料费 | | | | | | — | | | |
| 清单项目综合单价 | | | | | | | | 79.60 | | | |

| | 主要材料名称、规格、型号 | 单位 | 数量 | 单价（元） | 合价（元） | 暂估单价（元） | 暂估合价（元） |
|---|---|---|---|---|---|---|---|
| 材料费明细 | 花岗石路牙，100mm×200mm | m | 1.0100 | 70.00 | 70.70 | | |
| | 水泥砂浆，1:2 | m³ | 0.0004 | 221.77 | 0.09 | | |
| | 水泥砂浆，1:3 | m³ | 0.0030 | 182.43 | 0.55 | | |
| | 碎石 5~40mm | t | 0.0200 | 36.50 | 0.73 | | |
| | 水 | m³ | 0.0010 | 4.10 | 0.004 | | |
| | 合金钢切割锯片 | 片 | 0.0060 | 61.75 | 0.37 | | |
| | 其他材料费 | | | — | — | | |
| | 材料费小计 | | | — | 72.44 | | |

**工程量清单综合单价分析表**　　　　**表 2-51**

工程名称："馨园"居住区组团绿地工程　　　　　标段：　　　第 页 共 页

| 项目编码 | 050301002001 | 项目名称 | 堆砌石假山<br>——置石 | 计量单位 | t | 工程量 | 8.404 |

清单综合单价组成明细

| 定额编号 | 定额名称 | 定额单位 | 数量 | 单价 | | | | 合价 | | | |
|---|---|---|---|---|---|---|---|---|---|---|---|
| | | | | 人工费 | 材料费 | 机械费 | 管理费和利润 | 人工费 | 材料费 | 机械费 | 管理费和利润 |
| 3-482 | 布置景石 | t | 1.0000 | 281.94 | 462.28 | 12.04 | 109.99 | 281.94 | 462.28 | 12.04 | 109.99 |
| 人工单价 | | | 小计 | | | | | 281.94 | 462.28 | 12.04 | 109.99 |
| 37.00 元/工日 | | | 未计价材料费 | | | | | — | | | |
| 清单项目综合单价 | | | | | | | | 866.25 | | | |

| 材料费明细 | 主要材料名称、规格、型号 | 单位 | 数量 | 单价（元） | 合价（元） | 暂估单价（元） | 暂估合价（元） |
|---|---|---|---|---|---|---|---|
| | 景湖石 | t | 1.0000 | 450.00 | 450.00 | | |
| | 水泥砂浆，1:2.5 | m³ | 0.0400 | 207.03 | 8.28 | | |
| | 其他材料费 | | | — | 4.00 | | |
| | 材料费小计 | | | — | 462.28 | — | |

**工程量清单综合单价分析表**　　　　**表 2-52**

工程名称："馨园"居住区组团绿地工程　　　　　标段：　　　第 页 共 页

| 项目编码 | 050301002002 | 项目名称 | 堆砌石假山<br>——雕塑 | 计量单位 | t | 工程量 | 3.124 |

清单综合单价组成明细

| 定额编号 | 定额名称 | 定额单位 | 数量 | 单价 | | | | 合价 | | | |
|---|---|---|---|---|---|---|---|---|---|---|---|
| | | | | 人工费 | 材料费 | 机械费 | 管理费和利润 | 人工费 | 材料费 | 机械费 | 管理费和利润 |
| 3-466 | 黄石假山 | t | 1.0000 | 153.92 | 268.24 | 7.42 | 49.26 | 153.92 | 268.24 | 7.42 | 49.26 |
| 1-750 | 垫层碎石干铺 | m³ | 0.0384 | 24.86 | 64.01 | 1.93 | 14.73 | 0.95 | 2.46 | 0.07 | 0.57 |
| 1-752 | 垫层混凝土 | m³ | 0.0448 | 60.38 | 170.04 | 9.76 | 38.58 | 2.71 | 7.62 | 0.44 | 1.73 |
| 1-846 | 抹水泥砂浆（零星项目） | 10m² | 0.0768 | 146.08 | 42.69 | 5.48 | 83.36 | 11.22 | 3.28 | 0.42 | 6.40 |
| 人工单价 | | | 小计 | | | | | 168.80 | 281.59 | 8.35 | 57.96 |
| 37.00 元/工日 | | | 未计价材料费 | | | | | — | | | |
| 清单项目综合单价 | | | | | | | | 516.70 | | | |

| 材料费明细 | 主要材料名称、规格、型号 | 单位 | 数量 | 单价（元） | 合价（元） | 暂估单价（元） | 暂估合价（元） |
|---|---|---|---|---|---|---|---|
| | 黄石(高度 3m 以内) | t | 1.0000 | 140.00 | 140.00 | | |
| | C20 混凝土，16mm，32.5 级 | m³ | 0.0640 | 186.30 | 11.92 | | |
| | 水泥砂浆，1:2.5 | m³ | 0.0400 | 207.03 | 8.28 | | |
| | 条石 | m³ | 0.0500 | 2000.00 | 100.00 | | |
| | 钢管 | kg | 0.5400 | 3.80 | 2.05 | | |
| | 木脚手板 | m³ | 0.0025 | 1100.00 | 2.75 | | |
| | 水 | m³ | 0.1700 | 4.10 | 0.70 | | |

续表

| 项目编码 | 050301002002 | 项目名称 | 堆砌石假山<br>——雕塑 | 计量单位 | t | 工程量 | 3.124 |
|---|---|---|---|---|---|---|---|

| | 主要材料名称、规格、型号 | 单位 | 数量 | 单价<br>(元) | 合价<br>(元) | 暂估<br>单价<br>(元) | 暂估<br>合价<br>(元) |
|---|---|---|---|---|---|---|---|
| 材料费明细 | 木撑费 | 元 | — | — | 1.04 | | |
| | 碎石 5～40mm | t | 0.0634 | 36.50 | 2.31 | | |
| | 碎石 5～16mm | t | 0.0046 | 30.50 | 0.14 | | |
| | C15 混凝土,20mm,32.5 级 | m³ | 0.0452 | 165.63 | 7.49 | | |
| | 水 | m³ | 0.0363 | 4.10 | 0.15 | | |
| | 水泥砂浆 1:2 | m³ | 0.0063 | 221.77 | 1.40 | | |
| | 水泥砂浆 1:3 | m³ | 0.0098 | 182.43 | 1.78 | | |
| | 801 胶素水泥浆 | m³ | 0.0002 | 495.03 | 0.08 | | |
| | 其他材料费 | | | — | 1.50 | | |
| | 材料费小计 | | | — | 281.59 | — | |

## 三、园林景观工程

（一）园林景观工程清单工程量

1. 亭子

（1）挖柱基

项目编码：010101004001　　项目名称：挖基坑土方

工程量计算规则：按设计尺寸以基础垫层底面积乘以挖方深度计算。由图 2-17、图 2-18 可知：

$$V=0.9\times0.9\times(0.15+0.3+0.4)\times4=2.75m^3$$

【注释】　式中 0.9m 分别指柱基础垫层的长和宽；0.15m 指柱基础 C10 混凝土的厚度；0.3m 指柱独立基础的高度；0.4m 指从零平面到柱独立基础上端的距离；4 指柱子的数量。

柱基挖方工程量为：2.75m³

（2）人工回填土

项目编码：010103001001　　项目名称：土（石）方回填

工程量计算规则：按设计图示尺寸以体积计算，此项属于基础回填：用挖方体积减去设计室外地坪以下埋设的基础体积（包括基础垫层及其他构筑物）。

由图 2-17、图 2-18 可知：

$V$＝总挖土方量-(柱垫层所占体积＋柱独立基础所占体积＋柱零平面下所占体积)×4

$=2.75-[0.9\times0.9\times0.15+0.7\times0.7\times0.3+(0.3-0.02\times4-0.01\times4)\times(0.3-0.02\times4-0.01\times4)\times0.4]\times4$

$=2.75-1.126=1.62m^3$

【注释】　式中 2.75m³ 指挖柱基的土方量；0.9×0.9×0.15 中，0.9m 指柱垫层的长度和宽度，0.15m 指柱垫层的厚度；0.7×0.7×0.3 中，0.7m 指柱独立基础的长度和宽度，0.3m 指柱独立基础的高度；（0.3-0.02×4-0.01×4）指单独混凝土柱的净长度，是由亭柱总长度减去四面水泥砂浆和白色瓷片面层的厚度所得，0.4m 指从零平面到柱独立基础上端的距离；4指柱子的数量。

人工回填土工程量为：1.62m³

（3）现浇混凝土基础

项目编码：010501001001　　　项目名称：垫层

工程量计算规则：按设计图示尺寸以体积计算。不扣除构件内钢筋、预埋铁件所占的体积。由图2-17、图2-18可知：

$$V=底面积×高度=0.9×0.9×0.15×4=0.49m³$$

【注释】　0.9m指C10混凝土垫层的长度和宽度，0.15m指厚度，4指四个柱子垫层的数量。

C10混凝土垫层的工程量为：0.49m³

（4）独立混凝土柱基础

项目编码：010501003001　　　项目名称：独立基础

工程量计算规则：按设计尺寸以体积计算。不扣除构件内钢筋、预埋铁件和伸入承台基础的桩头所占体积。

由图2-17、图2-18可知：

$$V=0.7×0.7×0.3×4=0.59m³$$

【注释】　0.7m为柱独立基础的长度和宽度，0.3m为柱独立基础的高度，4为柱子的数量。

独立基础的工程量：0.59m³

（5）现浇混凝土柱

项目编码：010502001001　　　项目名称：矩形柱

工程量计算规则：按设计尺寸以体积计算。

由图2-14～图2-18可知：

$$\begin{aligned}V&=柱断面面积×柱高×柱根数\\&=(0.3-0.02×4-0.01×4)×(0.3-0.02×4-0.01×4)×(0.3+2.2+0.35+0.4)×4\\&=0.18×0.18×3.25×4=0.42m³\end{aligned}$$

【注释】　式0.3-0.02×4-0.01×4中，0.3m指亭柱的总长度（总宽度），0.02m指钢筋混凝土外水泥砂浆的厚度，4指每个柱子的四个面，0.01m为面层白色瓷片的厚度，4指每个柱子的四个面；0.3+2.2+0.35+0.4指混凝土柱高，0.3m指亭梁到实木的距离，2.2m指亭梁到亭基础面层的距离，0.35m指亭基面距零平面的距离，0.4m指零平面到亭独立基础的距离。

矩形柱的工程量为：0.42m³

（6）钢筋工程（$\phi12$以内）

项目编码：010515001001　　　项目名称：现浇混凝土钢筋

工程量计算规则：按设计图示钢筋（网）长度（面积）乘以单位理论质量计算。

参照《江苏省仿古建筑与园路工程计价表》。

钢筋工程应区别现浇构件、预制构件等以及不同规格分别按设计展开长度（展开长度、保护层、搭接长度应符合规范规定）乘以理论重量以吨计算。本亭中柱钢筋涉及螺纹钢、箍筋、直筋。

由图 2-14、图 2-17、图 2-18 可知：

1）$\phi12$ 螺纹钢

柱钢筋工程量＝单个钢筋长度×钢筋根数×单位质量×柱根数

钢筋长度 $L_1$＝单个钢筋长度×钢筋根数＝（柱高－2×保护层厚度＋弯起长度）×钢筋根数

$$＝[(0.3+2.2+0.35+0.4+0.3)-0.03×2+0.08]×4$$

$$＝3.57×4=14.28\text{m}$$

【注释】 （0.3＋2.2＋0.35＋0.4＋0.3）为柱高，本项中其数值包括独立基础的高度；0.03m 指 $\phi12$ 钢筋保护层厚度，2 指 $\phi12$ 钢筋的上下两个保护层；0.08m 指 $\phi12$ 钢筋 $90°$ 弯起长度；4 指钢筋根数。

$\phi12$ 钢筋工程量＝$L_1×V_{\phi12}×4=14.28\text{m}×0.888\text{kg/m}×4=50.722\text{kg}=0.051\text{t}$

2）$\phi6$ 箍筋

箍筋工程量＝单个柱箍筋数量×柱根数×柱箍筋周长×单位质量

箍筋排列总根数 $n＝\left(\dfrac{L_1-100}{0.3}+1\right)×4＝\left(\dfrac{3.55-0.1}{0.3}+1\right)×4＝50$ 根

【注释】 公式参照《江苏省仿古建筑与园林工程计价表》，4 指亭子的四根柱子。

$\phi6$ 箍筋工程量＝箍筋排列总根数 $n$×柱箍筋周长×单位质量

$$＝50×(0.2×4)×0.222=8.88\text{kg}=0.009\text{t}$$

【注释】 0.2m 指箍筋的边长，4 指箍筋的四个边，0.222kg/m 为 $\phi6$ 箍筋的单位理论质量

3）$\phi4$ 圆筋

$\phi4$ 圆筋长度 $L_3＝(0.7-2c+6.25d)×$ 根数

$$＝(0.7-2×0.03+6.25×0.04)×6×2×4$$

$$＝0.89×48=42.72\text{m}$$

【注释】 0.7mm 指独立基础的长度，$c$ 指保护层厚度，$d$ 指 $\phi4$ 圆筋的直径，6 指 $\phi4$ 圆筋一排的个数，2 指 $\phi4$ 圆筋排列双层，4 指柱子的个数。

$\phi4$ 圆筋的工程量＝$\phi4$ 圆筋长度 $L_3$×$\phi4$ 圆筋的单位质量

$$＝42.72×0.099=4.229\text{kg}=0.004\text{t}$$

【注释】 0.099 为已知的 $\phi4$ 圆筋单位理论质量。

钢筋的工程量＝$\phi12$ 螺纹钢＋$\phi6$ 箍筋＋$\phi4$ 圆筋＝0.051t＋0.009t＋0.004t＝0.064t

现浇混凝土钢筋的工程量为：0.064t

（7）柱面抹灰

项目编码：011202002001　　项目名称：柱、梁面装饰抹灰

工程量计算规则：按设计图示柱断面周长乘以高度以面积计算。

由图 2-14、图 2-16 可知：

$$S＝周长×高度×柱子的数量＝(0.3×4×2.5)×4=3×4=12\text{m}^2$$

【注释】 0.3×4×2.5 中 0.3m 指柱断面的边长，4 指每个柱子需要镶贴的四个面，2.5m 指水泥砂浆涂抹的高度；4 指柱子的数量。

柱、梁面装饰抹灰的工程量为：12m²

（8）柱面镶贴块料

项目编码：011205002001　　　项目名称：块料柱面

工程量计算规则：按照设计图示尺寸以镶贴表面积计算。

由图2-14、图2-16可知：

$S＝$周长×高度×柱子的数量＝$(0.3×4×2.5)×4＝3×4＝12m^2$

【注释】　$0.3×4×2.5$中$0.3$m指柱断面的边长，4指每个柱子需要镶贴的四个面，$2.5$m指白色瓷板砖镶贴的高度；4为柱子的数量。

（9）实木柱

项目编码：010702001001　　　项目名称：木柱

工程量计算规则：按照设计图示尺寸以体积计算。

由图2-13、图2-14、图2-16可知：

$V_{实木柱}＝0.3×0.1×0.1×4＝0.01m^3$

【注释】　$0.3$m指实木柱的长度，$0.1$m指实木柱的宽度，$0.1$m指实木柱的高度，4指实木柱的数量。

木柱的工程量为：$0.01m^3$

（10）木梁

项目编码：010702002001　　　项目名称：木梁

工程量计算规则：按照设计图示尺寸以体积计算。

由图2-14可知：

$$木梁的工程量 V_{梁}＝3.2×0.1×0.1×4＝0.13m^3$$

【注释】　$3.2$m指木梁的长度，$0.1$m指木梁的宽度，$0.1$m指木梁的高度，4指木梁的数量。

木梁的工程量为：$0.13m^3$

（11）木榫接

项目编码：010702005001　　　项目名称：其他木构件

工程量计算规则：按照设计图示尺寸以体积或长度计算。

由图2-14可知：

$$V_{木榫接}＝0.3×0.05×0.05×4＝0.003m^3$$

【注释】　$0.3$m指木榫接的长度，$0.05$m指木榫接的宽度，$0.05$m指木榫接的高度，4指木榫接的数量。

木榫接的工程量为：$0.003m^3$

（12）亭顶

项目编码：010901002001　　项目名称：型材屋面

工程量计算规则：按照设计图示尺寸以斜面积计算。

由图2-13可知：

亭顶玻璃的工程量为：

$$S＝3.0×3.0＝9.00m^2$$

【注释】　$3.0$m指玻璃的长度，$3.0$m指玻璃的宽度。

（13）亭基础工程

1）亭基础面层

项目编码：011102001001　　项目名称：石材楼地面

工程量计算规则：按照设计图示尺寸以面积计算。

由图 2-12 可知：

亭芝麻白花岗石面层工程量＝亭底面积 $S_1$ －坐凳占地面积 $S_2$ －柱子占地面积 $S_3$

$$S_1＝3×3＝9m^2$$

【注释】　3m 指亭子基础面层的总长度，3m 指亭子基础面层的总宽度。

$$S_2＝(2.4-0.3-0.3)×0.3×2＝1.08m^2$$

【注释】　2.4m 指柱子与柱子从最外边缘的距离，0.3m 指柱子的长度，0.3m 指坐凳所占的宽度，2 指两个坐凳。

$$S_3＝0.3×0.3×4＝0.36m^2$$

【注释】　0.3m 指柱子的长度或宽度，4 指柱子的数量。

亭芝麻白花岗石面层工程量 $S＝9-1.08-0.36＝7.56m^2$

2）零星抹灰

项目编码：011203001001　　项目名称：零星项目一般抹灰

工程量计算规则：按照设计图示尺寸以面积计算。

由图 2-16 可知：

水泥砂浆抹灰的工程量 $S$ ＝芝麻白花岗石面层的工程量 $S$

＝亭底面积 $S_1$ －坐凳占地面积 $S_2$ －柱子占地面积 $S_3$

＝$9-1.08-0.36＝7.56m^2$

【注释】　坐凳、柱子的抹灰分项单独计算。

3）垫层

项目编码：010501001002　　项目名称：垫层

工程量计算规则：按照设计图示尺寸以体积计算。

由图 2-16 可知：

$$垫层 V＝7.56×(0.3+0.1)＝3.02m^3$$

【注释】　7.56——垫层的底面积；

0.3——混凝土垫层的高度；

0.1——三七灰土的厚度。

垫层的工程量为：$3.02m^3$

（14）亭子台阶

项目编码：011107002001　　项目名称：块料台阶面

工程量计算规则：按设计图示尺寸以台阶水平投影面积计算。

由图 2-12 可知：

$$台阶2的面积 S_2＝1×0.35×2＝0.70m^2$$

【注释】　式中1m 指亭子台阶 2 的长度，0.35m 指台阶踏步的宽度，2 指台阶的阶数。

$$台阶3的面积 S_3＝1×0.35×2＝0.70m^2$$

【注释】　式中1m 指亭子台阶 2 的长度，0.35m 指台阶踏步的宽度，2 指台阶的阶数。

$$S＝S_2+S_3＝0.70+0.70＝1.40m^2$$

台阶的工程量为：$1.40m^2$

（15）坐凳

项目编码：050305004001　　　项目名称：现浇混凝土桌凳

工程量计算规则：按设计图示以数量计算。

由图 2-12 可知：2 个

坐凳的工程量为：2 个

2. 花架

（1）挖柱基

项目编码：010101004002　　　项目名称：挖基坑土方

工程量计算规则：按设计尺寸以基础垫层底面积乘以挖方深度计算。

由图 2-38、图 2-39 可知：

花架柱基础挖土方工程量为：$V=$ 柱基础垫层底面积×挖土深度

$$= 0.7×0.7×(0.2+0.2+0.2)×8= 2.35m^3$$

【注释】 式中 0.7×0.7 指柱基础垫层底面积，0.2+0.2+0.2 指挖土深度，8 代表花架柱子的个数。

工程量为：2.35m³

（2）人工回填土

项目编码：010103001002　　　项目名称：土（石）方回填

工程量计算规则：按设计图示尺寸以体积计算，此项属于基础回填：用挖方体积减去设计室外地坪以下埋设的基础体积（包括基础垫层及其他构筑物）。

由图 2-38、图 2-39 可知：

$$V=挖柱基的总体积-柱基础垫层体积 -柱独立基础体积$$
$$=2.35-(0.7×0.7×0.2+0.5×0.5×0.2)×8$$
$$=2.35-(0.098+0.05)×8=1.17m^3$$

【注释】 式中 2.35m³ 指挖柱基的总体积，0.7m、0.7m、0.2m 分别指柱基础垫层的长、宽、高，0.5m、0.5m、0.2m 分别指柱独立基础的长、宽、高，8 代表花架柱子的个数。

工程量为：1.17m³

（3）现浇混凝土基础垫层

项目编码：010501001003　　项目名称：垫层

工程量计算规则：按设计图示尺寸以体积计算。不扣除构件内钢筋、预埋铁件所占的体积。

由图 2-38、图 2-39 可知：

$$V=0.7×0.7×0.2×8= 0.78m^3$$

【注释】 0.7——混凝土基础垫层的长度；

　　　　　0.7——混凝土基础垫层的宽度；

　　　　　0.2——混凝土基础垫层的高度；

　　　　　8——花架柱子的个数。

工程量为：0.78m³

（4）独立基础

项目编码：010501003002　　项目名称：独立基础

工程量计算规则：按设计图示尺寸以体积计算。不扣除构件内钢筋预埋铁件和伸入承台基础的桩头所占面积。

由图 2-38、图 2-39 可知：

独立基础的工程量为：$V = 长 \times 宽 \times 高 \times 8$

$$= 0.5 \times 0.5 \times 0.2 \times 8$$

$$= 0.40 \text{m}^3$$

【注释】　式中 0.5m、0.5m、0.2m 分别指柱独立基础的长、宽、高，8 代表花架柱子的个数。

工程量为：0.40m³

（5）木花架柱

项目编码：050304004001　　项目名称：木花架柱、梁

工程量计算规则：按设计图示截面面积乘以长度（包括榫长）以体积计算。

由图 2-36～图 2-39 得：

木花架柱的工程量为：$V = 柱横截面面积 \times 柱高度$

$$= 0.3 \times 0.3 \times 2.6 \times 8$$

$$= 1.87 \text{m}^3$$

【注释】　式中 0.3m、0.3m 分别指花架柱的横截面的长度和宽度，2.6m 指柱的高度，8 指花架柱子的个数。

工程量为：1.87m³

（6）木花架梁

项目编码：050304004002　　项目名称：木花架柱、梁

工程量计算规则：按设计图示截面面积乘以长度（包括榫长）以体积计算。

由图 2-36、图 2-37 可知：

木花架梁的工程量为：$V = 梁横截面面积 \times 梁长度$

$$= 0.2 \times 0.2 \times 6.8 \times 2$$

$$= 0.54 \text{m}^3$$

【注释】　式中 0.2m、0.2m 分别指梁横截面的宽度和高度，6.8m 指梁的长度，2 指花架中梁的个数。

工程量为：0.54m³

（7）木花架枋

项目编码：010702005002　　项目名称：其他木结构

工程量计算规则：按设计图示尺寸以体积或长度计算。

由图 2-36、图 2-37 可知：

木花架枋的工程量为：$V = 枋横截面面积 \times 枋长度$

$$= 0.2 \times 0.12 \times 2.6 \times 13$$

$$= 0.81 \text{m}^3$$

【注释】　式中 0.2m、0.12m 分别指枋横截面的宽度和高度，2.6m 指花架枋的长度，13 指花架枋的数量。

工程量为：0.81m³

(8) 柱饰面油漆

项目编码：011404012001　　项目名称：梁柱饰面油漆

工程量计算规则：按设计图示尺寸以油漆部分展开面积计算。

由图 2-37、图 2-38 可知：

柱饰面油漆的工程量 $S$ ＝柱上表面面积＋柱周围面积

$$＝[0.3 \times 0.3 ＋ 0.3 \times 4 \times (2.3 ＋ 0.1)] \times 8$$
$$＝(0.09 ＋ 2.88) \times 8 ＝ 23.76 \text{m}^2$$

【注释】　式中 0.3m、0.3m 分别指柱上表面的长度和宽度，0.3m×4 指柱四周的周长，2.3m＋0.1m 指柱子能够油漆的高度，8 指花架中柱子的数量。

工程量为：23.76m²

(9) 梁饰面油漆

项目编码：011404012002　　项目名称：梁柱饰面油漆

工程量计算规则：按设计图示尺寸以油漆部分展开面积计算。

由图 2-35、图 2-36 可知：

梁饰面油漆的工程量 $S$ ＝梁底面周长×梁长度＋梁上下底面积

$$＝ 0.2 \times 4 \times 6.8 \times 2 ＋ (0.2 \times 0.2 ＋ 0.2 \times 0.2) \times 2$$
$$＝ 11.04 \text{m}^2$$

【注释】　式中 0.2m×4 指梁的底面周长，0.2m 指梁底面的长度和宽度，6.8m 指梁的长度，2 指花架梁的数量。

工程量为：11.04m²

(10) 花架枋油漆

项目编码：011404013001　　项目名称：零星木装修油漆

工程量计算规则：按设计图示尺寸以油漆部分展开面积计算。

由图 2-35～图 2-37 可知：

枋饰面油漆的工程量 $S$ ＝枋底面周长×枋长度＋枋两端底面积

$$＝(0.2 ＋ 0.2 ＋ 0.12 ＋ 0.12) \times 2.6 \times 13 ＋ (0.2 \times 0.12 \times 2) \times 13$$
$$＝ 22.25 \text{m}^2$$

【注释】　式中 0.2m、0.2m、0.12m、0.12m 分别指枋的底面的四个边长，2.6m 指枋的长度，13 指花架中枋的数量；0.2×0.12×2 中，2 指花架枋的两端。

工程量为：22.25m²

(11) 石凳

项目编码：050305006001　　项目名称：石桌石凳

工程量计算规则：按设计图示数量计算。

由图 2-35、图 2-36 可知：

石凳的工程量为：4 个

(12) 花架基础面层

项目编码：011102001001　　项目名称：石材楼地面

工程量计算规则：按照设计图示尺寸以面积计算。

由图 2-35 可知：

花架基础花岗石碎拼面层工程量＝长×宽

$$S=6.8\times2=13.6\text{m}^2$$

【注释】 6.8m 指花架基础面层的总长度，2m 指花架基础面层的总宽度。

工程量为：13.6m²

3. 景墙

（1）土方工程

项目编码：010101004003　　项目名称：挖基坑土方

工程量计算规则：按设计图示尺寸以基础垫层底面积乘以挖方深度计算。

由图 2-22 可知：

$$V=0.6\times3.3\times(0.5+0.1+0.15)\times3=1.98\times0.75\times3=4.46\text{m}^3$$

【注释】 0.6m 指 C10 混凝土垫层的宽度；3.3m 指 C10 混凝土垫层的长度；（0.5＋0.1＋0.15）m 指挖方的深度，即从地面到垫层底部的深度；3 指景墙的数量。

挖方的工程量为：4.46m³

（2）人工回填土

项目编码：010103001003　　项目名称：土（石）方回填

计算规则：按设计图示尺寸以体积计算，此项属于基础回填：用挖方体积减去设计室外地坪以下埋设的基础体积（包括基础垫层及其他构筑物）。

由图 2-22 可知：

$$\begin{aligned}V&=4.46-[3.3\times0.6\times0.15+3.0\times(0.6-0.1-0.1)\times0.1+3.0\times0.24\times0.5]\times3\\&=4.46-(0.30+0.12+0.36)\times3=2.12\text{m}^3\end{aligned}$$

【注释】 4.46m³ 指挖土方量，3.3m×0.6m×0.15m 指垫层所占的体积，0.6m、3.3m、0.15m 分别指垫层的长、宽、高；3.0m×(0.6－0.1－0.1)m×0.1m 指砖基础所占体积，3.0m、(0.6－0.1－0.1)m、0.1m 分别指砖基础的长、宽、高；3 指景墙的数量。

土石方回填的工程量为：2.12m³

（3）砖基础

项目编码：010401001001　项目名称：砖基础

计算规则：按设计图示尺寸以体积计算。

由图 2-22 可知：

$$V=(0.6-0.1-0.1)\times3\times0.1=0.12\text{m}^3$$

【注释】 3m 指砖基础的长度，(0.6－0.1－0.1)m 指砖基础的宽度，0.1m 指砖基础的高度。

工程量为：0.12m³

（4）砖砌体

项目编码：010401003001　　项目名称：实心砖墙

计算规则：按设计图示尺寸以体积计算，扣除门窗洞口所占体积。

由图 2-21、图 2-22 可知：

$$\begin{aligned}V&=[3\times0.24\times(2.4+0.5)-2.4\times0.24\times1.0]\times3\\&=(2.088-0.576)\times3=4.54\text{m}^3\end{aligned}$$

【注释】 3×0.24×（2.4+0.5）中 3m 指景墙的长度，0.24m 指砖砌体的宽度，（2.4+0.5）m 指砖砌体的高度；2.4×0.24×1.0 中，2.4m 指景墙漏空的长度，0.24m 指砖砌体的宽度，1.0m 指景墙漏空的高度，3 指景墙的数量。

砖砌体的工程量为：4.54m³

（5）墙面抹灰

项目编码：011201001001　　　项目名称：墙面一般抹灰

计算规则：按设计图示尺寸以面积计算。扣除门窗洞口的面积。

由图 2-21 可知：

$$S = (3.0×2.4×2+3.0×0.3+2.4×0.3×2-2.4×1.0)×3$$
$$= (14.4+0.9+1.44-2.4)×3 = 43.02m^2$$

【注释】 3.0×2.4 中，3.0m 指景墙的长度，2.4m 指景墙的高度；3.0×0.3 中，3.0m 指景墙上顶面的长度，0.3m 指宽度；2.4×0.3×2 中，2.4m 指景墙侧面的高度，0.3m 指景墙的宽度，2 指景墙的两个侧面；2.4×1.0 中，2.4m 指漏空的长度，1.0m 指漏空的高度；3 指景墙的数量。

工程量为：43.02m²

（6）墙面镶贴块料

项目编码：011206001001　　　　　　　　项目名称：石材墙面

计算规则：按设计图示尺寸以镶贴表面积计算。

由图 2-21 可知：

$$S = (3.0×2.4×2+3.0×0.3+2.4×0.3×2-2.4×1.0)×3$$
$$= (14.4+0.9+1.44-2.4)×3 = 43.02m^2$$

【注释】 同墙面抹灰

工程量为：43.02m²

4. 花坛

（1）挖土方

项目编码：010101004004　　　　　　　　项目名称：挖基坑土方

工程量计算规则：按设计图示尺寸以基础垫层底面积乘以挖方深度计算。

由图 2-26、图 2-27 可知：

$$V_1 = (4.2+0.1)×0.3×(0.05+0.1+0.1)×2+(2.0-0.2×2+0.1)×0.3×(0.05+0.1+0.1)×2$$
$$= 0.645+0.255 = 0.90m^3$$

【注释】 （4.2+0.1）m 指花坛 1 垫层的长度，4.2m 指花坛的长度，0.1m 指垫层多伸出花坛长边长的尺寸；0.3m 指垫层的宽度；（0.05+0.1+0.1）m 指挖方的深度；2 指花坛 1 两个长边的挖方；（2.0-0.2×2+0.1）中，2.0m 指花坛 1 短边的长度，-0.2×2m 指减去与长边的重合长度；0.1m 指垫层多伸出花坛短边长的尺寸；2 指花坛 1 两个短边的挖方。

由图 2-29、图 2-31 可知：

$$V_2 = (6.0+0.1)×0.3×(0.05+0.1+0.1)×2+(2.8-0.2×2+0.1)×0.3×(0.05+0.1+0.1)×2 = 0.915+0.375 = 1.29m^3$$

【注释】 (6.0+0.1)m 指花坛 2 垫层的长度，6.0m 指花坛 2 的长度，0.1m 指垫层多伸出花坛长边的尺寸；0.3m 指垫层的宽度；(0.05+0.1+0.1)m 指挖方的深度；2 指花坛 2 两个长边的挖方；(2.8-0.2×2+0.1) 中，2.8m 指花坛 1 短边的长度，-0.2×2m 指减去与长边的重合长度；0.1m 指垫层多伸出花坛短边长的尺寸；2 指花坛 2 两个短边的挖方。

由图 2-32、图 2-34 可知：

$$V_2 = (6.0+0.1)×0.3×(0.05+0.1+0.1)×2+(2.8-0.2×2+0.1)×0.3×(0.05+0.1+0.1)×2$$

$$= 0.915+0.375 = 1.29m^3$$

【注释】 同花坛 2。

$$V = V_1+V_2+V_3 = 0.90+1.29+1.29 = 3.48m^3$$

工程量为：3.48m³

(2) 人工回填土

项目编码：010103001004　　　　　　　　　项目名称：土（石）方回填

计算规则：按设计图示尺寸以体积计算，用挖方体积减去设计室外地坪以下埋设的基础体积（包括基础垫层及其他构筑物）。

由图 2-26、图 2-27 可知：

$$V_1 = [(4.2+0.1)×0.3×(0.1+0.1)×2+(4.2+0.1)×0.14×0.05×2]+[(2.0-0.2-0.2+0.1)×0.3×(0.1+0.1)×2+(2.0-0.2-0.2+0.1)×0.14×0.05×2]$$

$$= 0.58+0.23 = 0.81m^2$$

【注释】 (4.2+0.1)m 指花坛 1 长边垫层和砖砌筑基础的长度，0.3m 指花坛 1 垫层和砖砌筑基础的宽度，(0.1+0.1)m 指垫层和砖砌筑的高度之和，2 指花坛长边挖方的数量；0.14m 指地坪面以下砖砌筑基础以上的高度，0.05m 指其高度，2 指花坛短边挖方的数量；(2.0-0.2-0.2+0.1)m 指花坛 1 短边除去与长边重合后垫层和砖砌筑基础的长度，2 指花坛 1 短边挖方的数量。

由图 2-29、图 2-31 可知：

$$V_2 = [(6.0+0.1)×0.3×(0.1+0.1)×2+(6.0+0.1)×0.14×0.05×2]+[(2.8-0.2-0.2+0.1)×0.3×(0.1+0.1)×2+(2.8-0.2-0.2+0.1)×0.14×0.05×2]$$

$$= 0.82+0.34 = 1.16m^2$$

【注释】 (6.0+0.1)m 指花坛 2 长边垫层和砖砌筑基础的长度，0.3m 指花坛 2 垫层和砖砌筑基础的宽度，(0.1+0.1)m 指垫层和砖砌筑的高度之和，2 指花坛长边挖方的数量；0.14m 指地平面以下砖砌筑基础以上的高度，0.05m 指其高度，2 指花坛短边挖方的数量；(2.8-0.2-0.2+0.1)m 指花坛 2 短边除去与长边重合后垫层和砖砌筑基础的长度，2 指花坛 2 短边挖方的数量。

由图 2-32、图 2-34 可知：

$$V_3 = [(6.0+0.1)×0.3×(0.1+0.1)×2+6.1×0.14×0.05×2]+[(2.8-0.2-0.2+0.1)×0.3×(0.1+0.1)×2+(2.8-0.2-0.2+0.1)×0.14×0.05×2]$$

$=0.82+0.34=1.16\text{m}^3$

【注释】 同花坛2

$V=3.48-V_1-V_2-V_3=3.48-0.81-1.16-1.16=0.35\text{m}^3$

【注释】 $3.48\text{m}^3$ 指挖方的工程量。

工程量为：$0.35\text{m}^3$

（3）砖砌筑

项目编码：010401012001　　　　　　　　项目名称：零星砖砌

计算规则：按设计图示尺寸以体积计算或数量计算。

由图2-26～图2-28可知：

$$V_1=\{[(4.2-0.01\times2-0.02\times2)\times0.14\times(0.37+0.05)+(4.2-0.01\times2-0.02\times2)$$
$$\times0.3\times0.1]\times2\}+\{[(2.0-0.2\times2-0.01\times2-0.02\times2)\times0.14\times(0.37+$$
$$0.05)+(2.0-0.2\times2-0.01\times2-0.02\times2)\times0.3\times0.1]\times2\}$$
$$=(4.14\times0.14\times0.42+4.14\times0.3\times0.1)\times2+(1.54\times0.14\times0.42+1.54\times0.3\times$$
$$0.1)\times2$$
$$=0.749+0.265=1.01\text{m}^3$$

【注释】 $(4.2-0.01\times2-0.02\times2)\text{m}$ 指花坛1长边砖砌筑的长度，$4.2\text{m}$ 指花坛1长边的长度，$(-0.01\times2)\text{m}$ 指减去水泥砂浆的厚度，$(-0.02\times2)\text{m}$ 减去花岗石面层的厚度；$0.14\text{m}$ 指花坛1已标注出的砖砌筑宽度；$(0.37+0.05)\text{m}$ 指砖砌筑从地平面到砖基础的高度；$0.3\text{m}$ 指砖基础的宽度；$0.1\text{m}$ 指砖基础的高度；2指花坛的长边的数量；$(2.0-0.2\times2-0.01\times2-0.02\times2)\text{m}$ 指花坛1短边砖砌筑的长度，$2.0\text{m}$ 指花坛1短边的长度，$(-0.2\times2)\text{m}$ 指减去与花坛1长边重合的尺寸；$(-0.01\times2-0.02\times2)\text{m}$ 指减去两边水泥砂浆和花岗石面层的厚度，$0.14\text{m}$ 指花坛1已标注出的砖砌筑宽度；$(0.37+0.05)\text{m}$ 指砖砌筑从地平面到砖基础的高度；$0.3\text{m}$ 指砖基础的宽度；$0.1\text{m}$ 指砖基础的高度；2指花坛的短边的数量。

由图2-29～图2-31可知：

$$V_2=\{[(6.0-0.01\times2-0.02\times2)\times0.14\times(0.37+0.05)+(6.0-0.01\times2-0.02\times$$
$$2)\times0.3\times0.1]\times2\}+\{[(2.8-0.2\times2-0.01\times2-0.02\times2)\times0.14\times(0.37+$$
$$0.05)+(2.8-0.2\times2-0.01\times2-0.02\times2)\times0.3\times0.1]\times2\}$$
$$=(5.94\times0.14\times0.42+5.94\times0.3\times0.1)\times2+(2.34\times0.14\times0.42+1.54\times0.3\times$$
$$0.1)\times2=1.055+0.416=1.47\text{m}^3$$

【注释】 $(6.0-0.01\times2-0.02\times2)\text{m}$ 指花坛2长边砖砌筑的长度，$6.0\text{m}$ 指花坛2长边的长度，$(-0.01\times2)\text{m}$ 指减去水泥砂浆的厚度，$(-0.02\times2)\text{m}$ 减去花岗石面层的厚度；$0.14\text{m}$ 指花坛2已标注出的砖砌筑宽度；$(0.37+0.05)\text{m}$ 指砖砌筑从地平面到砖基础的高度；$0.3\text{m}$ 指砖基础的宽度；$0.1\text{m}$ 指砖基础的高度；2指花坛的长边的数量；$(2.8-0.2\times2-0.01\times2-0.02\times2)\text{m}$ 指花坛1短边砖砌筑的长度，$2.8\text{m}$ 指花坛2短边的长度，$(-0.2\times2)\text{m}$ 指减去与花坛1长边重合的尺寸；$(-0.01\times2-0.02\times2)\text{m}$ 指减去两边水泥砂浆和花岗石面层的厚度，$0.14\text{m}$ 指花坛2已标注出的砖砌筑宽度；$(0.37+0.05)\text{m}$ 指砖砌筑从地平面到砖基础的高度；$0.3\text{m}$ 指砖基础的宽度；$0.1\text{m}$ 指砖基础的高度；2指花坛的短边的数量。

由图 2-32~图 2-34 可知：

$V_3 = 1.47\text{m}^3$

【注释】 同花坛 2

$V = V_1 + V_2 + V_3 = 1.01 + 1.47 + 1.47 = 3.95\text{m}^3$

工程量为：3.95m³

（4）水泥砂浆

项目编码：011203001002　　　　　　　　项目名称：零星项目一般抹灰

计算规则：按设计图示尺寸以面积计算。

由图 2-26、图 2-28 可知：

$S_1 =$ 竖向外侧抹面的面积＋竖向内侧抹面的面积＋横向抹面的面积

　　＝（竖向外侧抹面长边的长度×高度×2＋竖向外侧抹面短边的长度×高度×2）＋

　　（竖向内侧抹面长边的长度×高度×2＋竖向内侧抹面短边的长度×高度×2）＋

　　（横向抹面长边的长度×宽度×2＋横向抹面短边的长度×宽度×2）

　　＝[（4.2−0.02×2）×（0.4−0.02）×2＋（2.0−0.02×2）×（0.4−0.02）×2]＋

　　[（4.2−0.2×2−0.02×2）×（0.4−0.02）×2＋（2.0−0.2×2−0.02×2）×（0.4

　　−0.02）×2]＋[（4.2−0.02×2）×（0.2−0.02×2）×2＋（2.0−0.2×2−0.02×

　　2）×（0.2−0.02×2）×2]

　　＝（3.16＋1.49）＋（2.86＋1.19）＋（1.33＋0.50）＝10.53m²

【注释】 4.2m 指花坛 1 的长度，0.02m 指花岗石面层的厚度，0.2m 指花坛 1 的宽度，2 指数量。

由图 2-29、图 2-30 可知：

$S_2 =$ 竖向外侧抹面的面积＋竖向内侧抹面的面积＋横向抹面的面积＝（竖向外侧抹面长边的长度×高度×2＋竖向外侧抹面短边的长度×高度×2）＋（竖向内侧抹面长边的长度×高度×2＋竖向内侧抹面短边的长度×高度×2）＋（横向抹面长边的长度×宽度×2＋横向抹面短边的长度×宽度×2）

　　＝[（6.0−0.02×2）×（0.4−0.02）×2＋（2.8−0.02×2）×（0.4−0.02）×2]＋

　　[（6.0−0.2×2−0.02×2）×（0.4−0.02）×2＋（2.8−0.2×2−0.02×2）×（0.4

　　−0.02）×2]＋[（6.0−0.02×2）×（0.2−0.02×2）×2＋（2.8−0.2×2−0.02×

　　2）×（0.2−0.02×2）×2]

　　＝（4.53＋2.10）＋（4.23＋1.79）＋（1.91＋0.76）＝15.32m²

【注释】 6.0m 指花坛 2 的长度，0.02m 指花岗石面层的厚度，2.8m 指花坛 2 的宽度，2 指数量。

由图 2-32、图 2-33 可知：

$S_3 =$ 竖向外侧抹面的面积＋竖向内侧抹面的面积＋横向抹面的面积＝（竖向外侧抹面长边的长度×高度×2＋竖向外侧抹面短边的长度×高度×2）＋（竖向内侧抹面长边的长度×高度×2＋竖向内侧抹面短边的长度×高度×2）＋（横向抹面长边的长度×宽度×2＋横向抹面短边的长度×宽度×2）

　　＝[（6.0−0.02×2）×（0.4−0.02）×2＋（2.8−0.02×2）×（0.4−0.02）×2]＋

　　[（6.0−0.2×2−0.02×2）×（0.4−0.02）×2＋（2.8−0.2×2−0.02×2）×（0.4

$-0.02)\times2]+[(6.0-0.02\times2)\times(0.2-0.02\times2)\times2+(2.8-0.2\times2-0.02\times2)\times(0.2-0.02\times2)\times2]$

$=(4.53+2.10)+(4.23+1.79)+(1.91+0.76)=15.32m^2$

【注释】 6.0m指花坛3的长度，0.02m指花岗石面层的厚度，2.8m指花坛3的宽度，2指数量。

$S=S_1+S_2+S_3=10.53+15.32+15.32=41.17m^2$

工程量为：$41.17m^2$

（5）零星镶贴块料

项目编码：011206001001　　　　　　　　项目名称：石材零星项目

计算规则：按设计图示尺寸以镶贴表面积计算。

由图2-26、图2-28可知：

$S_1=4.2\times0.4\times2+2.0\times0.4\times2+4.2\times0.2\times2+(2.0-0.2\times2)\times0.2\times2$

$\quad=3.36+1.6+1.68+0.64=7.28m^2$

【注释】 $4.2\times0.4\times2$中，4.2m指正立面竖向贴面的长度，0.4m指高度，2花坛指正立面的数量；$2.0\times0.4\times2$中，2.0m指侧立面竖向贴面的长度，0.4m指高度，2指侧立面的数量；$4.2\times0.2\times2$中，4.2m指横向贴面长边的长度，0.2m指宽度，2指长边贴面的数量；$(2.0-0.2\times2)\times0.2\times2$中，$(2.0-0.2\times2)$m指横向贴面短边的长度，$(-0.2\times2)$m指除去重合的边长，0.2m指短边的宽度，2指短边贴面的数量。

由图2-29、图2-30可知：

$S_2=6.0\times0.4\times2+2.8\times0.4\times2+6.0\times0.2\times2+(2.8-0.2\times2)\times0.2\times2$

$\quad=4.8+2.24+2.4+0.96=10.4m^2$

【注释】 $6.0\times0.4\times2$中，6.0m指正立面竖向贴面的长度，0.4m指高度，2指花坛正立面的数量；$2.8\times0.4\times2$中，2.8m指侧立面竖向贴面的长度，0.4m指高度，2指侧立面的数量；$6.0\times0.2\times2$中，6.0m指横向贴面长边的长度，0.2m指宽度，2指长边贴面的数量；$(2.8-0.2\times2)\times0.2\times2$中，$(2.8-0.2\times2)$m指横向贴面短边的长度，$(-0.2\times2)$m指除去重合的边长，0.2m指短边的宽度，2指短边贴面的数量。

由图2-32、图2-33可知：

$S_3=6.0\times0.4\times2+2.8\times0.4\times2+6.0\times0.2\times2+(2.8-0.2\times2)\times0.2\times2$

$\quad=4.8+2.24+2.4+0.96=10.4m^2$

【注释】 同花坛2

$$S=S_1+S_2+S_3=7.28+10.4+10.4=28.08m^2$$

工程量为：$28.08m^2$

5. 坐凳

（1）挖土方

项目编码：010101004005　　　　　　　　项目名称：挖基坑土方

工程量计算规则：按设计图示尺寸以基础垫层底面积乘以挖土深度计算。

由图2-23～图2-25可知：

坐凳挖方工程量为：$V$＝基础加宽后截面面积×挖土深度

$\quad\quad\quad=0.56\times0.2\times(0.15+0.09)\times2\times3$

$$=0.56 \times 0.2 \times 0.24 \times 2 \times 3$$
$$=0.16 m^3$$

【注释】 0.56——基础垫层的长度；

0.2——基础垫层的宽度；

0.15——基础垫层的高度；

0.09——自然面金山石水平面以下的高度；

2——一个坐凳的两个凳腿；

3——坐凳的数量。

工程量为：0.16 $m^3$

（2）人工回填土

项目编码：010103001005　　　　　　　　　　项目名称：土（石）方回填

工程量计算规则：按设计图示尺寸以体积计算，此处属于基础回填，用挖方体积减去设计室外地坪以下埋设的基础体积（包括基础垫层及其他构筑物）。

由图 2-23～图 2-25 可知：

回填的体积 $V$ ＝挖基坑土方工程量－基础垫层体积－自然面金山石支座地下体积
$$=0.16-(0.56 \times 0.2 \times 0.15+0.46 \times 0.1 \times 0.09) \times 2 \times 3$$
$$=0.16-(0.0168+0.00414) \times 6$$
$$=0.16-0.13=0.03 m^3$$

【注释】 0.16——挖方的体积；

0.56——基础垫层的长度；

0.2——基础垫层的宽度；

0.15——基础垫层的高度；

0.46——自然面金山石的长度；

0.1——自然面金山石的宽度；

0.09——自然面金山石水平面以下的高度；

2——一个坐凳的两个凳腿；

3——坐凳的数量。

工程量为：0.03$m^3$

（3）防腐木条

项目编码：010702005002　　　　　　　　　　项目名称：其他木构件

计算规则：按设计图示尺寸以体积计算或长度计算。

由图 2-23 可知：

$$V=2.0 \times 0.1 \times 0.05 \times 4 \times 3=0.12 m^3$$

【注释】 2.0m指防腐木条的长度，0.1m指防腐木条的宽度，0.05m指防腐木条的高度，4指防腐木条的数量，3指设计场地中坐凳的数量。

（4）木材面刷清漆

项目编码：011404013002　　　　　　　　　　项目名称：零星木装修油漆

计算规则：按设计图示尺寸以油漆部分展开面积计算。

由图 2-23 可知：

$$S = 2 \times 0.1 \times 4 \times 3 = 2.4 \text{m}^2$$

【注释】　2.0m指防腐木条的长度，0.1m指防腐木条的宽度，4指防腐木条的数量，3指设计场地中坐凳的数量。

工程量为：2.4m$^2$

（5）自然面金山石

项目编码：050307018001　　　　　　　　　　　项目名称：砖石砌小摆设

计算规则：按设计图示尺寸以体积计算或数量计算。

由图2-23～图2-25可知：

自然面金山石体积$V$＝长×宽×高＝[0.46×0.1×(0.35+0.09)×2]×3

$$= (0.46 \times 0.044 \times 2) \times 3 = 0.12 \text{m}^3$$

【注释】　0.46m指金山石的长度，0.1m指宽度，(0.35+0.09)m指金山石的高度，2指一个坐凳的两个凳腿，3指坐凳的数量。

工程量：0.12m$^3$

6. 水池

（1）挖土方

项目编码：010101004006　　　　　　　　　　　项目名称：挖基坑土方

工程量计算规则：按设计图示尺寸以基础垫层底面积乘以挖土深度计算。

由图2-40、图2-42可知：

水池1挖土方的工程量$V_1$＝水池1垫层底面积×挖方深度

$$= (3.6 + 0.2) \times (2.4 + 0.2) \times 0.25$$
$$= 3.8 \times 2.6 \times 0.25 = 2.47 \text{m}^3$$

【注释】　式中(3.6+0.2)m指垫层的长度，3.6m指花池1长边的长度，0.2m指垫层超过水池长度的尺寸，(2.4+0.2)m指垫层的宽度，2.4m指花池1短边的长度，0.25m指挖方的深度。

水池2挖土方的工程量$V_2$＝水池2垫层底面积×挖方深度

$$= [(4.0 + 0.2) \times (2.0 + 0.1) + (2.5 + 0.1) \times (1.0 + 0.1)]$$
$$\times 0.25$$
$$= 11.68 \times 0.25 = 2.92 \text{m}^3$$

【注释】　式中(4.0+0.2)m指花池2垫层的长度，(2.0+0.1)m指垫层的宽度，(2.5+0.1)m指花池2局部的长度，(1.0+0.1)m指花池2局部的的宽度，0.25m指挖方深度。

由图2-44可知：

泄水口挖方工程量$V_3$＝基础垫层底面积×挖土深度×泄水口的数量

$$= 1.0 \times 1.0 \times 0.9 \times 2$$
$$= 1.80 \text{m}^3$$

【注释】　1.0m指泄水口基础垫层底面的长度和宽度，0.9m指从池底到泄水口垫层的深度，2指泄水口的数量。

$$V = V_1 + V_2 + V_3 = 2.47 + 2.92 + 1.80 = 7.19 \text{m}^3$$

挖方的工程量为：7.19m$^3$

（2）人工回填土

项目编码：010103001006　　　　　　　　　项目名称：土（石）方回填

工程量计算规则：按设计图示尺寸以体积计算，此处属于基础回填，用挖方体积减去设计室外地坪以下埋设的基础体积（包括基础垫层及其他构筑物）。

由图 2-40、图 2-42 可知：

$V_1$ ＝水池 1 挖方总量－[垫层的体积＋砖砌体体积（水平面以下）＋面层和水泥砂浆的体积]

$\quad$ ＝2.47－[(3.6＋0.2)×(2.4＋0.2)×0.06＋3.6×2.4×0.15＋3.6×2.4×0.04]

$\quad$ ＝2.47－(0.59＋1.30＋0.35)＝0.23m³

【注释】 2.47m³ 指水池 1 的挖方工程量，(3.6＋0.2)m、(2.4＋0.2)m 指垫层底面的长度和宽度，0.06m 指垫层的厚度，3.6m、2.4m 指砖砌体的长度和宽度，0.15m 指砖砌体的厚度，0.04m 指面层和水泥砂浆的厚度。

$V_2$ ＝水池 2 挖方总量－垫层的体积－砖砌体体积（水平面以下）、面层和水泥砂浆的体积

$\quad$ ＝2.92－[(4.0＋0.2)×(2.0＋0.1)＋(2.5＋0.1)×(1.0＋0.1)]×0.06＋[3.6×2.4×(0.15＋0.04)＋2.5×1.0×(0.15＋0.04)]

$\quad$ ＝2.92－(0.70＋2.12)＝0.10m³

【注释】 2.92m³ 指水池 2 的挖方工程量，(4.0＋0.2)m、(2.0＋0.1)m、(2.5＋0.1)m、(1.0＋0.1)m 分别指垫层的长度和宽度，0.06m 指垫层的厚度，3.6m、2.4m 指砖砌体的长度和宽度，0.15m 指砖砌体的厚度，0.04m 指面层和水泥砂浆的厚度。

由图 2-44 可知：

$$V_3＝0m³$$
$$V＝V_1＋V_2＋V_3＝0.23＋0.10＋0＝0.33m³$$

（3）现浇混凝土基础垫层

项目编码：010501001004　　　　　　　　　项目名称：垫层

工程量计算规则：按设计图示尺寸以体积计算。不扣除构件内钢筋、预埋铁件所占的体积。

由图 2-40～图 2-42 可知：

水池 1$V_1$＝3.8×2.6×0.06＝0.59m³

【注释】 3.8——混凝土垫层的长度；

$\quad\quad\quad$ 2.6——混凝土垫层的宽度；

$\quad\quad\quad$ 0.06——混凝土垫层的厚度。

水池 2$V_2$＝(4.2×2.1＋2.6×1.1)×0.06＝0.70m³

【注释】 4.2——水池 2 混凝土垫层的长度；

$\quad\quad\quad$ 2.1——水池 2 混凝土垫层的宽度（减去与花坛 1 重合的部分）；

$\quad\quad\quad$ 2.6——水池 2 混凝土局部的长度；

$\quad\quad\quad$ 1.1——水池 2 混凝土局部的宽度；

$\quad\quad\quad$ 0.06——混凝土垫层的厚度。

由图 2-43、图 2-44 可知

泄水口竖立面垫层的体积 $V_3＝1.0×0.9×0.06×4×2＝0.43m^3$

【注释】 1.0——泄水口混凝土垫层的长度；

0.9——泄水口混凝土垫层的宽度；

0.06——泄水口混凝土垫层的厚度；

4——泄水口周围四壁；

2——泄水口的数量。

综上所述：$V＝V_1＋V_2＋V_3＝0.59＋0.70＋0.43＝1.72m^3$

工程量为：$1.72m^3$

(4) 砖砌筑

项目编码：010401012002　　　　　　　　　　　　项目名称：零星砖砌

计算规则：按设计图示尺寸以体积计算。

由图2-40～图2-42可知：

$V_1＝$水池1零平面上砖砌筑底面长度×宽度×高度＋零平面下底面长度×宽度×高度

$＝[3.6×2＋(2.4－0.2×2)×2]×0.12×0.4＋3.6×2.4×0.15$

$＝0.54＋1.30＝1.84m^3$

【注释】 $[3.6×2＋(2.4－0.2×2)×2]m$ 中，3.6m指水池长边的长度，2指水池长边的数量，$(2.4－0.2×2)m$ 指除去与长边重合后水池1短边的长度，2指水池短边的数量，0.12m指花池1砖砌筑的宽度，0.4m指砖砌筑零平面以上的高度，0.15m指零平面以下的高度。

$V_2＝$水池2零平面上砖砌筑底面长度×宽度×高度＋零平面下底面长度×宽度×高度

$＝[(2.5－0.2)＋3.0＋(4.0－0.2×2)＋2.0]×0.12×0.8]＋(4.0×2.0＋2.5×1.0)×0.15$

$＝1.05＋1.58$

$＝2.63m^3$

【注释】 式中，$(2.5－0.2)m$、3.0m、$(4.0－0.2×2)m$、2.0m分别指水池2的长度，－0.2m是指除去重合的部分，0.12m指水池2砖砌筑的宽度，0.8m指砖砌筑零平面以上的高度，$(4.0×2.0＋2.5×1.0)m^2$ 指水池2底面面积，0.15m指零平面以下的高度。

由图2-43、图2-44可知：

$V_3＝$水池2零平面下立砖砌筑底面长度×宽度×高度

【注释】 泄水口底面砖砌筑的体积在水池2中已包括，故此处不算。

$＝(0.9＋0.6＋0.9＋0.6)×0.12×0.8$

$＝0.28m^3$

【注释】 0.9m、0.6m分别指泄水口砖砌筑的长度，0.12m指砖砌筑的宽度，0.8m指立砖砌筑的高度。

综上：$V＝V_1＋V_2＋V_3＝1.84＋2.63＋0.28＝4.75m^3$

工程量为：$4.75m^3$

（5）水泥砂浆

项目编码：011203001003 项目名称：零星项目一般抹灰

计算规则：按设计图示尺寸以面积计算。

由图 2-40、图 2-41 可知：

水池 $1S_1$ ＝水池 1 外壁面积＋水池 1 内壁面积＋水池 1 上壁面积＋水池 1 底面积

$\quad$ ＝$(3.6+2.4+3.6+2.4) \times 0.4+(3.6-0.4+2.4-0.4+3.6-0.4+2.4-$

$\quad 0.4) \times 0.4+(3.6+2.4-0.4+3.6+2.4-0.4) \times 0.2+3.6 \times 2.4$

$\quad$ ＝$4.8+4.16+2.24+8.64=19.84 \mathrm{m}^2$

【注释】 3.6m 指水池 1 长边长度，2.4m 指水池 1 短边长度，0.4m 指水池 1 零平面以上的高度，－0.4m 指除去重合的池壁尺寸，0.2m 指水池 1 池壁的厚度。

水池 $2S_2$ ＝水池 2 外壁面积＋水池 2 内壁面积＋水池 2 上壁面积＋水池 2 底面积

$\quad$ ＝$(2.5+3.0+4.0+2.0) \times 0.8+(2.5-0.2+3.0-0.4+4.0-0.4+2.0-$

$\quad 0.2) \times 0.8+(2.5+3.0-0.4+4.0+2.0-0.2) \times 0.2+(4.0 \times 2.0+2.5$

$\quad \times 1.0)$

$\quad$ ＝$9.2+8.24+2.18+10.5=30.12 \mathrm{m}^2$

【注释】 2.5m、3.0m、4.0m、2.0m 分别指水池 2 的各个边长，0.8m 指水池 2 零平面以上的高度，－0.4m 指除去重合的池壁尺寸，0.2m 指水池 1 池壁的厚度。

由图 2-43、图 2-44 可知：

$S_3$ ＝泄水口立壁的面积(底面面积在水池 2 中已包括)

$\quad$ ＝$(0.54+0.54+0.54+0.54) \times 0.7$

$\quad$ ＝$2.16 \times 0.7=1.51 \mathrm{m}^2$

【注释】 0.54m 指水泥砂浆抹面的长度，0.7m 指水泥砂浆抹面的高度。

综上：$S=S_1+S_2+S_3=19.84+30.12+1.51=51.47 \mathrm{m}^2$

工程量为：$51.47 \mathrm{m}^2$

（6）零星镶贴块料

项目编码：011206001002 项目名称：石材零星项目

计算规则：按设计图示尺寸以镶贴表面积计算。

由图 2-40、图 2-41 可知：

水池 1 外壁、上壁为花岗石面层：

$S_1$ ＝外壁面积＋上壁面积

$\quad (3.6+2.4+3.6+2.4) \times 0.4+(3.6+2.4-0.4+3.6+2.4-0.4) \times 0.2$

$\quad$ ＝$4.8+2.24=7.04 \mathrm{m}^2$

【注释】 3.6m 指水池 1 长边的长度，2.4m 指短边的长度，0.4m 指水池 1 零平面以上的高度，0.2m 指水池 1 池壁的厚度。

水池 2 外壁、上壁为花岗石面层：

$S_2$ ＝外壁面积＋上壁面积

$\quad (2.5+3.0+4.0+2.0) \times 0.8+(2.5+3.0-0.4+4.0+2.0-0.2) \times 0.2$

$\quad$ ＝$9.2+2.18=11.38 \mathrm{m}^2$

【注释】 2.5m、3.0m、4.0m、2.0m 分别指水池 2 的各个边长，0.8m 指水池 2 零平

面以上的高度，—0.4m 指除去重合的池壁尺寸，0.2m 指水池1池壁的厚度。

水池1内壁、底面为蓝色碎瓷片面层：

$S_3$＝内壁面积＋底面面积

＝（3.6－0.4＋2.4－0.4＋3.6－0.4＋2.4－0.4）×0.4＋3.6×2.4

＝4.16＋8.64＝12.80m$^2$

【注释】 同水池1外壁。

水池2内壁、底面为蓝色碎瓷片面层：

$S_4$＝内壁面积＋底面面积

＝（2.5－0.2＋3.0－0.4＋4.0－0.4＋2.0－0.2）×0.8＋（4.0×2.0＋2.5×1.0）

＝8.24＋10.5＝18.74m$^2$

【注释】 同水池2外壁。

泄水口的蓝色碎瓷片面层 $S＝S_{水泥砂浆抹面}＝1.51m^2$

综上：$S＝S_1＋S_2＋S_3＋S_4＝7.04＋11.38＋12.80＋18.74＋1.51＝51.47m^2$

工程量为：51.47m$^2$

7. 坐凳树池

现浇混凝土桌凳

项目编码：050305004002　　　　　　　　　　项目名称：现浇混凝土桌凳

计算规则：按设计图示数量计算。

由图2-1可知：10个

坐凳树池的工程量为：10个

8. 台阶1

项目编码：011107002001　　　　　　　　　　项目名称：块料台阶面

工程量计算规则：按设计图示尺寸以台阶水平投影面积计算，此处未与平台相接，不包括最上层踏步。

由图2-64可知：

台阶1的面积 $S_1＝1.5×0.35×3＝1.58m^2$

【注释】 式中1.5m指台阶1中的台阶长度，0.35m为台阶踏步的宽度，3为台阶的阶数。

台阶1的工程量：1.58m$^2$

（二）园林景观工程定额工程量

1. 亭子

（1）挖基坑

【注释】 ①凡沟槽底宽3m 以内，沟槽底长大于3倍槽底为沟槽；凡土方基坑底面积在20m$^2$ 以内的为基坑；凡沟槽底宽在3m 以上，基坑底面积在20m$^2$ 以上，平整场地挖填方厚度在300mm 以上，均按挖土方计算。此处亭子挖方为挖基坑。

②此题从已给条件知土壤为二类干土，深度为0.85m，深度在2m 以内，据工程量计算规则，无须放坡，基础材料为混凝土基础支模板，各边各增加工作面宽度，以使基础边至地槽（坑）边达300mm。

工程量计算规则：垫层按设计图示尺寸，两边各放宽300mm 乘以厚度按体积计算，所以挖方则应按设计图示尺寸两边各放宽 300mm 按面积计算。

由图 2-17、图 2-18 可知：

$V$＝挖方底面积×挖方深度×数量

＝$(0.9+0.3×2)×(0.9+0.3×2)×(0.15+0.3+0.4)×4=7.65m^3$

【注释】 式中 0.9m 分别指柱基础垫层的长和宽；（0.15＋0.3＋0.4）指挖方深度，0.3m 指放宽的尺寸，4 指柱子的数量。

定额工程量为：7.65m³                                套用定额 1-50

（2）人工回填土（夯实，密实度达 95％以上）

$V$＝总挖土方量－（柱垫层所占体积＋柱独立基础所占体积＋柱零平面下所占体积）

　　×4

＝$7.65-[0.9×0.9×0.15+0.7×0.7×0.3+(0.3-0.02×4-0.01×4)×(0.3$

$　　-0.02×4-0.01×4)×0.4]×4$

＝$7.65-1.126=6.52m^3$

【注释】 式中 7.65m³ 指定额中挖柱基的土方量；0.9×0.9×0.15 中，0.9m 指柱垫层的长度和宽度，0.15m 指柱垫层的厚度；0.7×0.7×0.3 中，0.7m 指柱独立基础的长度和宽度，0.3m 指柱独立基础的高度；（0.3－0.02×4－0.01×4）m 指单独混凝土柱的净长度，是由亭柱总长度减去四面水泥砂浆和白色瓷片面层的厚度所得，0.4m 指从零平面到柱独立基础上端的距离；4 指柱子的数量。

定额工程量为：6.52m³                                套用定额 1-127

（3）现浇混凝土基础垫层

150mm 厚 C10 混凝土基础垫层（自拌）

由清单工程量计算可知：

$$V＝底面积×高度=0.9×0.9×0.15×4=0.49m^3$$

【注释】 0.9m 指 C10 混凝土垫层的长度和宽度，0.15m 指厚度，4 指四个柱子垫层。

定额工程量为：0.49m³                                套用定额 1-170

（4）独立混凝土柱基础

300mm 厚 C20 钢筋混凝土（自拌）：

由清单工程量计算可知：$V=0.7×0.7×0.3×4=0.59m^3$

【注释】 0.7m 为柱独立基础的长度和宽度，0.3m 为柱独立基础的高度，4 为柱子的数量。

定额工程量为：0.59m³                                套用定额 1-275

（5）现浇钢筋混凝土柱：

C20 钢筋混凝土（自拌、矩形柱）

由清单工程量计算可知：$V=0.42m^3$

定额工程量为：0.42m³                                套用定额 1-279

（6）现浇钢筋工程（$\phi$12 以内）：

由清单工程量计算可知：

1）$\phi$12 螺纹钢 $W=0.051t$

2）$\phi$6 箍筋 $W=0.009t$

3）$\phi 4$ 圆筋 $W=0.004$

定额工程量为：$W=0.051+0.009+0.004=0.064t$　　　　套用定额 1-479

（7）柱面抹灰（矩形）

20mm 厚 1：2.5 水泥砂浆

由清单工程量计算可知：$S=12m^2$

定额工程量为：$12/10=1.20$（$10m^2$）　　　　套用定额 1-851

（8）柱面镶贴块料

10mm 厚白色瓷片

由清单工程量计算可知：$S=12m^2$

定额工程量为：$12/10=1.20$（$10m^2$）　　　　套用定额 1-908

（9）实木柱

$300\times100\times100$ 防腐实木柱

由清单工程量计算可知：

$V_{实木柱}=0.3\times0.1\times0.1\times4=0.01m^3$

【注释】　0.3——实木柱的长度；

　　　　　0.1——实木柱的宽度；

　　　　　0.1——实木柱的高度；

　　　　　　4——实木柱的数量。

定额工程量为：$0.01m^3$　　　　套用定额 2-398

（10）木梁

$3300\times100\times100$ 防腐木梁

由清单工程量计算可知：

$$V_{梁}=3.2\times0.1\times0.1\times4=0.13m^3$$

【注释】　3.2——木梁的长度；

　　　　　0.1——木梁的宽度；

　　　　　0.1——木梁的高度；

　　　　　　4——木梁的数量。

定额工程量为：$0.13m^3$　　　　套用定额 2-369

（11）木榫接

$300\times50\times50$ 木榫接

由清单工程量计算可知：

$$V_{木榫接}=0.3\times0.05\times0.05\times4=0.003m^3$$

【注释】　0.3——木榫接的长度；

　　　　　0.05——木榫接的宽度；

　　　　　0.05——木榫接的高度；

　　　　　　4——木榫接的数量。

定额工程量为：$0.003m^3$　　　　套用定额 2-397

（12）亭顶

3000×3000 玻璃屋面

由清单工程量计算可知：

$$S＝3.0×3.0＝9.00m^2$$

【注释】　3.0——玻璃的长度；

　　　　　3.0——玻璃的宽度。

定额工程量为：$9/10＝0.9$（$10m^2$）　　　　　　　　　　套用定额 3-567

（13）亭基础工程

由清单工程量计算可知：

亭基础面积＝亭底面积 $S_1$－坐凳占地面积 $S_2$－柱子占地面积 $S_3$

$$S_1＝3×3＝9m^2$$

【注释】　3——亭子基础面层的总长度；

　　　　　3——亭子基础面的总宽度。

$$S_2＝(2.4－0.3－0.3)×0.3×2＝1.08m^2$$

【注释】　2.4——柱子与柱子从最外边缘的距离；

　　　　　0.3——柱子的长度；

　　　　　0.3——坐凳所占的宽度；

　　　　　2——坐凳数量。

$$S_3＝0.3×0.3×4＝0.36m^2$$

【注释】　0.3——柱子的宽度；

　　　　　0.3——柱子的宽度；

　　　　　4——柱子的数量。

$$S＝S_1－S_2－S_3＝9－1.08－0.36＝7.56m^2$$

1）100mm 厚 3：7 灰土

$$V＝Sh＝7.56×0.1＝0.76m^3$$

【注释】　7.56——同亭基础面面积；

　　　　　0.1——3：7 灰土的厚度。

定额工程量为：$0.76m^3$　　　　　　　　　　　　　　　　套用定额 1-742

2）300mmC10 混凝土（不分格，商品混凝土，非泵送）

$$V＝Sh＝7.56×0.3＝2.27m^3$$

【注释】　7.56——同亭基础面面积；

　　　　　0.3——C10 混凝土的厚度。

定额工程量为：$2.27m^3$　　　　　　　　　　　　　　　　套用定额 1-753

3）20mm 厚 1：2.5 水泥砂浆

$$S＝7.56m^2$$

【注释】　7.56——同亭基础面面积。

定额工程量为：$7.56/10＝0.76$　　　　　　　　　　　　　套用定额 1-756

4）30mm 厚花岗石贴面

$$S＝7.56m^2$$

【注释】 7.56——同亭基础面面积。

定额工程量为：7.56/10=0.76 　　　　　　　　　　　　套用定额 1-778

（14）亭子台阶

由清单工程量计算可知台阶水平投影面积为：$S=1.40m^2$

1）100mm 厚 3∶7 灰土

$$V=Sh=1.40\times0.1=0.14m^3$$

【注释】 1.40——同台阶水平投影面积；

　　　　0.1——3∶7 灰土的厚度。

定额工程量为：0.14m³ 　　　　　　　　　　　　　　套用定额 1-742

2）300mmC10 混凝土（不分格，商品混凝土，非泵送）

$$V=Sh=1.4\times0.3=0.42m^3$$

【注释】 1.40——同台阶水平投影面积；

　　　　0.3——C10 混凝土的厚度。

定额工程量为：0.42m³ 　　　　　　　　　　　　　　套用定额 1-753

3）30mm 厚花岗石贴面（包括 20mm 厚 1∶2.5 水泥砂浆）

工程量计算规则：台阶（包括踏步及最上一步踏步口外延 300mm）整体面层按水平投影面积以平方米为单位进行计算；块料面层，按展开（包括）两侧实铺面积以平方米为单位进行计算）。

$$S=1.4+1.0\times0.15\times3\times2=2.30m^2$$

【注释】 1.40——同台阶水平投影面积；

　　　　1.0——台阶的长度；

　　　　0.15——一个台阶的高度；

　　　　3——3 个高。

定额工程量为：2.30/10=0.23（10m²） 　　　　　　　套用定额 1-780

（15）坐凳

1）素土夯实

此处坐凳无挖土方工程，原土打底夯。

由图 2-19 可知：

$$S=(2.2+0.3\times2)\times(0.7+0.3\times2)\times2=7.28m^2$$

【注释】 2.2——3∶7 灰土垫层的长度；

　　　　0.7——3∶7 灰土垫层的宽度；

　　　　0.3——加宽工作面的长度；

　　　　2——加宽的数量；

　　　　2——坐凳的数量。

定额工程量为：7.28/10=0.73（10m²） 　　　　　　　套用定额 1-122

2）100mm 厚 3∶7 灰土

$$V=Sh=2.2\times0.7\times0.1\times2=0.31m^3$$

【注释】 2.2——3∶7 灰土垫层的长度；

　　　　0.7——3∶7 灰土垫层的宽度；

   0.1——3：7 灰土垫层的厚度；

   2——坐凳的数量。

定额工程量为：0.31m³           套用定额 1-742

3）C10 混凝土（不分格，商品混凝土，非泵送）

   $V=Sh=(2.2×0.7×0.3+1.8×0.3×0.45)×2=1.41m^3$

【注释】 2.2——下层混凝土的长度；

   0.7——下层混凝土的宽度；

   0.3——下层混凝土的高度；

   1.8——上层混凝土的长度；

   0.3——上层混凝土的宽度；

   0.45——上层混凝土的高度；

   2——坐凳的数量。

定额工程量为：1.41m³           套用定额 1-753

4）20mm 厚 1：2.5 水泥砂浆（30mm 厚花岗石贴面）

   $S=(1.8×0.3+1.8×0.45+1.8×0.45)×2=4.32m^2$

【注释】 1.8——坐凳面层的长度；

   0.3——坐凳面层的宽度；

   0.45——坐凳面层的高度；

   2——坐凳的数量。

定额工程量为：4.32/10＝0.43（10m²）      套用定额 1-901

2. 花架

（1）挖基坑

【注释】 凡沟槽底宽 3m 以内，沟槽底长大于 3 倍槽底为沟槽；凡土方基坑底面积在 20m² 以内的为基坑；凡沟槽底宽在 3m 以上，基坑底面积在 20m² 以上，平整场地挖填方厚度在 300mm 以上，均按挖土方计算。此处花架挖方为挖基坑。

  工程量计算规则：垫层按设计图示尺寸，两边各放宽 300mm 乘以厚度按体积计算，所以挖方则应按设计图示尺寸两边各放宽 300mm 按面积计算。

  由图 2-38、图 2-39 可知：

  $V=Shn=$ 挖方底面积×挖方深度×数量

   $=(0.7+0.3×2)×(0.7+0.3×2)×(0.2+0.2+0.2)×8=8.11m^3$

【注释】 0.7——花架柱基础垫层的长和宽；

（0.2＋0.2＋0.2）——挖方深度；

   0.3——工作面放宽的尺寸；

   8——花架柱子的数量。

定额工程量为：8.11m³

土壤为二类干土，深度为 0.6m，深度在 2m 以内     套用定额 1-50

（2）人工回填土

由清单工程量计算可知：

  $V=$ 挖柱基的总体积－柱基础垫层体积－柱独立基础体积

$=8.11-(0.7\times0.7\times0.2+0.5\times0.5\times0.2)\times8$

$=8.11-(0.098+0.05)\times8=6.93m^3$

【注释】 8.11——挖柱基的总体积;

　　　　0.098——柱基础垫层体积;

　　　　0.05——柱独立基础体积;

　　　　8——花架柱子的个数。

定额工程量为:6.93m³ 　　　　　　　　　　　　　　　　套用定额 1-127

(3)现浇混凝土基础垫层

200mm 厚 C15 混凝土基础垫层(自拌)

由图 2-38、图 2-39 可知:

$$V=0.7\times0.7\times0.2\times8=0.78m^3$$

【注释】 0.7——混凝土基础垫层的长度;

　　　　0.7——混凝土基础垫层的宽度;

　　　　0.2——混凝土基础垫层的高度;

　　　　8——花架柱子的个数。

定额工程量为:0.78m³ 　　　　　　　　　　　　　　　　套用定额 1-170

(4)独立混凝土柱基础

200mm 厚 C20 混凝土(自拌)

计算规则同清单工程量,故 $V=0.5\times0.5\times0.2\times8=0.40m^3$

【注释】 0.5——柱独立基础的长度;

　　　　0.5——柱独立基础的宽度;

　　　　0.2——柱独立基础的高度;

　　　　8——花架柱子的个数。

定额工程量为:0.40m³ 　　　　　　　　　　　　　　　　套用定额 1-275

(5)木花架柱

计算规则同清单工程量,由清单工程量可知:$V=1.87m^3$

定额工程量为:1.87m³ 　　　　　　　　　　　　　　　　套用定额 2-365

(6)木花架梁

计算规则同清单工程量,由清单工程量可知:

木花架梁工程量 $V=0.54m^3$

定额工程量为:0.54m³ 　　　　　　　　　　　　　　　　套用定额 2-369

(7)木花架枋

计算规则同清单工程量,由清单工程量可知:

木花架枋的工程量 $V=0.81m^3$

定额工程量为:0.81m³ 　　　　　　　　　　　　　　　　套用定额 2-372

(8)柱饰面油漆

计算规则同清单工程量,由清单工程量可知:

柱饰面油漆的工程量 $S=23.76m$

定额工程量为:23.76/10=2.38(10m²) 　　　　　　　　　套用定额 2-625

（9）梁饰面油漆

计算规则同清单工程量，由清单工程量可知：

梁饰面油漆的工程量 $S=11.04m^2$

定额工程量为：$11.04/10=1.10$（$10m^2$）　　　　　　　　套用定额 2-625

（10）花架枋油漆

计算规则同清单工程量，由清单工程量可知：

枋饰面油漆的工程量 $S=22.25m^2$

定额工程量为：$22.25/10=2.23$（$10m^2$）　　　　　　　　套用定额 2-625

（11）石凳

计算规则同清单工程量，由清单工程量可知：

石凳的工程量为 4 个

定额工程量为：$4/10=0.4$（10 个）　　　　　　　　套用定额 3-569

（12）花架基础

1）素土夯实

$$S=6.8×2=13.6m^2$$

【注释】　6.8——花架垫层的长度；

　　　　　2——花架垫层的宽度。

定额工程量为：$13.6/10=1.36$（$10m^2$）　　　　　　　　套用定额 1-122

2）80mm 厚 C10 混凝土（自拌混凝土）

由图 2-39 可知：

$$V=Sh=6.8×2×0.08=1.09m^3$$

【注释】　6.8——花架垫层的长度；

　　　　　2——花架垫层的宽度；

　　　　　0.08——花架垫层的厚度。

定额工程量为：$1.09m^3$　　　　　　　　套用定额 1-752

3）10mm 厚水泥砂浆

花架基础水泥砂浆找平层工程量 $S=13.6m^2$

定额工程量为：$13.6/10=1.36$（$10m^2$）

套用定额 1-756

4）10mm 厚花岗石碎拼

计算规则同清单工程量，由清单工程量可知：

花架基础花岗石碎拼面层工程量 $S=13.6m^2$

定额工程量为：$13.6/10=1.36$（$10m^2$）　　　　　　　　套用定额 1-784

3. 景墙

（1）土方工程

【注释】　凡沟槽底宽 3m 以内，沟槽底长大于 3 倍槽底为沟槽；凡土方基坑底面积在 20m² 以内的为基坑；凡沟槽底宽在 3m 以上，基坑底面积在 20m² 以上，平整场地挖填方厚度在 300mm 以上，均按挖土方计算。此处景墙挖方为挖基坑。

工程量计算规则：此处为混凝土基础支模板，工作边放宽 300mm，按设计图示尺寸以放宽后基础垫层底面积乘以挖方深度计算。

由图 2-22 可知：

$$V = [(3.3 + 0.3 \times 2) \times (0.6 + 0.3 \times 2) \times (0.5 + 0.1 + 0.15)] \times 3$$
$$= 3.9 \times 1.2 \times 0.75 \times 3 = 10.53 m^3$$

【注释】　　3.3——C10 混凝土垫层的长度；

　　　　　　0.6——C10 混凝土垫层的宽度；

(0.5+0.1+0.15)——指挖方的深度；

　　　　　　3——景墙的数量；

　　　　　　0.3——每个工作面加宽的长度；

　　　　　　2——两边均放宽。

定额工程量为：10.53m³　　　　　　　　　　　套用定额 1-50

（2）人工回填土

由图 2-22 可知：

$$V = 10.53 - [3.3 \times 0.6 \times 0.15 + 3.0 \times (0.6 - 0.1 - 0.1) \times 0.1 + 3.0 \times 0.24 \times 0.5] \times 3$$
$$= 10.53 - (0.30 + 0.12 + 0.36) \times 3 = 8.19 m^3$$

【注释】　　10.53——挖方的总量；

　　　　　　0.30——单个景墙 C10 混凝土垫层所占的体积；

　　　　　　0.12——单个景墙砖基础所占的体积；

　　　　　　0.36——单个景墙砖砌筑零平面以下所占的体积。

定额工程量为：8.19m³　　　　　　　　　　　套用定额 1-127

（3）砖基础（标准砖）

计算规则同清单工程量，由清单工程量计算可知：

景墙砖基础工程量 $V = 0.12 m^3$

定额工程量为：0.12m³　　　　　　　　　　　套用定额 1-189

（4）砖砌体（标准砖，一砖半）

计算规则同清单工程量，由清单工程量计算可知：

景墙砖砌体工程量 $V = 4.54 m^3$

定额工程量为：4.54m³　　　　　　　　　　　套用定额 1-207

（5）墙面镶贴块料

20mm 厚浅灰色花岗石（1：2.5 水泥砂浆）

计算规则同清单工程量，由清单工程量计算可知：

$$S = 43.02 m^2$$

定额工程量为：43.02/10＝4.30（10m²）　　　套用定额 1-893

（6）花坛

1）挖土方

【注释】　凡沟槽底宽 3m 以内，沟槽底长大于 3 倍槽底为沟槽；凡土方基坑底面积在 20m² 以内的为基坑；凡沟槽底宽在 3m 以上，基坑底面积在 20m² 以上，平整场地挖填方厚度在 300mm 以上，均按挖土方计算。此处花坛挖方为挖基坑。

工程量计算规则：此处为条石基础，每边工作面放宽 150mm，按设计图示尺寸以放宽后基础垫层底面积乘以挖方深度计算。

【注释】 参照《江苏省仿古建筑与园林工程计价表》。

由图 2-26、图 2-27 可知：

$$V_1 = (4.3+0.15×2)×(0.3+0.15×2)×0.25×2+(1.7+0.15×2)×(0.3+0.15×2)×0.25×2$$
$$= 1.38+0.6 = 1.98m^3$$

【注释】 4.3——花坛 1 长边垫层的长度；

　　　　0.3——花坛 1 长边垫层的宽度；

　　　　0.15——每个工作面加宽的长度；

　　　　2——两边均放宽；

　　　　0.25——指挖方的深度；

　　　　2——花坛 1 两个长边的挖方；

　　　　1.7——花坛 1 短边除去与长边重合后垫层的长度；

　　　　0.3——花坛 1 短边垫层的宽度；

　　　　2——花坛 1 两个短边的挖方。

具体数据含义参照清单中的计算注释。

由图 2-29、图 2-31 可知：

$$V_2 = (6.1+0.15×2)×(0.3+0.15×2)×0.25×2+(2.5+0.15×2)×(0.3+0.15×2)×0.25×2$$
$$= 1.92+0.84 = 2.76m^3$$

【注释】 6.1——花坛 2 长边垫层的长度；

　　　　0.3——花坛 2 长边垫层的宽度；

　　　　0.15——每个工作面加宽的长度；

　　　　2——两边均放宽；

　　　　0.25——挖方的深度；

　　　　2——花坛 2 两个长边的挖方；

　　　　2.5——花坛 2 短边除去与长边重合后垫层的长度；

　　　　0.3——花坛 2 短边垫层的宽度；

　　　　2——花坛 2 两个短边的挖方。

由图 2-32、图 2-34 可知：

因为花坛 2 与花坛 3 相同，所以 $V_3 = 2.76m^3$

故 $V = V_1+V_2+V_3 = 1.98+2.76+2.76 = 7.50m^3$

定额工程量为：7.50m³　　　　　　　　　　　　　　　　　套用定额 1-50

2）人工回填土

工程量计算规则同清单：

由图 2-26、图 2-27 可知：

花坛 1 回填的体积：

$$V_1 = 1.98 - \{[4.3 \times 0.3 \times (0.1+0.1) \times 2 + 4.3 \times 0.14 \times 0.05 \times 2] + [1.7 \times 0.3 \times (0.1$$
$$+0.1) \times 2 + 1.7 \times 0.14 \times 0.05 \times 2]\}$$
$$= 1.98 - (0.58+0.23) = 1.17 \text{m}^3$$

【注释】　1.98——花坛 1 的挖方量；

4.3——花坛 1 长边垫层的长度；

0.3——花坛 1 长边垫层的宽度；

(0.1+0.1)——垫层和砖砌筑基础的高度之和；

2——花坛 1 两个长边的挖方；

0.14——地平面以下砖砌筑基础以上的宽度；

0.05——地平面以下砖砌筑基础以上的高度；

1.7——花坛 1 短边除去与长边重合后垫层的长度；

0.3——花坛 1 短边垫层的宽度；

2——花坛 1 两个短边的挖方。

具体数据含义参照清单中的计算注释。

花坛 2 回填的体积：

$$V_1 = 2.76 - \{[6.1 \times 0.3 \times (0.1+0.1) \times 2 + 6.1 \times 0.14 \times 0.05 \times 2] + [2.5 \times 0.3 \times (0.1$$
$$+0.1) \times 2 + 2.5 \times 0.14 \times 0.05 \times 2]\}$$
$$= 2.76 - (0.82+0.34) = 1.60 \text{m}^3$$

【注释】　2.76——花坛 2 的挖方量；

6.1——花坛 2 长边垫层的长度；

0.3——花坛 2 长边垫层的宽度；

(0.1+0.1)——垫层和砖砌筑基础的高度之和；

2——花坛 2 两个长边的挖方；

0.14——地平面以下砖砌筑基础以上的宽度；

0.05——地平面以下砖砌筑基础以上的高度；

2.5——花坛 2 短边除去与长边重合后垫层的长度；

0.3——花坛 2 短边垫层的宽度；

2——花坛 2 两个短边的挖方。

具体数据含义参照清单中的计算注释。

因为花坛 2 与花坛 3 相同，所以花坛 3 回填土 $V_3 = 1.60 \text{m}^3$

故 $V = V_1 + V_2 + V_3 = 1.17 + 1.60 + 1.60 = 4.37 \text{m}^3$

定额工程量为：4.37m³　　　　　　　　　　　　　　　　套用定额 1-127

3）砖砌筑（标准砖）

计算规则同清单工程量，由清单工程量计算可知：

花坛砖砌体工程量 $V = 3.95 \text{m}^3$

定额工程量为：3.95m³　　　　　　　　　　　　　　　　套用定额 1-238

4）零星项目—般抹灰

花坛内壁水泥砂浆抹灰

计算规则同清单工程量，由清单工程量计算可知：

$S$＝水泥砂浆总面积－粘贴块料的面积

    ＝41.17m²

定额工程量为：41.17/10＝4.12（10m²）        套用定额 1-846

5）零星镶贴块料

20mm 厚米黄色花岗石（花坛外围 1：2.5 水泥砂浆）

计算规则同清单工程量，由清单工程量计算可知：

$$S＝28.08m²$$

定额工程量为：28.08/10＝2.81（10m²）        套用定额 1-901

4. 坐凳

（1）挖土方

【注释】 凡沟槽底宽 3m 以内，沟槽底长大于 3 倍槽底为沟槽；凡土方基坑底面积在 20m² 以内的为基坑；凡沟槽底宽在 3m 以上，基坑底面积在 20m² 以上，平整场地挖填方厚度在 300mm 以上，均按挖土方计算。此处坐凳挖方为挖基坑。

工程量计算规则：此处为条石基础，每边工作面放宽 150mm，按设计图示尺寸以放宽后基础垫层底面积乘以挖方深度计算。

【注释】 参照《江苏省仿古建筑与园林工程计价表》。

由图 2-23～图 2-25 可知：

坐凳挖方工程量为：$V$＝基础加宽后截面面积×挖土深度

                   ＝$(0.56＋0.15×2)×(0.2＋0.15×2)×(0.15＋0.09)×2×3$

                   ＝$0.86×0.5×0.24×2×3$

                   ＝0.62 m³

【注释】 0.56——基础垫层的长度；

   0.2——基础垫层的宽度；

  0.15——每个工作面加宽的长度；

     2——两个边均加宽；

  0.15——基础垫层的高度；

  0.09——自然面金山石水平面以下的高度；

     2——一个坐凳的两个凳腿；

     3——坐凳的数量。

定额工程量为：$V$＝0.62m³        套用定额 1-50

（2）人工回填土

计算规则：按设计图示尺寸以体积计算，用挖方体积减去设计室外地坪以下埋设的基础体积（包括基础垫层及其他构筑物）。

由图 2-23～图 2-25 可知：

回填的体积 $V$＝挖基坑土方工程量－基础垫层体积－自然面金山石支座地下体积

            ＝$0.62－(0.56×0.2×0.15＋0.46×0.1×0.09)×2×3$

            ＝$0.62－(0.0168＋0.00414)×6$

            ＝$0.62－0.13＝0.49m³$

【注释】 0.62——挖方的体积；

0.56——基础垫层的长度；

 0.2——基础垫层的宽度；

0.15——基础垫层的高度；

0.46——自然面金山石的长度；

 0.1——自然面金山石的宽度；

0.09——自然面金山石水平面以下的高度；

 2——一个坐凳的两个凳腿；

 3——坐凳的数量。

定额工程量为：0.49m³ 　　　　　　　　　　　　套用定额 1-127

（3）防腐木条

2000mm×100mm×50mm 的防腐木条

计算规则：按设计图示尺寸以长度计算。

$$L=2\times4\times3=24$$

【注释】 2——防腐木条的长度；

　　　　4——一个坐凳上防腐木条的数量；

　　　　3——坐凳的数量。

定额工程量为：24/10＝2.4（10m） 　　　　　　套用定额 1-739

（4）木材面刷清漆

2000mm×100mm×50mm 的防腐木条刷清漆

计算规则同清单工程量，由清单工程量计算可知：

$$S=2.4m^2$$

定额工程量为：2.4/10＝0.24（10m²） 　　　　　套用定额 2-624

（5）自然面金山石支座

100mm×460mm×440mm 自然面金山石

计算规则同清单工程量，由清单工程量计算可知：

自然面金山石 $V=0.12m^3$

定额工程量为：0.12m³ 　　　　　　　　　　　　套用定额 1-250

5. 水池

（1）挖土方

【注释】 凡沟槽底宽 3m 以内，沟槽底长大于 3 倍槽底为沟槽；凡土方基坑底面积在 20m² 以内的为基坑；凡沟槽底宽在 3m 以上，基坑底面积在 20m² 以上，平整场地挖填方厚度在 300mm 以上，均按挖土方计算。此处水池挖方为挖基坑。

工程量计算规则：此处为砖基础，每边工作面放宽 200mm，按设计图示尺寸以放宽后基础垫层底面积乘以挖方深度计算。

【注释】 参照《江苏省仿古建筑与园林工程计价表》。

由图 2-40、图 2-42 可知：

水池 1 挖土方的工程量 $V_1$ ＝水池 1 垫层底面积×挖方深度

$$=(3.8+0.2\times2)\times(2.6+0.2\times2)\times0.25$$

$$=4.2\times3.0\times0.25=3.15m^3$$

【注释】　3.8——混凝土垫层的长度；

2.6——混凝土垫层的宽度；

0.2——每个工作面加宽的长度；

2——两个边均加宽；

0.25——挖方的深度。

水池 2 挖土方的工程量 $V_2$ ＝水池 2 垫层底面积×挖方深度

$$＝[(4.2+0.2×2)×(2.1+0.2×2)+(2.6+0.2×2)×$$
$$(1.1+0.2×2)]×0.25$$
$$＝(4.6×2.5+3.0×1.5)×0.25＝4m^3$$

【注释】　4.2——水池 2 混凝土垫层的长度；

2.1——水池 2 混凝土垫层的宽度（减去与水池 1 重合的部分）；

2.6——水池 2 局部的长度；

1.1——水池 2 局部的宽度；

0.2——每个工作面加宽的长度；

2——两个边均加宽；

0.25——挖方的深度。

详细数据参照清单工程量。

由图 2-44 可知：

泄水口挖方工程量 $V_3$ ＝基础垫层底面积×挖土深度×泄水口的数量

$$＝(1.0+0.2×2)×(1.0+0.2×2)×0.9×2$$
$$＝3.53m^3$$

【注释】　1.0——泄水口混凝土垫层底面的长度；

0.9——池底到泄水口垫层的深度；

0.2——每个工作面加宽的长度；

2——两个边均加宽；

2——泄水口的数量。

综上：$V=V_1+V_2+V_3=3.15+4+3.53=10.68m^3$

定额工程量为：$10.68m^3$　　　　　　　　　　　　　　套用定额 1-50

（2）素土夯实

由图 2-40、图 2-42 可知：

水池 1$S_1$＝长×宽＝$(3.8+0.2×2)×(2.6+0.2×2)$

$$＝4.2×3.0＝12.6m^2$$

【注释】　3.8——混凝土垫层的长度；

2.6——混凝土垫层的宽度；

0.2——每个工作面加宽的长度；

2——两个边均加宽。

水池 2$S_2$＝长×宽＝$(4.2+0.2×2)×(2.1+0.2×2)+(2.6+0.2×2)×(1.1+0.2×2)$

$$＝4.6×2.5+3.0×1.5＝16m^2$$

【注释】 4.2——水池2混凝土垫层的长度；

2.1——水池2混凝土垫层的宽度（减去与水池1重合的部分）；

2.6——水池2局部的长度；

1.1——水池2局部的宽度；

0.2——每个工作面加宽的长度；

2——两个边均加宽。

泄水口的夯实已包括在水池1和水池2中，故不用再计算。

$$S＝12.6＋16＝28.6m^2$$

定额工程量为：28.6/10＝2.86（10m²）　　　　　　　　　　　套用定额1-123

（3）人工回填土

计算规则：按设计图示尺寸以体积计算，用挖方体积减去设计室外地坪以下埋设的基础体积（包括基础垫层及其他构筑物）。

由图2-40、图2-42可知：

$V_1$＝水池1挖方总量－（垫层的体积＋砖砌体体积（水平面以下）＋面层和水泥砂浆的体积）

$$＝3.15－(3.8×2.6×0.06＋3.6×2.4×0.15＋3.6×2.4×0.04)$$

$$＝3.15－(0.59＋1.30＋0.35)＝0.91m^3$$

【注释】 3.15——水池1挖方的工程量；

3.8——混凝土垫层的长度；

2.6——混凝土垫层的宽度；

0.06——混凝土垫层的厚度；

3.6——砖砌体的长度；

2.4——砖砌体的宽度；

0.15——砖砌体的厚度；

0.04——面层和水泥砂浆的厚度。

$V_2$＝水池2挖方总量－垫层的体积－砖砌体体积（水平面以下）、面层和水泥砂浆的体积

$$＝4－(4.2×2.1＋2.6×1.1)×0.06－[3.6×2.4×(0.15＋0.04)＋2.5×1.0×$$

$$(0.15＋0.04)]$$

$$＝4－(0.70＋2.12)＝1.18m^3$$

【注释】 4——水池2挖方的工程量；

4.2——水池2混凝土垫层的长度；

2.1——水池2混凝土垫层的宽度（减去与水池1重合的部分）；

2.6——水池2局部的长度；

1.1——水池2局部的宽度；

0.06——混凝土垫层的厚度；

3.6——砖砌体的长度；

2.4——砖砌体的宽度；

0.15——砖砌体的厚度；

0.04——面层和水泥砂浆的厚度。

由图 2-44 可知：$V_3 = 0 m^3$

综上所述：$V = V_1 + V_2 + V_3 = 0.91 + 1.18 + 0 = 2.09 m^3$

定额工程量为：2.09m³             套用定额 1-127

（4）混凝土垫层

60mm 厚 C10 混凝土垫层（自拌混凝土，不分格）

水池 $V_1 = 3.8 \times 2.6 \times 0.06 = 0.59 m^3$

【注释】 3.8——混凝土垫层的长度；

        2.6——混凝土垫层的宽度；

        0.06——混凝土垫层的厚度。

水池 $V_2 = (4.2 \times 2.1 + 2.6 \times 1.1) \times 0.06 = 0.70 m^3$

【注释】 4.2——水池 2 混凝土垫层的长度；

        2.1——水池 2 混凝土垫层的宽度（减去与水池 1 重合的部分）；

        2.6——水池 2 混凝土局部的长度；

        1.1——水池 2 混凝土局部的宽度；

        0.06——混凝土垫层的厚度。

由图 2-43、图 2-44 可知：

泄水口竖立面垫层的体积 $V_3 = 1.0 \times 0.9 \times 0.06 \times 4 \times 2 = 0.43 m^3$

【注释】 1.0——泄水口混凝土垫层的长度；

        0.9——泄水口混凝土垫层的宽度；

        0.06——泄水口混凝土垫层的厚度；

        4——泄水口周围四壁；

        2——泄水口的数量。

综上所述：$V = V_1 + V_2 + V_3 = 0.59 + 0.70 + 0.43 = 1.72 m^3$

定额工程量为：1.72m³             套用定额 1-170

（5）砖砌筑（标准砖）

计算规则同清单工程量，由清单工程量计算可知：

水池 $1 V_1 = 1.84 m^3$

水池 $2 V_2 = 2.63 m^3$

泄水口 $V_3 = 0.28 m^3$

砖砌筑的体积 $V = 1.84 + 2.63 + 0.28 = 4.75 m^3$

定额工程量为：4.75m³             套用定额 1-238

（6）水泥砂浆结合层

20mm 厚 1：2 防水砂浆

计算规则同清单工程量，由清单工程量计算可知：

$$S = 51.47 m^2$$

定额工程量为：51.47/10＝5.15（10m²）             套用定额 1-248

（7）零星镶贴块料

1）20mm厚花岗石贴面

计算规则同清单工程量，由清单工程量计算可知：

水池1外壁、上壁为花岗石面层：

$S_1$＝外壁面积＋上壁面积

$\quad$＝(3.6＋2.4＋3.6＋2.4)×0.4＋(3.6＋2.4－0.4＋3.6＋2.4－0.4)×0.2

$\quad$＝4.8＋2.24＝7.04m²

【注释】　3.6——水池1长边的长度；

$\qquad$2.4——水池1短边的长度；

$\qquad$0.4——水池1零平面以上的高度；

$\qquad$0.4——除去上壁重合的长度；

$\qquad$0.2——水池1池壁的厚度。

水池2外壁、上壁为花岗石面层：

$S_2$＝外壁面积＋上壁面积

$\quad$＝(2.5＋3.0＋4.0＋2.0)×0.8＋(2.5＋3.0－0.4＋4.0＋2.0－0.2)×0.2

$\quad$＝9.2＋2.18＝11.38m²

【注释】　2.5——水池2边长；

$\qquad$3.0——水池2边长；

$\qquad$4.0——水池2边长；

$\qquad$2.0——水池2边长；

$\qquad$0.8——水池2零平面以上的高度；

$\qquad$0.4——除去水池2上壁重合的长度；

$\qquad$0.2——水池2池壁的厚度。

$$S＝7.04＋11.38＝18.42m²$$

定额工程量为：18.42/10＝1.84（10m²）　　　　　　　　　　套用定额1-901

2）20mm厚蓝色碎瓷片面层（包括水泥砂浆结合层）

由清单工程量可知：

水池1内壁、底面为蓝色碎瓷片面层：

$$S_1＝内壁面积＋底面面积＝12.80m²$$

水池2内壁、底面为蓝色碎瓷片面层：

$$S_2＝内壁面积＋底面面积＝18.74m²$$

泄水口的蓝色碎瓷片面层 $S_3$＝1.51m²

$$S＝12.80＋18.74＋1.51＝33.05m²$$

定额工程量为：33.05/10＝3.31（10m²）　　　　　　　　　　套用定额1-909

6. 坐凳树池

（1）挖土方

【注释】　凡沟槽底宽3m以内，沟槽底长大于3倍槽底为沟槽；凡土方基坑底面积在20m²以内的为基坑；凡沟槽底宽在3m以上，基坑底面积在20m²以上，平整场地挖填方厚度在 300mm 以上，均按挖土方计算。此处挖方为挖基坑。

工程量计算规则：此处为混凝土支模板，每边工作面放宽 300mm，按设计图示尺寸以放宽后基础垫层底面积乘以挖方深度计算。

【注释】 参照《江苏省仿古建筑与园林工程计价表》。

由图 2-45、图 2-46 可知：

挖方量 $V = [(1.7+0.3×2)×(0.4+0.3×2)×0.3×2+(1.1+0.3×2)×(0.4+0.3×2)×0.3×0.2]×10$

$= (1.38+0.102)×10 = 14.82m^3$

【注释】 1.7——坐凳树池垫层长边长度；

    0.4——坐凳树池垫层长边宽度；

    0.3——每个工作面加宽的长度；

    2——两个边均加宽；

    0.3——挖方的深度；

    1.1——坐凳树池的垫层短边长度；

    0.4——坐凳树池的垫层短边宽度；

    10——坐凳树池的数量。

定额工程量为：14.82m³                    套用定额 1-50

（2）素土夯实

$S = [(1.7+0.3×2)×(0.4+0.3×2)×2+(1.1+0.3×2)×(0.4+0.3×2)×0.2]×10$

$= 49.40m^2$

定额工程量为：49.40/10=4.94（10m²）       套用定额 1-123

（3）人工回填土

计算规则：按设计图示尺寸以体积计算，用挖方体积减去设计室外地坪以下埋设的基础体积（包括基础垫层及其他构筑物）。

由图 2-45～图 2-47 可知：

回填土体积 $V =$ 挖方总量－垫层所占体积－混凝土零平面以下所占体积

$= 14.82-(1.7×0.4×2+1.1×0.4×2)×0.06×10-(1.54×0.24×2+1.24×0.24×2)×0.24×10$

$= 14.82-1.34-3.20 = 10.28m^3$

【注释】 14.82——挖方的工程量；

    1.7——坐凳树池垫层长边长度；

    0.4——坐凳树池垫层长边宽度；

    1.54——长边 C10 混凝土的长度；

    2——短边、长边均两个；

    0.24——C10 混凝土的宽度；

    1.1——坐凳树池的垫层短边长度；

    0.4——坐凳树池的垫层短边宽度；

    10——坐凳树池的数量。

定额工程量为：10.28m³                    套用定额 1-127

（4）碎石基础垫层

60mm 厚碎石垫层（毛石，干铺）

$$V_1 = (1.7 \times 0.4 \times 2 + 1.1 \times 0.4 \times 2) \times 0.06 \times 10 = 1.34 \text{m}^3$$

【注释】　1.7——碎石垫层长边的长度；

　　　　　0.4——碎石垫层长边的宽度；

　　　　　2——短边、长边均两个；

　　　　　1.1——碎石垫层短边的长度；

　　　　　0.4——碎石垫层短边的宽度；

　　　　　0.06——碎石垫层的厚度；

　　　　　10——坐凳树池的数量。

定额工程量为：1.34m³　　　　　　　　　　　　　　　　套用定额 1-750

（5）混凝土砌筑

C10 混凝土（自拌）

$$V = (1.54 \times 0.24 \times 2 + 0.94 \times 0.24 \times 2) \times 0.64 \times 10$$
$$= 7.62 \text{m}^3$$

【注释】　1.54——长边 C10 混凝土的长度；

　　　　　0.24——长边 C10 混凝土的宽度；

　　　　　2——短边、长边均两个；

　　　　　0.94——短边 C10 混凝土的长度；

　　　　　0.24——短边 C10 混凝土的宽度；

　　　　　0.64——C10 混凝土的高度；

　　　　　10——坐凳树池的数量。

定额工程量为：7.62m³　　　　　　　　　　　　　　　　套用定额 1-356

（6）粘贴花岗石

30mm 厚万年青花岗石（包括水泥砂浆）

$S = $ 坐凳树池外壁＋坐凳树池内壁＋坐凳树池上壁

$= [1.6 \times 0.45 \times 4 + 1.0 \times 0.45 \times 4 + (1.6 \times 0.3 \times 2 + 1.0 \times 0.3 \times 2)] \times 10$

$= 2.88 + 1.8 + (0.96 + 0.6) = 62.4 \text{m}^2$

【注释】　1.6——坐凳树池外壁的长度；

　　　　　0.45——坐凳零平面以上的高度；

　　　　　4——坐凳树池外壁的四面；

　　　　　1.0——坐凳树池内壁的长度；

　　　　　4——坐凳树池内壁的四面；

　　　　　0.3——坐凳树池凳面的宽度；

　　　　　10——坐凳树池的数量。

定额工程量为：62.4/10＝6.24（10m²）　　　　　　　　套用定额 1-901

7. 台阶 1

工程量计算规则：台阶（包括踏步及最上一步踏步口外延 300mm）整体面层按水平投影面积以平方米为单位计算（图 2-64、图 2-65）；块料面层，按展开（包括）两侧实铺面积以平方米为单位进行计算。

由清单工程量计算可知台阶水平投影面积为：$S=1.58m^2$

（1）C10混凝土（不分格，商品混凝土，非泵送）

$V=Sh=(0.5\times0.35\times0.1\times3+0.35\times0.06\times3)\times1.5=0.18m^3$

【注释】 0.5——三角形0.5系数；

　　　　 0.35——踏步侧面的长度；

　　　　 0.1——混凝土的高度；

　　　　 3——台阶的级数；

　　　　 0.06——混凝土的高度；

　　　　 1.5——台阶的长度；

定额工程量为：$0.18m^3$ 　　　　　　　　　　　　套用定额1-753

（2）花岗石面层（包括水泥砂浆）

$$S=1.5\times(0.35+0.15)\times3=2.25m^2$$

【注释】 1.5——台阶的长度；

　　　　 0.35——踏步的长度；

　　　　 0.15——一个台阶的高度；

　　　　 3——台阶的级数。

定额工程量为：$2.25/10=0.23$（$10m^2$） 　　　　　　套用定额1-780

（三）园林景观工程综合单价分析见表2-53～表2-104

**工程量清单综合单价分析表**

表2-53

| 工程名称："馨园"居住区组团绿地工程 | | | | | | | 标段： | | 第 页 共 页 | | | |
|---|---|---|---|---|---|---|---|---|---|---|---|---|
| 项目编码 | 010101004001 | | 项目名称 | | 挖基坑土方——亭 | | 计量单位 | $m^3$ | 工程量 | 2.75 | | |
| 清单综合单价组成明细 | | | | | | | | | | | | |
| 定额编号 | 定额名称 | 定额单位 | 数量 | 单价 | | | | 合价 | | | | | |
| | | | | 人工费 | 材料费 | 机械费 | 管理费和利润 | 人工费 | 材料费 | 机械费 | 管理费和利润 | |
| 1-50 | 人工挖地坑二类干土 | $m^3$ | 2.7818 | 13.84 | — | — | 5.95 | 38.50 | — | — | 16.55 | |
| 人工单价 | | 小计 | | | | | | 13.84 | — | — | 16.55 | |
| 37.00元/工日 | | 未计价材料费 | | | | | | — | | | | |
| 清单项目综合单价 | | | | | | | | 30.39 | | | | |

| 材料费明细 | 主要材料名称、规格、型号 | | | 单位 | 数量 | 单价（元） | 合价（元） | 暂估单价（元） | 暂估合价（元） |
|---|---|---|---|---|---|---|---|---|---|
| | | | | | | | | | |
| | 其他材料费 | | | | | — | — | | |
| | 材料费小计 | | | | | — | — | | |

**工程量清单综合单价分析表**                                                                    表 2-54

工程名称："馨园"居住区组团绿地工程          标段：          第 页 共 页

| 项目编码 | 010103001001 | 项目名称 | 土石方回填——亭 | 计量单位 | m³ | 工程量 | 1.62 |
|---|---|---|---|---|---|---|---|

清单综合单价组成明细

| 定额编号 | 定额名称 | 定额单位 | 数量 | 单价 | | | | 合价 | | | |
|---|---|---|---|---|---|---|---|---|---|---|---|
| | | | | 人工费 | 材料费 | 机械费 | 管理费和利润 | 人工费 | 材料费 | 机械费 | 管理费和利润 |
| 1-127 | 回填土（基槽坑） | m³ | 4.0247 | 11.40 | — | 1.30 | 6.98 | 45.88 | — | 5.23 | 28.09 |
| 人工单价 | | | 小计 | | | | | 45.88 | — | 5.23 | 28.09 |
| 37.00 元/工日 | | | 未计价材料费 | | | | | — | | | |
| 清单项目综合单价 | | | | | | | | 79.20 | | | |

| 材料费明细 | 主要材料名称、规格、型号 | | | 单位 | 数量 | 单价（元） | 合价（元） | 暂估单价（元） | 暂估合价（元） |
|---|---|---|---|---|---|---|---|---|---|
| | | | | | | | | | |
| | 其他材料费 | | | | | — | | — | |
| | 材料费小计 | | | | | — | | — | |

**工程量清单综合单价分析表**                                                                    表 2-55

工程名称："馨园"居住区组团绿地工程          标段：          第 页 共 页

| 项目编码 | 010501001001 | 项目名称 | 混凝土基础垫层——亭 | 计量单位 | m³ | 工程量 | 0.49 |
|---|---|---|---|---|---|---|---|

清单综合单价组成明细

| 定额编号 | 定额名称 | 定额单位 | 数量 | 单价 | | | | 合价 | | | |
|---|---|---|---|---|---|---|---|---|---|---|---|
| | | | | 人工费 | 材料费 | 机械费 | 管理费和利润 | 人工费 | 材料费 | 机械费 | 管理费和利润 |
| 1-170 | 基础垫层（自拌混凝土） | m³ | 1.0000 | 60.83 | 160.23 | 4.75 | 36.07 | 60.83 | 160.23 | 4.75 | 36.07 |
| 人工单价 | | | 小计 | | | | | 60.83 | 160.23 | 4.75 | 36.07 |
| 37.00 元/工日 | | | 未计价材料费 | | | | | — | | | |
| 清单项目综合单价 | | | | | | | | 261.88 | | | |

| 材料费明细 | 主要材料名称、规格、型号 | | | 单位 | 数量 | 单价（元） | 合价（元） | 暂估单价（元） | 暂估合价（元） |
|---|---|---|---|---|---|---|---|---|---|
| | C10 混凝土,40mm,32.5 级 | | | m³ | 1.0100 | 156.61 | 158.18 | | |
| | 水 | | | m³ | 0.5000 | 4.10 | 2.05 | | |
| | 其他材料费 | | | | | — | | — | |
| | 材料费小计 | | | | | — | 160.23 | — | |

**工程量清单综合单价分析表**　　　　　　　　　　　　　　表 2-56

工程名称："馨园"居住区组团绿地工程　　　　　标段：　　　　　第　页　共　页

| 项目编码 | 010501003001 | 项目名称 | 独立基础——亭 | 计量单位 | m³ | 工程量 | 0.59 |
|---|---|---|---|---|---|---|---|

清单综合单价组成明细

| 定额编号 | 定额名称 | 定额单位 | 数量 | 单价 | | | | 合价 | | | |
|---|---|---|---|---|---|---|---|---|---|---|---|
| | | | | 人工费 | 材料费 | 机械费 | 管理费和利润 | 人工费 | 材料费 | 机械费 | 管理费和利润 |
| 1-275 | 柱承台、独立基础 | m³ | 1.0000 | 33.30 | 182.89 | 22.56 | 30.72 | 33.30 | 182.89 | 22.56 | 30.72 |
| 人工单价 | | 小计 | | | | | | 33.30 | 182.89 | 22.56 | 30.72 |
| 37.00元/工日 | | 未计价材料费 | | | | | | — | | | |
| 清单项目综合单价 | | | | | | | | 269.47 | | | |

| 材料费明细 | 主要材料名称、规格、型号 | 单位 | 数量 | 单价（元） | 合价（元） | 暂估单价（元） | 暂估合价（元） |
|---|---|---|---|---|---|---|---|
| | C20混凝土,40mm,32.5级 | m³ | 1.0150 | 175.9 | 178.5385 | | |
| | 塑料薄膜 | m³ | 0.8100 | 0.86 | 0.70 | | |
| | 水 | m³ | 0.8900 | 4.10 | 3.65 | | |
| | 其他材料费 | | | — | — | — | |
| | 材料费小计 | | | — | 182.89 | — | |

**工程量清单综合单价分析表**　　　　　　　　　　　　　　表 2-57

工程名称："馨园"居住区组团绿地工程　　　　　标段：　　　　　第　页　共　页

| 项目编码 | 010502001001 | 项目名称 | 矩形柱——亭 | 计量单位 | m³ | 工程量 | 0.42 |
|---|---|---|---|---|---|---|---|

清单综合单价组成明细

| 定额编号 | 定额名称 | 定额单位 | 数量 | 单价 | | | | 合价 | | | |
|---|---|---|---|---|---|---|---|---|---|---|---|
| | | | | 人工费 | 材料费 | 机械费 | 管理费和利润 | 人工费 | 材料费 | 机械费 | 管理费和利润 |
| 1-279 | 矩形柱 | m³ | 1.0000 | 85.25 | 204.96 | 8.64 | 51.64 | 85.25 | 204.96 | 8.64 | 51.64 |
| 人工单价 | | 小计 | | | | | | 85.25 | 204.96 | 8.64 | 51.64 |
| 37.00元/工日 | | 未计价材料费 | | | | | | — | | | |
| 清单项目综合单价 | | | | | | | | 350.49 | | | |

| 材料费明细 | 主要材料名称、规格、型号 | 单位 | 数量 | 单价（元） | 合价（元） | 暂估单价（元） | 暂估合价（元） |
|---|---|---|---|---|---|---|---|
| | C25混凝土,31.5mm,32.5级 | m³ | 0.9850 | 195.79 | 192.85 | | |
| | 水泥砂浆1:2 | m³ | 0.0310 | 221.77 | 6.87 | | |
| | 塑料薄膜 | m³ | 0.2800 | 0.86 | 0.24 | | |
| | 水 | m³ | 1.2200 | 4.10 | 5.00 | | |
| | 其他材料费 | | | — | — | — | |
| | 材料费小计 | | | — | 204.96 | — | |

**工程量清单综合单价分析表**　　　　表 2-58

工程名称："馨园"居住区组团绿地工程　　　　　标段：　　　　第　页 共　页

| 项目编码 | 010515001001 | | 项目名称 | 现浇混凝土钢筋——亭 | 计量单位 | t | 工程量 | 0.064 |
|---|---|---|---|---|---|---|---|---|

清单综合单价组成明细

| 定额编号 | 定额名称 | 定额单位 | 数量 | 单价 | | | | 合价 | | | |
|---|---|---|---|---|---|---|---|---|---|---|---|
| | | | | 人工费 | 材料费 | 机械费 | 管理费和利润 | 人工费 | 材料费 | 机械费 | 管理费和利润 |
| 1-479 | 现浇构件钢筋 | t | 1.0000 | 517.26 | 3916.60 | 128.48 | 355.16 | 517.26 | 3916.60 | 128.48 | 355.16 |
| 人工单价 | | 小计 | | | | | | 517.26 | 3916.60 | 128.48 | 355.16 |
| 37.00 元/工日 | | 未计价材料费 | | | | | | | | | |
| 清单项目综合单价 | | | | | | | | 4917.50 | | | |

| | 主要材料名称、规格、型号 | 单位 | 数量 | 单价（元） | 合价（元） | 暂估单价（元） | 暂估合价（元） |
|---|---|---|---|---|---|---|---|
| 材料费明细 | 钢筋 | t | 1.0200 | 3800.00 | 3876.00 | | |
| | 镀锌钢丝 22 号 | kg | 6.8500 | 4.60 | 31.51 | | |
| | 电焊条 | kg | 1.8600 | 4.80 | 8.93 | | |
| | 水 | m³ | 0.0400 | 4.10 | 0.16 | | |
| | 其他材料费 | | | — | | — | |
| | 材料费小计 | | | — | 3916.60 | — | |

**工程量清单综合单价分析表**　　　　表 2-59

工程名称："馨园"居住区组团绿地工程　　　　　标段：　　　　第　页 共　页

| 项目编码 | 011202002001 | | 项目名称 | 柱、梁面装饰抹灰——亭 | 计量单位 | m² | 工程量 | 12 |
|---|---|---|---|---|---|---|---|---|

清单综合单价组成明细

| 定额编号 | 定额名称 | 定额单位 | 数量 | 单价 | | | | 合价 | | | |
|---|---|---|---|---|---|---|---|---|---|---|---|
| | | | | 人工费 | 材料费 | 机械费 | 管理费和利润 | 人工费 | 材料费 | 机械费 | 管理费和利润 |
| 1-851 | 柱、梁抹水泥砂浆（矩形） | 10m² | 0.1000 | 102.12 | 44.94 | 5.87 | 59.40 | 10.21 | 4.49 | 0.59 | 5.94 |
| 人工单价 | | 小计 | | | | | | 10.21 | 4.49 | 0.59 | 5.94 |
| 37.00 元/工日 | | 未计价材料费 | | | | | | — | | | |
| 清单项目综合单价 | | | | | | | | 21.23 | | | |

| | 主要材料名称、规格、型号 | 单位 | 数量 | 单价（元） | 合价（元） | 暂估单价（元） | 暂估合价（元） |
|---|---|---|---|---|---|---|---|
| 材料费明细 | 水泥砂浆 1：2.5 | m³ | 0.0086 | 207.03 | 1.78 | | |
| | 水泥砂浆 1：3 | m³ | 0.0136 | 182.43 | 2.48 | | |
| | 801 胶素水泥浆 | m³ | 0.0004 | 495.03 | 0.20 | | |
| | 水 | m³ | 0.0085 | 4.10 | 0.03 | | |
| | 其他材料费 | | | — | | — | |
| | 材料费小计 | | | — | 4.49 | — | |

**工程量清单综合单价分析表**  表 2-60

工程名称:"馨园"居住区组团绿地工程　　　　　标段:　　　　　第　页　共　页

| 项目编码 | 011205002001 | 项目名称 | 块料柱面——亭 | 计量单位 | m² | 工程量 | 12 |
|---|---|---|---|---|---|---|---|

清单综合单价组成明细

| 定额编号 | 定额名称 | 定额单位 | 数量 | 单价 | | | | 合价 | | | |
|---|---|---|---|---|---|---|---|---|---|---|---|
| | | | | 人工费 | 材料费 | 机械费 | 管理费和利润 | 人工费 | 材料费 | 机械费 | 管理费和利润 |
| 1-908 | 柱、梁面瓷砖 | 10m² | 0.1000 | 299.70 | 172.72 | 9.37 | 169.99 | 29.97 | 17.27 | 0.94 | 17.00 |
| 人工单价 | | 小计 | | | | | | 29.97 | 17.27 | 0.94 | 17.00 |
| 37.00元/工日 | | 未计价材料费 | | | | | | 2.47 | | | |
| 清单项目综合单价 | | | | | | | | 67.65 | | | |

| 材料费明细 | 主要材料名称、规格、型号 | | | 单位 | 数量 | 单价(元) | 合价(元) | 暂估单价(元) | 暂估合价(元) |
|---|---|---|---|---|---|---|---|---|---|
| | 素水泥浆(未计价) | | | m³ | 0.0054 | 457.23 | 2.47 | | |
| | 其他材料费 | | | | | — | — | — | — |
| | 材料费小计 | | | | | — | 2.47 | — | |

**工程量清单综合单价分析表**  表 2-61

工程名称:"馨园"居住区组团绿地工程　　　　　标段:　　　　　第　页　共　页

| 项目编码 | 010702001001 | 项目名称 | 木柱——亭 | 计量单位 | m³ | 工程量 | 0.01 |
|---|---|---|---|---|---|---|---|

清单综合单价组成明细

| 定额编号 | 定额名称 | 定额单位 | 数量 | 单价 | | | | 合价 | | | |
|---|---|---|---|---|---|---|---|---|---|---|---|
| | | | | 人工费 | 材料费 | 机械费 | 管理费和利润 | 人工费 | 材料费 | 机械费 | 管理费和利润 |
| 2-398 | 方木连机 | m³ | 1.0000 | 486.90 | 3210.51 | 4.35 | 270.19 | 486.90 | 3210.51 | 4.35 | 270.19 |
| 人工单价 | | 小计 | | | | | | 486.90 | 3210.51 | 4.35 | 270.19 |
| 37.00元/工日 | | 未计价材料费 | | | | | | — | | | |
| 清单项目综合单价 | | | | | | | | 3971.95 | | | |

| 材料费明细 | 主要材料名称、规格、型号 | | | 单位 | 数量 | 单价(元) | 合价(元) | 暂估单价(元) | 暂估合价(元) |
|---|---|---|---|---|---|---|---|---|---|
| | 结构成材,枋板材 | | | m³ | 1.1840 | 2700.00 | 3196.80 | | |
| | 铁钉 | | | kg | 1.8000 | 4.10 | 7.38 | | |
| | 其他材料费 | | | | | — | 6.33 | | |
| | 材料费小计 | | | | | — | 3210.51 | — | |

**工程量清单综合单价分析表**　　　　　　　　表 2-62

工程名称："馨园"居住区组团绿地工程　　　　　　标段：　　　　　　第　页　共　页

| 项目编码 | 010702001002 | 项目名称 | 木梁——亭 | 计量单位 | m³ | 工程量 | 0.13 |
|---|---|---|---|---|---|---|---|

清单综合单价组成明细

| 定额编号 | 定额名称 | 定额单位 | 数量 | 单价 | | | | 合价 | | | |
|---|---|---|---|---|---|---|---|---|---|---|---|
| | | | | 人工费 | 材料费 | 机械费 | 管理费和利润 | 人工费 | 材料费 | 机械费 | 管理费和利润 |
| 2-369 | 扁作梁 | m³ | 1.0000 | 981.74 | 3313.20 | 3.88 | 542.09 | 981.74 | 3313.20 | 3.88 | 542.09 |
| 人工单价 | | 小计 | | | | | | 981.74 | 3313.20 | 3.88 | 542.09 |
| 37.00 元/工日 | | 未计价材料费 | | | | | | — | | | |
| 清单项目综合单价 | | | | | | | | 4840.91 | | | |

| | 主要材料名称、规格、型号 | 单位 | 数量 | 单价（元） | 合价（元） | 暂估单价（元） | 暂估合价（元） |
|---|---|---|---|---|---|---|---|
| 材料费明细 | 结构成材,枋板材 | m³ | 1.2050 | 2700.00 | 3253.50 | | |
| | 杉原木 梢径 100～120mm | m³ | 0.0520 | 900.00 | 46.80 | | |
| | 防腐油 | kg | 1.2300 | 1.71 | 2.10 | | |
| | 铁钉 | kg | 0.5500 | 4.10 | 2.26 | | |
| | 铁件制作 | kg | 0.5000 | 8.50 | 4.25 | | |
| | 其他材料费 | | | — | 6.20 | | |
| | 材料费小计 | | | — | 3315.11 | — | |

**工程量清单综合单价分析表**　　　　　　　　表 2-63

工程名称："馨园"居住区组团绿地工程　　　　　　标段：　　　　　　第　页　共　页

| 项目编码 | 010702001002 | 项目名称 | 其他木结构——亭 | 计量单位 | m³ | 工程量 | 0.003 |
|---|---|---|---|---|---|---|---|

清单综合单价组成明细

| 定额编号 | 定额名称 | 定额单位 | 数量 | 单价 | | | | 合价 | | | |
|---|---|---|---|---|---|---|---|---|---|---|---|
| | | | | 人工费 | 材料费 | 机械费 | 管理费和利润 | 人工费 | 材料费 | 机械费 | 管理费和利润 |
| 2-397 | 方木连机 | m³ | 1.0000 | 1133.10 | 3489.01 | 10.10 | 628.76 | 1133.10 | 3489.01 | 10.10 | 628.76 |
| 人工单价 | | 小计 | | | | | | 1133.10 | 3489.01 | 10.10 | 628.76 |
| 37.00 元/工日 | | 未计价材料费 | | | | | | — | | | |
| 清单项目综合单价 | | | | | | | | 5260.97 | | | |

| | 主要材料名称、规格、型号 | 单位 | 数量 | 单价（元） | 合价（元） | 暂估单价（元） | 暂估合价（元） |
|---|---|---|---|---|---|---|---|
| 材料费明细 | 结构成材,枋板材 | m³ | 1.2780 | 2700.00 | 3450.60 | | |
| | 铁钉 | kg | 7.7400 | 4.10 | 31.73 | | |
| | 其他材料费 | | | — | 6.68 | | |
| | 材料费小计 | | | — | 3489.01 | — | |

**工程量清单综合单价分析表**　　　表 2-64

工程名称："馨园"居住区组团绿地工程　　　标段：　　　第　页　共　页

| 项目编码 | 010901002001 | 项目名称 | 型材屋面——亭 | 计量单位 | m² | 工程量 | 9.00 |
|---|---|---|---|---|---|---|---|

清单综合单价组成明细

| 定额编号 | 定额名称 | 定额单位 | 数量 | 单价 | | | | 合价 | | | |
|---|---|---|---|---|---|---|---|---|---|---|---|
| | | | | 人工费 | 材料费 | 机械费 | 管理费和利润 | 人工费 | 材料费 | 机械费 | 管理费和利润 |
| 3-567 | 玻璃屋面 | 10m² | 0.1000 | 764.05 | 4129.93 | 124.15 | 244.50 | 76.41 | 412.99 | 12.42 | 24.45 |
| 人工单价 | | | 小计 | | | | | 76.41 | 412.99 | 12.42 | 24.45 |
| 37.00 元/工日 | | | 未计价材料费 | | | | | — | | | |
| 清单项目综合单价 | | | | | | | | 526.27 | | | |

| | 主要材料名称、规格、型号 | 单位 | 数量 | 单价（元） | 合价（元） | 暂估单价（元） | 暂估合价（元） |
|---|---|---|---|---|---|---|---|
| 材料费明细 | 夹层钢化玻璃 | m³ | 1.0120 | 170.00 | 172.04 | | |
| | 不锈钢驳爪组件，四爪 | 套 | 0.7640 | 150.00 | 114.60 | | |
| | 不锈钢驳爪组件，二爪 | 套 | 0.7640 | 110.00 | 84.04 | | |
| | 不锈钢驳爪组件，单爪 | 套 | 0.1910 | 90.00 | 17.19 | | |
| | 不锈钢电焊条 | kg | 0.1050 | 35.00 | 3.68 | | |
| | 硅铜密封胶 | 支 | 0.7520 | 28.00 | 21.06 | | |
| | 其他材料费 | | | — | 0.39 | | |
| | 材料费小计 | | | — | 412.99 | | |

**工程量清单综合单价分析表**　　　表 2-65

工程名称："馨园"居住区组团绿地工程　　　标段：　　　第　页　共　页

| 项目编码 | 011102001001 | 项目名称 | 石材楼地面——亭 | 计量单位 | m² | 工程量 | 7.56 |
|---|---|---|---|---|---|---|---|

清单综合单价组成明细

| 定额编号 | 定额名称 | 定额单位 | 数量 | 单价 | | | | 合价 | | | |
|---|---|---|---|---|---|---|---|---|---|---|---|
| | | | | 人工费 | 材料费 | 机械费 | 管理费和利润 | 人工费 | 材料费 | 机械费 | 管理费和利润 |
| 1-778 | 花岗石（楼地面） | 10m² | 0.1000 | 187.37 | 2623.43 | 109.26 | 6.00 | 18.74 | 262.34 | 10.93 | 0.60 |
| 人工单价 | | | 小计 | | | | | 18.74 | 262.34 | 10.93 | 0.60 |
| 37.00 元/工日 | | | 未计价材料费 | | | | | — | | | |
| 清单项目综合单价 | | | | | | | | 292.61 | | | |

| | 主要材料名称、规格、型号 | 单位 | 数量 | 单价（元） | 合价（元） | 暂估单价（元） | 暂估合价（元） |
|---|---|---|---|---|---|---|---|
| 材料费明细 | 花岗石（综合） | m² | 1.0200 | 250.00 | 255.00 | | |
| | 水泥砂浆 1:1 | m³ | 0.0081 | 267.49 | 2.17 | | |
| | 水泥砂浆 1:3 | m³ | 0.0202 | 182.43 | 3.69 | | |
| | 素水泥浆 | m³ | 0.0010 | 457.23 | 0.46 | | |
| | 白水泥 80 | kg | 0.1000 | 0.52 | 0.05 | | |
| | 棉纱头 | kg | 0.0100 | 5.30 | 0.05 | | |
| | 锯（木）屑 | m³ | 0.0060 | 10.45 | 0.06 | | |
| | 合金钢切割锯片 | 片 | 0.0042 | 61.75 | 0.26 | | |
| | 水 | m³ | 0.0260 | 4.10 | 0.11 | | |
| | 其他材料费 | | | — | 0.50 | | |
| | 材料费小计 | | | — | 262.34 | | |

**工程量清单综合单价分析表**                 表2-66

工程名称："馨园"居住区组团绿地工程          标段：        第 页 共 页

| 项目编码 | 011203001001 | | 项目名称 | | 零星项目一般抹灰——亭 | | 计量单位 | m² | 工程量 | 7.56 |
|---|---|---|---|---|---|---|---|---|---|---|

清单综合单价组成明细

| 定额编号 | 定额名称 | 定额单位 | 数量 | 单价 | | | | 合价 | | | |
|---|---|---|---|---|---|---|---|---|---|---|---|
| | | | | 人工费 | 材料费 | 机械费 | 管理费和利润 | 人工费 | 材料费 | 机械费 | 管理费和利润 |
| 1-756 | 找平层（水泥砂浆） | 10m² | 0.1000 | 31.08 | 37.10 | 5.21 | 19.95 | 3.11 | 3.71 | 0.52 | 2.00 |
| 人工单价 | | | 小计 | | | | | 3.11 | 3.71 | 0.52 | 2.00 |
| 37.00元/工日 | | | 未计价材料费 | | | | | — | | | |
| 清单项目综合单价 | | | | | | | | 9.34 | | | |

| 材料费明细 | 主要材料名称、规格、型号 | | 单位 | 数量 | 单价（元） | 合价（元） | 暂估单价（元） | 暂估合价（元） |
|---|---|---|---|---|---|---|---|---|
| | 水泥砂浆,1：3 | | m³ | 0.0202 | 182.43 | 3.69 | | |
| | 水 | | m³ | 0.0060 | 4.10 | 0.02 | | |
| | 其他材料费 | | | | — | — | — | |
| | 材料费小计 | | | | — | 3.71 | | |

**工程量清单综合单价分析表**                 表2-67

工程名称："馨园"居住区组团绿地工程          标段：        第 页 共 页

| 项目编码 | 010501001002 | | 项目名称 | | 垫层——亭 | | 计量单位 | m³ | 工程量 | 3.02 |
|---|---|---|---|---|---|---|---|---|---|---|

清单综合单价组成明细

| 定额编号 | 定额名称 | 定额单位 | 数量 | 单价 | | | | 合价 | | | |
|---|---|---|---|---|---|---|---|---|---|---|---|
| | | | | 人工费 | 材料费 | 机械费 | 管理费和利润 | 人工费 | 材料费 | 机械费 | 管理费和利润 |
| 1-742 | 垫层（灰土） | m³ | 0.2517 | 29.97 | 64.97 | 1.45 | 17.28 | 7.54 | 16.35 | 0.36 | 4.35 |
| 1-753 | 垫层（混凝土） | m³ | 0.7483 | 33.30 | 226.05 | 2.18 | 19.52 | 24.92 | 169.16 | 1.63 | 14.61 |
| 人工单价 | | | 小计 | | | | | 32.46 | 185.51 | 2.00 | 18.96 |
| 37.00元/工日 | | | 未计价材料费 | | | | | — | | | |
| 清单项目综合单价 | | | | | | | | 238.93 | | | |

| 材料费明细 | 主要材料名称、规格、型号 | | 单位 | 数量 | 单价（元） | 合价（元） | 暂估单价（元） | 暂估合价（元） |
|---|---|---|---|---|---|---|---|---|
| | 灰土,3：7 | | m³ | 0.2542 | 63.51 | 16.14 | | |
| | 水 | | m³ | 0.5517 | 4.10 | 2.26 | | |
| | C15非泵送商品混凝土 | | m³ | 0.7596 | 220.00 | 167.11 | | |
| | 其他材料费 | | | | — | — | — | |
| | 材料费小计 | | | | — | 185.51 | | |

## 工程量清单综合单价分析表

表 2-68

工程名称："馨园"居住区组团绿地工程　　　　标段：　　　　第　页　共　页

| 项目编码 | 011107002001 | | 项目名称 | 块料台阶面——亭 | 计量单位 | m² | 工程量 | 1.40 |

清单综合单价组成明细

| 定额编号 | 定额名称 | 定额单位 | 数量 | 单价 | | | | 合价 | | | |
|---|---|---|---|---|---|---|---|---|---|---|---|
| | | | | 人工费 | 材料费 | 机械费 | 管理费和利润 | 人工费 | 材料费 | 机械费 | 管理费和利润 |
| 1-742 | 垫层(灰土) | m³ | 0.1000 | 29.97 | 64.97 | 1.45 | 17.28 | 3.00 | 6.50 | 0.15 | 1.73 |
| 1-753 | 垫层(混凝土) | m³ | 0.3000 | 33.30 | 226.05 | 2.18 | 19.52 | 9.99 | 67.82 | 0.65 | 5.86 |
| 1-780 | 花岗石(水泥砂浆) | 10m² | 0.1643 | 234.43 | 2628.19 | 19.72 | 139.78 | 38.51 | 431.77 | 3.24 | 22.96 |
| 人工单价 | | | 小计 | | | | | 51.50 | 506.09 | 4.04 | 30.55 |
| 37.00 元/工日 | | | 未计价材料费 | | | | | — | | | |
| 清单项目综合单价 | | | | | | | | 592.17 | | | |

| | 主要材料名称、规格、型号 | 单位 | 数量 | 单价(元) | 合价(元) | 暂估单价(元) | 暂估合价(元) |
|---|---|---|---|---|---|---|---|
| 材料费明细 | 灰土,3:7 | m³ | 0.1010 | 63.51 | 6.41 | | |
| | 水 | m³ | 0.2637 | 4.10 | 1.08 | | |
| | C15 非泵送商品混凝土 | m³ | 0.3045 | 220.00 | 66.99 | | |
| | 花岗石(综合) | m² | 1.6757 | 250.00 | 418.93 | | |
| | 水泥砂浆,1:1 | m³ | 0.0133 | 267.49 | 3.56 | | |
| | 水泥砂浆,1:3 | m³ | 0.0332 | 182.43 | 6.05 | | |
| | 素水泥浆 | m³ | 0.0016 | 457.23 | 0.75 | | |
| | 白水泥 80 | kg | 0.1643 | 0.52 | 0.09 | | |
| | 棉纱头 | kg | 0.0164 | 5.30 | 0.09 | | |
| | 锯木屑 | m³ | 0.0099 | 10.45 | 0.10 | | |
| | 合金钢切割锯片 | 片 | 0.0196 | 61.75 | 1.21 | | |
| | 其他材料费 | | | — | 0.82 | — | |
| | 材料费小计 | | | — | 506.08 | — | |

**工程量清单综合单价分析表**

表 2-69

工程名称："馨园"居住区组团绿地工程 标段： 第 页 共 页

| 项目编码 | 050305004001 | | 项目名称 | | 现浇混凝土坐凳——亭 | 计量单位 | 个 | 工程量 | 2 |
|---|---|---|---|---|---|---|---|---|---|

清单综合单价组成明细

| 定额编号 | 定额名称 | 定额单位 | 数量 | 单价 | | | | 合价 | | | |
|---|---|---|---|---|---|---|---|---|---|---|---|
| | | | | 人工费 | 材料费 | 机械费 | 管理费和利润 | 人工费 | 材料费 | 机械费 | 管理费和利润 |
| 1-122 | 原土打底夯 | 10m² | 0.3650 | 4.07 | — | 1.16 | 2.88 | 1.49 | — | 0.42 | 1.05 |
| 1-742 | 垫层（灰土） | m³ | 0.6200 | 29.97 | 64.97 | 1.45 | 17.28 | 18.58 | 40.28 | 0.90 | 10.71 |
| 1-753 | 垫层（混凝土） | m³ | 2.8200 | 33.30 | 226.05 | 2.18 | 19.52 | 93.91 | 637.46 | 6.15 | 55.05 |
| 1-901 | 粘贴花岗石（水泥砂浆） | 10m² | 0.2150 | 333.89 | 2685.55 | 5.96 | 186.92 | 71.79 | 577.39 | 1.28 | 40.19 |
| 人工单价 | | 小计 | | | | | | 185.76 | 1255.13 | 8.75 | 107.00 |
| 37.00 元/工日 | | 未计价材料费 | | | | | | — | | | |
| | | 清单项目综合单价 | | | | | | 1556.64 | | | |

| | 主要材料名称、规格、型号 | 单位 | 数量 | 单价（元） | 合价（元） | 暂估单价（元） | 暂估合价（元） |
|---|---|---|---|---|---|---|---|
| 材料费明细 | 灰土 3:7 | m³ | 0.6262 | 63.51 | 39.77 | | |
| | 水 | m³ | 2.0306 | 4.10 | 8.33 | | |
| | C15 非泵送商品混凝土 | m³ | 2.8623 | 220.00 | 629.71 | | |
| | 花岗石（综合） | m² | 2.1930 | 250.00 | 548.25 | | |
| | 水泥砂浆,1:2 | m³ | 0.0110 | 221.77 | 2.43 | | |
| | 水泥砂浆,1:3 | m³ | 0.0338 | 182.43 | 6.16 | | |
| | 801 胶素水泥浆 | m³ | 0.0004 | 495.03 | 0.21 | | |
| | 白水泥 80 | kg | 0.3655 | 0.52 | 0.19 | | |
| | YJ-Ⅲ胶粘剂 | kg | 1.0019 | 11.50 | 11.52 | | |
| | 合金钢切割锯片 | 片 | 0.0645 | 61.75 | 3.98 | | |
| | 草酸 | kg | 0.0237 | 4.75 | 0.11 | | |
| | 硬白蜡 | kg | 0.0645 | 3.33 | 0.21 | | |
| | 松节油 | kg | 0.0151 | 3.80 | 0.06 | | |
| | 煤油 | kg | 0.0946 | 4.00 | 0.38 | | |
| | 棉纱头 | kg | 0.0237 | 5.30 | 0.13 | | |
| | 其他材料费 | | | — | 3.69 | | |
| | 材料费小计 | | | — | 1255.12 | — | |

**工程量清单综合单价分析表**　　　　　　　　　　　　**表 2-70**

工程名称："馨园"居住区组团绿地工程　　　　　标段：　　　　第 页 共 页

| 项目编码 | 010101004002 | 项目名称 | 挖基坑土方<br>——花架 | 计量单位 | m³ | 工程量 | 2.35 |
|---|---|---|---|---|---|---|---|

清单综合单价组成明细

| 定额编号 | 定额名称 | 定额单位 | 数量 | 单价 | | | | 合价 | | | |
|---|---|---|---|---|---|---|---|---|---|---|---|
| | | | | 人工费 | 材料费 | 机械费 | 管理费和利润 | 人工费 | 材料费 | 机械费 | 管理费和利润 |
| 1-50 | 人工挖地坑二类干土 | m³ | 3.4511 | 13.84 | — | — | 5.95 | 47.76 | — | — | 20.53 |
| 人工单价 | | | 小计 | | | | | 47.76 | — | — | 20.53 |
| 37.00元/工日 | | | 未计价材料费 | | | | | — | | | |
| 清单项目综合单价 | | | | | | | | 68.29 | | | |

| 材料费明细 | 主要材料名称、规格、型号 | | 单位 | 数量 | 单价（元） | 合价（元） | 暂估单价（元） | 暂估合价（元） |
|---|---|---|---|---|---|---|---|---|
| | | | | | | | | |
| | 其他材料费 | | | | — | — | — | — |
| | 材料费小计 | | | | — | — | — | — |

**工程量清单综合单价分析表**　　　　　　　　　　　　**表 2-71**

工程名称："馨园"居住区组团绿地工程　　　　　标段：　　　　第 页 共 页

| 项目编码 | 010103001002 | 项目名称 | 土石方回填<br>——花架 | 计量单位 | m³ | 工程量 | 1.17 |
|---|---|---|---|---|---|---|---|

清单综合单价组成明细

| 定额编号 | 定额名称 | 定额单位 | 数量 | 单价 | | | | 合价 | | | |
|---|---|---|---|---|---|---|---|---|---|---|---|
| | | | | 人工费 | 材料费 | 机械费 | 管理费和利润 | 人工费 | 材料费 | 机械费 | 管理费和利润 |
| 1-127 | 回填土（基槽坑） | m³ | 5.9231 | 11.40 | — | 1.30 | 6.98 | 67.52 | — | 7.70 | 41.34 |
| 人工单价 | | | 小计 | | | | | 45.88 | — | 5.23 | 41.34 |
| 37.00元/工日 | | | 未计价材料费 | | | | | — | | | |
| 清单项目综合单价 | | | | | | | | 92.45 | | | |

| 材料费明细 | 主要材料名称、规格、型号 | | 单位 | 数量 | 单价（元） | 合价（元） | 暂估单价（元） | 暂估合价（元） |
|---|---|---|---|---|---|---|---|---|
| | | | | | | | | |
| | | | | | | | | |
| | 其他材料费 | | | | — | — | — | — |
| | 材料费小计 | | | | — | — | — | — |

**工程量清单综合单价分析表**　　　　　表 2-72

工程名称："馨园"居住区组团绿地工程　　　　标段：　　　　第 页 共 页

| 项目编码 | 010501001003 | | 项目名称 | 混凝土基础垫层——亭 | 计量单位 | m³ | 工程量 | 0.78 |
|---|---|---|---|---|---|---|---|---|

清单综合单价组成明细

| 定额编号 | 定额名称 | 定额单位 | 数量 | 单价 | | | | 合价 | | | |
|---|---|---|---|---|---|---|---|---|---|---|---|
| | | | | 人工费 | 材料费 | 机械费 | 管理费和利润 | 人工费 | 材料费 | 机械费 | 管理费和利润 |
| 1-170 | 基础垫层（自拌混凝土） | m³ | 1.0000 | 60.83 | 160.23 | 4.75 | 36.07 | 60.83 | 160.23 | 4.75 | 36.07 |
| 人工单价 | | 小计 | | | | | | 60.83 | 160.23 | 4.75 | 36.07 |
| 37.00 元/工日 | | 未计价材料费 | | | | | | — | | | |
| 清单项目综合单价 | | | | | | | | 261.88 | | | |

| 材料费明细 | 主要材料名称、规格、型号 | 单位 | 数量 | 单价（元） | 合价（元） | 暂估单价（元） | 暂估合价（元） |
|---|---|---|---|---|---|---|---|
| | C10 混凝土,40mm,32.5 级 | m³ | 1.0100 | 156.61 | 158.18 | | |
| | 水 | m³ | 0.5000 | 4.10 | 2.05 | | |
| | 其他材料费 | | | — | — | | — |
| | 材料费小计 | | | — | 160.23 | | — |

**工程量清单综合单价分析表**　　　　　表 2-73

工程名称："馨园"居住区组团绿地工程　　　　标段：　　　　第 页 共 页

| 项目编码 | 010501003002 | | 项目名称 | 独立基础——花架 | 计量单位 | m³ | 工程量 | 0.40 |
|---|---|---|---|---|---|---|---|---|

清单综合单价组成明细

| 定额编号 | 定额名称 | 定额单位 | 数量 | 单价 | | | | 合价 | | | |
|---|---|---|---|---|---|---|---|---|---|---|---|
| | | | | 人工费 | 材料费 | 机械费 | 管理费和利润 | 人工费 | 材料费 | 机械费 | 管理费和利润 |
| 1-275 | 柱承台、独立基础 | m³ | 1.0000 | 33.30 | 182.89 | 22.56 | 30.72 | 33.30 | 182.89 | 22.56 | 30.72 |
| 人工单价 | | 小计 | | | | | | 33.30 | 182.89 | 22.56 | 30.72 |
| 37.00 元/工日 | | 未计价材料费 | | | | | | — | | | |
| 清单项目综合单价 | | | | | | | | 269.47 | | | |

| 材料费明细 | 主要材料名称、规格、型号 | 单位 | 数量 | 单价（元） | 合价（元） | 暂估单价（元） | 暂估合价（元） |
|---|---|---|---|---|---|---|---|
| | C20 混凝土,40mm,32.5 级 | m³ | 1.0150 | 175.9 | 178.5385 | | |
| | 塑料薄膜 | m³ | 0.8100 | 0.86 | 0.70 | | |
| | 水 | m³ | 0.8900 | 4.10 | 3.65 | | |
| | 其他材料费 | | | — | — | | — |
| | 材料费小计 | | | — | 182.89 | | — |

**工程量清单综合单价分析表**　　　　　　　　　　　　表 2-74

工程名称："馨园"居住区组团绿地工程　　　　　　标段：　　　　　第 页 共 页

| 项目编码 | 050304004001 | 项目名称 | 木花架柱梁 | 计量单位 | m³ | 工程量 | 1.87 |

清单综合单价组成明细

| 定额编号 | 定额名称 | 定额单位 | 数量 | 单价 | | | | 合价 | | | |
|---|---|---|---|---|---|---|---|---|---|---|---|
| | | | | 人工费 | 材料费 | 机械费 | 管理费和利润 | 人工费 | 材料费 | 机械费 | 管理费和利润 |
| 2-365 | 立柱 | m³ | 1.0000 | 304.65 | 3335.65 | 5.11 | 170.37 | 304.65 | 3335.65 | 5.11 | 170.37 |
| 人工单价 | | | 小计 | | | | | 304.65 | 3335.65 | 5.11 | 170.37 |
| 37.00 元/工日 | | | 未计价材料费 | | | | | — | | | |
| 清单项目综合单价 | | | | | | | | 3815.78 | | | |

| 材料费明细 | 主要材料名称、规格、型号 | | | 单位 | 数量 | 单价（元） | 合价（元） | 暂估单价（元） | 暂估合价（元） |
|---|---|---|---|---|---|---|---|---|---|
| | 结构成材,枋板材 | | | m³ | 1.2330 | 2700 | 3329.10 | | |
| | 其他材料费 | | | | | — | 6.55 | — | |
| | 材料费小计 | | | | | — | 3335.65 | — | |

**工程量清单综合单价分析表**　　　　　　　　　　　　表 2-75

工程名称："馨园"居住区组团绿地工程　　　　　　标段：　　　　　第 页 共 页

| 项目编码 | 050304004002 | 项目名称 | 木花架柱梁 | 计量单位 | m³ | 工程量 | 0.54 |

清单综合单价组成明细

| 定额编号 | 定额名称 | 定额单位 | 数量 | 单价 | | | | 合价 | | | |
|---|---|---|---|---|---|---|---|---|---|---|---|
| | | | | 人工费 | 材料费 | 机械费 | 管理费和利润 | 人工费 | 材料费 | 机械费 | 管理费和利润 |
| 2-369 | 扁作梁 | m³ | 1.0000 | 981.74 | 3313.20 | 3.88 | 542.09 | 981.74 | 3313.20 | 3.88 | 542.09 |
| 人工单价 | | | 小计 | | | | | 981.74 | 3313.20 | 3.88 | 542.09 |
| 37.00 元/工日 | | | 未计价材料费 | | | | | — | | | |
| 清单项目综合单价 | | | | | | | | 4840.91 | | | |

| 材料费明细 | 主要材料名称、规格、型号 | | | 单位 | 数量 | 单价（元） | 合价（元） | 暂估单价（元） | 暂估合价（元） |
|---|---|---|---|---|---|---|---|---|---|
| | 结构成材,枋板材 | | | m³ | 1.2050 | 2700 | 3253.50 | | |
| | 杉原木,梢径,100~120mm | | | m³ | 0.05 | 900.00 | 46.80 | | |
| | 防腐油 | | | kg | 1.23 | 1.71 | 2.10 | | |
| | 铁钉 | | | kg | 0.55 | 4.10 | 2.26 | | |
| | 铁件制作 | | | kg | 0.50 | 8.50 | 4.25 | | |
| | 其他材料费 | | | | | — | 6.20 | — | |
| | 材料费小计 | | | | | — | 3315.11 | — | |

**工程量清单综合单价分析表**　　　　表 2-76

工程名称："馨园"居住区组团绿地工程　　　　　　标段：　　　第 页 共 页

| 项目编码 | 010702005002 | 项目名称 | 其他木结构——花架 | 计量单位 | m³ | 工程量 | 0.81 |
|---|---|---|---|---|---|---|---|

清单综合单价组成明细

| 定额编号 | 定额名称 | 定额单位 | 数量 | 单价 | | | | 合价 | | | |
|---|---|---|---|---|---|---|---|---|---|---|---|
| | | | | 人工费 | 材料费 | 机械费 | 管理费和利润 | 人工费 | 材料费 | 机械费 | 管理费和利润 |
| 2-372 | 扁作梁 | m³ | 1.0000 | 586.80 | 3384.80 | 6.05 | 326.07 | 586.80 | 3384.80 | 6.05 | 326.07 |
| 人工单价 | | | 小计 | | | | | 586.80 | 3384.80 | 6.05 | 326.07 |
| 37.00 元/工日 | | | 未计价材料费 | | | | | — | | | |
| 清单项目综合单价 | | | | | | | | 4303.72 | | | |

| 材料费明细 | 主要材料名称、规格、型号 | 单位 | 数量 | 单价（元） | 合价（元） | 暂估单价（元） | 暂估合价（元） |
|---|---|---|---|---|---|---|---|
| | 结构成材,枋板材 | m³ | 1.2500 | 2700 | 3375.00 | | |
| | 防腐油 | kg | 1.87 | 1.71 | 3.20 | | |
| | 其他材料费 | | | — | 6.60 | | |
| | 材料费小计 | | | — | 3384.80 | | |

**工程量清单综合单价分析表**　　　　表 2-77

工程名称："馨园"居住区组团绿地工程　　　　　　标段：　　　第 页 共 页

| 项目编码 | 011404012001 | 项目名称 | 梁柱饰面油漆——花架 | 计量单位 | m² | 工程量 | 23.76 |
|---|---|---|---|---|---|---|---|

清单综合单价组成明细

| 定额编号 | 定额名称 | 定额单位 | 数量 | 单价 | | | | 合价 | | | |
|---|---|---|---|---|---|---|---|---|---|---|---|
| | | | | 人工费 | 材料费 | 机械费 | 管理费和利润 | 人工费 | 材料费 | 机械费 | 管理费和利润 |
| 2-625 | 刷底油、油色、清漆两遍 | 10m² | 0.1000 | 91.80 | 13.95 | — | 50.49 | 9.18 | 1.40 | — | 5.05 |
| 人工单价 | | | 小计 | | | | | 9.18 | 1.40 | — | 5.05 |
| 37.00 元/工日 | | | 未计价材料费 | | | | | — | | | |
| 清单项目综合单价 | | | | | | | | 15.63 | | | |

| 材料费明细 | 主要材料名称、规格、型号 | 单位 | 数量 | 单价（元） | 合价（元） | 暂估单价（元） | 暂估合价（元） |
|---|---|---|---|---|---|---|---|
| | 酚醛无光调和漆（底漆） | kg | 0.0040 | 6.65 | 0.03 | | |
| | 油漆溶剂油 | kg | 0.0710 | 3.33 | 0.24 | | |
| | 酚醛清漆各色 | kg | 0.1080 | 8.67 | 0.94 | | |
| | 石膏粉,325 目 | kg | 0.0210 | 0.45 | 0.01 | | |
| | 砂纸 | 张 | 0.1760 | 1.02 | 0.18 | | |
| | 白布 | m³ | 0.00 | 3.60 | 0.01 | | |
| | 其他材料费 | | | — | | | |
| | 材料费小计 | | | — | 1.40 | | |

## 工程量清单综合单价分析表

表 2-78

工程名称："馨园"居住区组团绿地工程　　　　　　标段：　　　　第　页　共　页

| 项目编码 | 011404012002 | 项目名称 | 梁柱饰面油漆——花架 | 计量单位 | m² | 工程量 | 11.04 |

清单综合单价组成明细

| 定额编号 | 定额名称 | 定额单位 | 数量 | 单价 | | | | 合价 | | | |
|---|---|---|---|---|---|---|---|---|---|---|---|
| | | | | 人工费 | 材料费 | 机械费 | 管理费和利润 | 人工费 | 材料费 | 机械费 | 管理费和利润 |
| 2-625 | 刷底油、油色、清漆两遍 | 10m² | 0.1000 | 91.80 | 13.95 | — | 50.49 | 9.18 | 1.40 | — | 5.05 |
| 人工单价 | | 小计 | | | | | | 9.18 | 1.40 | — | 5.05 |
| 37.00元/工日 | | 未计价材料费 | | | | | | — | | | |
| 清单项目综合单价 | | | | | | | | 15.63 | | | |

| | 主要材料名称、规格、型号 | 单位 | 数量 | 单价（元） | 合价（元） | 暂估单价（元） | 暂估合价（元） |
|---|---|---|---|---|---|---|---|
| 材料费明细 | 酚醛无光调和漆（底漆） | kg | 0.0040 | 6.65 | 0.03 | | |
| | 油漆溶剂油 | kg | 0.0710 | 3.33 | 0.24 | | |
| | 酚醛清漆各色 | kg | 0.1080 | 8.67 | 0.94 | | |
| | 石膏粉,325目 | kg | 0.0210 | 0.45 | 0.01 | | |
| | 砂纸 | 张 | 0.1760 | 1.02 | 0.18 | | |
| | 白布 | m³ | 0.00 | 3.60 | 0.01 | | |
| | 其他材料费 | | | — | — | — | |
| | 材料费小计 | | | — | 1.40 | — | |

## 工程量清单综合单价分析表

表 2-79

工程名称："馨园"居住区组团绿地工程　　　　　　标段：　　　　第　页　共　页

| 项目编码 | 011404013001 | 项目名称 | 零星木装修油漆——花架 | 计量单位 | m² | 工程量 | 22.25 |

清单综合单价组成明细

| 定额编号 | 定额名称 | 定额单位 | 数量 | 单价 | | | | 合价 | | | |
|---|---|---|---|---|---|---|---|---|---|---|---|
| | | | | 人工费 | 材料费 | 机械费 | 管理费和利润 | 人工费 | 材料费 | 机械费 | 管理费和利润 |
| 2-625 | 刷底油、油色、清漆两遍 | 10m² | 0.1000 | 91.80 | 13.95 | — | 50.49 | 9.18 | 1.40 | — | 5.05 |
| 人工单价 | | 小计 | | | | | | 9.18 | 1.40 | — | 5.05 |
| 37.00元/工日 | | 未计价材料费 | | | | | | — | | | |
| 清单项目综合单价 | | | | | | | | 15.63 | | | |

| | 主要材料名称、规格、型号 | 单位 | 数量 | 单价(元) | 合价(元) | 暂估单价(元) | 暂估合价(元) |
|---|---|---|---|---|---|---|---|
| 材料费明细 | 酚醛无光调和漆(底漆) | kg | 0.0040 | 6.65 | 0.03 | | |
| | 油漆溶剂油 | kg | 0.0710 | 3.33 | 0.24 | | |
| | 酚醛清漆各色 | kg | 0.1080 | 8.67 | 0.94 | | |
| | 石膏粉,325目 | kg | 0.0210 | 0.45 | 0.01 | | |
| | 砂纸 | 张 | 0.1760 | 1.02 | 0.18 | | |
| | 白布 | m³ | 0.00 | 3.60 | 0.01 | | |
| | 其他材料费 | | | — | — | | — |
| | 材料费小计 | | | — | 1.40 | | — |

### 工程量清单综合单价分析表

表 2-80

工程名称:"馨园"居住区组团绿地工程　　　　　标段:　　　　第　页　共　页

| 项目编码 | 050305006001 | 项目名称 | 石桌石凳——花架 | 计量单位 | 个 | 工程量 | 4 |
|---|---|---|---|---|---|---|---|

清单综合单价组成明细

| 定额编号 | 定额名称 | 定额单位 | 数量 | 单价 | | | | 合价 | | | |
|---|---|---|---|---|---|---|---|---|---|---|---|
| | | | | 人工费 | 材料费 | 机械费 | 管理费和利润 | 人工费 | 材料费 | 机械费 | 管理费和利润 |
| 3-569 | 石桌石凳安装 | 10组 | 0.1000 | 654.16 | 6259.60 | 17.04 | 209.33 | 65.42 | 625.96 | — | 20.93 |
| 人工单价 | | | 小计 | | | | | 65.42 | 625.96 | — | 20.93 |
| 37.00元/工日 | | | 未计价材料费 | | | | | — | | | |
| 清单项目综合单价 | | | | | | | | 712.31 | | | |

| | 主要材料名称、规格、型号 | 单位 | 数量 | 单价(元) | 合价(元) | 暂估单价(元) | 暂估合价(元) |
|---|---|---|---|---|---|---|---|
| 材料费明细 | 石凳 | 个 | 4.0800 | 150 | 612.00 | | |
| | 碎石5~40mm | t | 0.0724 | 36.5 | 2.64 | | |
| | C20混凝土,16mm,32.5级 | m³ | 0.0483 | 186.3 | 9.00 | | |
| | 水泥砂浆1:2 | m³ | 0.0102 | 221.77 | 2.26 | | |
| | 水 | m³ | 0.01 | 4.10 | 0.06 | | |
| | 其他材料费 | | | — | — | | — |
| | 材料费小计 | | | — | 625.96 | | — |

**工程量清单综合单价分析表** 表2-81

工程名称："馨园"居住区组团绿地工程　　　　　　标段：　　　第 页 共 页

| 项目编码 | 011102001001 | 项目名称 | 石材楼地面——花架 | 计量单位 | m² | 工程量 | 13.6 |
|---|---|---|---|---|---|---|---|

清单综合单价组成明细

| 定额编号 | 定额名称 | 定额单位 | 数量 | 单价 | | | | 合价 | | | |
|---|---|---|---|---|---|---|---|---|---|---|---|
| | | | | 人工费 | 材料费 | 机械费 | 管理费和利润 | 人工费 | 材料费 | 机械费 | 管理费和利润 |
| 1-122 | 原土打底夯、地面 | 10m² | 0.1000 | 4.07 | — | 1.16 | 2.88 | 0.41 | — | 0.12 | 0.29 |
| 1-752 | 垫层(混凝土) | m³ | 0.3199 | 60.38 | 170.04 | 30.16 | 8.42 | 19.31 | 54.39 | 9.65 | 2.69 |
| 1-756 | 找平层(水泥砂浆) | 10m² | 0.1000 | 31.08 | 37.10 | 5.21 | 19.95 | 3.11 | 3.71 | 0.52 | 2.00 |
| 1-784 | 拼碎块料(花岗石) | 10m² | 0.1000 | 250.42 | 341.84 | 8.21 | 142.25 | 25.04 | 34.18 | 0.82 | 14.23 |
| 人工单价 | | | 小计 | | | | | 65.42 | 92.28 | 11.11 | 20.93 |
| 37.00 元/工日 | | | 未计价材料费 | | | | | — | | | |
| 清单项目综合单价 | | | | | | | | 189.74 | | | |

| | 主要材料名称、规格、型号 | 单位 | 数量 | 单价(元) | 合价(元) | 暂估单价(元) | 暂估合价(元) |
|---|---|---|---|---|---|---|---|
| 材料费明细 | C15混凝土,20mm,32.5级 | m³ | 0.3231 | 165.63 | 53.51 | | |
| | 水 | m³ | 0.2463 | 4.1 | 1.01 | | |
| | 水泥砂浆,1:3 | m³ | 0.0505 | 182.43 | 9.21 | | |
| | 碎花岗石板(综合) | m² | 0.9600 | 28.5 | 27.36 | | |
| | 水泥砂浆,1:2 | m³ | 0.0012 | 221.77 | 0.27 | | |
| | 棉纱头 | kg | 0.0200 | 5.3 | 0.11 | | |
| | 素水泥浆 | m³ | 0.0010 | 457.23 | 0.46 | | |
| | 其他材料费 | | | — | 0.36 | — | |
| | 材料费小计 | | | — | 92.28 | — | |

**工程量清单综合单价分析表** 表2-82

工程名称："馨园"居住区组团绿地工程　　　　　　标段：　　　第 页 共 页

| 项目编码 | 010101004003 | 项目名称 | 挖基坑土方——景墙 | 计量单位 | m³ | 工程量 | 4.46 |
|---|---|---|---|---|---|---|---|

清单综合单价组成明细

| 定额编号 | 定额名称 | 定额单位 | 数量 | 单价 | | | | 合价 | | | |
|---|---|---|---|---|---|---|---|---|---|---|---|
| | | | | 人工费 | 材料费 | 机械费 | 管理费和利润 | 人工费 | 材料费 | 机械费 | 管理费和利润 |
| 1-50 | 人工挖地坑二类干土 | m³ | 2.3610 | 13.84 | — | — | 5.95 | 32.68 | — | — | 14.05 |
| 人工单价 | | | 小计 | | | | | 47.76 | — | — | 14.05 |
| 37.00 元/工日 | | | 未计价材料费 | | | | | — | | | |
| 清单项目综合单价 | | | | | | | | 61.81 | | | |

| | 主要材料名称、规格、型号 | 单位 | 数量 | 单价(元) | 合价(元) | 暂估单价(元) | 暂估合价(元) |
|---|---|---|---|---|---|---|---|
| 材料费明细 | 其他材料费 | | | — | — | — | |
| | 材料费小计 | | | — | — | — | |

**工程量清单综合单价分析表**　　　　　　　　　　表 2-83

工程名称："馨园"居住区组团绿地工程　　　　　　标段：　　　　第　页　共　页

| 项目编码 | 010103001003 | 项目名称 | 土石方回填——景墙 | 计量单位 | m³ | 工程量 | 2.12 |
|---|---|---|---|---|---|---|---|

清单综合单价组成明细

| 定额编号 | 定额名称 | 定额单位 | 数量 | 单价 | | | | 合价 | | | |
|---|---|---|---|---|---|---|---|---|---|---|---|
| | | | | 人工费 | 材料费 | 机械费 | 管理费和利润 | 人工费 | 材料费 | 机械费 | 管理费和利润 |
| 1-127 | 回填土（基槽坑） | m³ | 3.8632 | 11.40 | — | 1.30 | 6.98 | 44.04 | — | 5.02 | 26.97 |
| 人工单价 | | 小计 | | | | | | 45.88 | — | 5.23 | 26.97 |
| 37.00 元/工日 | | 未计价材料费 | | | | | | — | | | |
| 清单项目综合单价 | | | | | | | | 78.08 | | | |

| 材料费明细 | 主要材料名称、规格、型号 | | | | 单位 | 数量 | 单价（元） | 合价（元） | 暂估单价（元） | 暂估合价（元） |
|---|---|---|---|---|---|---|---|---|---|---|
| | | | | | | | | | | |
| | 其他材料费 | | | | | | | — | | — |
| | 材料费小计 | | | | | | | — | | — |

**工程量清单综合单价分析表**　　　　　　　　　　表 2-84

工程名称："馨园"居住区组团绿地工程　　　　　　标段：　　　　第　页　共　页

| 项目编码 | 010401001001 | 项目名称 | 砖基础——景墙 | 计量单位 | m³ | 工程量 | 0.12 |
|---|---|---|---|---|---|---|---|

清单综合单价组成明细

| 定额编号 | 定额名称 | 定额单位 | 数量 | 单价 | | | | 合价 | | | |
|---|---|---|---|---|---|---|---|---|---|---|---|
| | | | | 人工费 | 材料费 | 机械费 | 管理费和利润 | 人工费 | 材料费 | 机械费 | 管理费和利润 |
| 1-189 | 砖基础（标准砖） | m³ | 1.0000 | 48.47 | 179.42 | 3.98 | 28.84 | 48.47 | 179.42 | 3.98 | 28.84 |
| 人工单价 | | 小计 | | | | | | 48.47 | 179.42 | 3.98 | 28.84 |
| 37.00 元/工日 | | 未计价材料费 | | | | | | — | | | |
| 清单项目综合单价 | | | | | | | | 260.71 | | | |

| 材料费明细 | 主要材料名称、规格、型号 | 单位 | 数量 | 单价（元） | 合价（元） | 暂估单价（元） | 暂估合价（元） |
|---|---|---|---|---|---|---|---|
| | 水泥砂浆,M5 | m³ | 0.2430 | 125.1 | 30.40 | | |
| | 标准砖,240mm×115mm×53mm | 百块 | 5.2700 | 28.2 | 148.61 | | |
| | 水 | m³ | 0.1000 | 4.10 | 0.41 | | |
| | 其他材料费 | | | — | — | | — |
| | 材料费小计 | | | — | 179.42 | | — |

**工程量清单综合单价分析表**　　　　　　　　　　　表 2-85

工程名称："馨园"居住区组团绿地工程　　　　　标段：　　　　　第　页　共　页

| 项目编码 | 010401003001 | 项目名称 | 实心砖墙——景墙 | 计量单位 | m³ | 工程量 | 0.54 |
|---|---|---|---|---|---|---|---|

清单综合单价组成明细

| 定额编号 | 定额名称 | 定额单位 | 数量 | 单价 | | | | 合价 | | | |
|---|---|---|---|---|---|---|---|---|---|---|---|
| | | | | 人工费 | 材料费 | 机械费 | 管理费和利润 | 人工费 | 材料费 | 机械费 | 管理费和利润 |
| 1-207 | 砖砌外墙 | m³ | 1.0000 | 68.08 | 183.37 | 4.11 | 39.70 | 68.08 | 183.37 | 4.11 | 39.70 |
| 人工单价 | | | | 小计 | | | | 68.08 | 183.37 | 4.11 | 39.70 |
| 37.00 元/工日 | | | | 未计价材料费 | | | | | | | |
| 清单项目综合单价 | | | | | | | | 295.26 | | | |

| 材料费明细 | 主要材料名称、规格、型号 | 单位 | 数量 | 单价（元） | 合价（元） | 暂估单价（元） | 暂估合价（元） |
|---|---|---|---|---|---|---|---|
| | 混合砂浆，M5 | m³ | 0.2530 | 130.04 | 32.90 | | |
| | 标准砖，240mm×115mm×53mm | 百块 | 5.3200 | 28.2 | 150.02 | | |
| | 水 | m³ | 0.1100 | 4.10 | 0.45 | | |
| | 其他材料费 | | | — | — | | — |
| | 材料费小计 | | | — | 183.37 | | — |

**工程量清单综合单价分析表**　　　　　　　　　　　表 2-86

工程名称："馨园"居住区组团绿地工程　　　　　标段：　　　　　第　页　共　页

| 项目编码 | 011206001001 | 项目名称 | 石材墙面—景墙 | 计量单位 | m² | 工程量 | 43.02 |
|---|---|---|---|---|---|---|---|

清单综合单价组成明细

| 定额编号 | 定额名称 | 定额单位 | 数量 | 单价 | | | | 合价 | | | |
|---|---|---|---|---|---|---|---|---|---|---|---|
| | | | | 人工费 | 材料费 | 机械费 | 管理费和利润 | 人工费 | 材料费 | 机械费 | 管理费和利润 |
| 1-893 | 挂贴花岗石 | 10m² | 0.1000 | 328.81 | 2786.45 | 27.03 | 195.71 | 32.88 | 278.65 | 2.70 | 19.57 |
| 人工单价 | | | | 小计 | | | | 32.88 | 278.65 | 2.70 | 19.57 |
| 37.00 元/工日 | | | | 未计价材料费 | | | | — | | | |
| 清单项目综合单价 | | | | | | | | 333.80 | | | |

| 材料费明细 | 主要材料名称、规格、型号 | 单位 | 数量 | 单价（元） | 合价（元） | 暂估单价（元） | 暂估合价（元） |
|---|---|---|---|---|---|---|---|
| | 花岗石（综合） | m² | 1.0200 | 250.00 | 255.00 | | |
| | 水泥砂浆，1∶2.5 | m³ | 0.0550 | 207.03 | 11.39 | | |
| | 钢筋（综合） | t | 0.0011 | 3800.00 | 4.18 | | |
| | 铜丝 | kg | 0.0780 | 22.80 | 1.78 | | |
| | 电焊条 | kg | 0.0150 | 4.80 | 0.07 | | |
| | 白水泥 | kg | 0.1500 | 0.52 | 0.08 | | |
| | 合金钢切割锯片 | 片 | 0.0420 | 61.75 | 2.59 | | |
| | 硬白蜡 | kg | 0.0270 | 3.33 | 0.09 | | |
| | 草酸 | kg | 0.0100 | 4.75 | 0.05 | | |
| | 煤油 | kg | 0.0400 | 4.00 | 0.16 | | |
| | 松节油 | kg | 0.0060 | 3.80 | 0.02 | | |
| | 棉纱头 | kg | 0.0100 | 5.30 | 0.05 | | |
| | 水 | m³ | 0.0140 | 4.10 | 0.06 | | |
| | 铁件制作 | kg | 0.3490 | 8.50 | 2.97 | | |
| | 其他材料费 | | | — | 1.49 | | — |
| | 材料费小计 | | | — | 279.98 | | — |

**工程量清单综合单价分析表**

表 2-87

工程名称："馨园"居住区组团绿地工程　　　　　标段：　　　　　第　页　共　页

| 项目编码 | 010101004004 | 项目名称 | 挖基坑土方——花坛 | 计量单位 | m³ | 工程量 | 3.48 |
|---|---|---|---|---|---|---|---|

清单综合单价组成明细

| 定额编号 | 定额名称 | 定额单位 | 数量 | 单价 | | | | 合价 | | | |
|---|---|---|---|---|---|---|---|---|---|---|---|
| | | | | 人工费 | 材料费 | 机械费 | 管理费和利润 | 人工费 | 材料费 | 机械费 | 管理费和利润 |
| 1-50 | 人工挖地坑二类干土 | m³ | 2.1552 | 13.84 | — | | 5.95 | 29.83 | — | | 12.82 |
| 人工单价 | | 小计 | | | | | | 29.83 | — | | 12.82 |
| 37.00 元/工日 | | 未计价材料费 | | | | | | — | | | |
| 清单项目综合单价 | | | | | | | | 42.65 | | | |

| 材料费明细 | 主要材料名称、规格、型号 | | 单位 | 数量 | 单价(元) | 合价(元) | 暂估单价(元) | 暂估合价(元) |
|---|---|---|---|---|---|---|---|---|
| | | | | | | | | |
| | 其他材料费 | | | | — | | — | |
| | 材料费小计 | | | | — | | — | |

**工程量清单综合单价分析表**

表 2-88

工程名称："馨园"居住区组团绿地工程　　　　　标段：　　　　　第　页　共　页

| 项目编码 | 010103001004 | 项目名称 | 土(石)方回填——花坛 | 计量单位 | m³ | 工程量 | 0.35 |
|---|---|---|---|---|---|---|---|

清单综合单价组成明细

| 定额编号 | 定额名称 | 定额单位 | 数量 | 单价 | | | | 合价 | | | |
|---|---|---|---|---|---|---|---|---|---|---|---|
| | | | | 人工费 | 材料费 | 机械费 | 管理费和利润 | 人工费 | 材料费 | 机械费 | 管理费和利润 |
| 1-127 | 回填土（基槽坑） | m³ | 12.4857 | 11.40 | — | 1.30 | 6.98 | 142.34 | — | 16.23 | 87.15 |
| 人工单价 | | 小计 | | | | | | 142.34 | — | 16.23 | 87.15 |
| 37.00 元/工日 | | 未计价材料费 | | | | | | — | | | |
| 清单项目综合单价 | | | | | | | | 245.72 | | | |

| 材料费明细 | 主要材料名称、规格、型号 | | 单位 | 数量 | 单价(元) | 合价(元) | 暂估单价(元) | 暂估合价(元) |
|---|---|---|---|---|---|---|---|---|
| | | | | | | | | |
| | 其他材料费 | | | | — | | — | |
| | 材料费小计 | | | | — | | — | |

**工程量清单综合单价分析表**

表 2-89

工程名称："馨园"居住区组团绿地工程　　　　标段：　　　　第　页　共　页

| 项目编码 | 010401012001 | 项目名称 | 砖砌筑——花坛 | 计量单位 | m³ | 工程量 | 3.95 |
|---|---|---|---|---|---|---|---|

清单综合单价组成明细

| 定额编号 | 定额名称 | 定额单位 | 数量 | 单价 | | | | 合价 | | | |
|---|---|---|---|---|---|---|---|---|---|---|---|
| | | | | 人工费 | 材料费 | 机械费 | 管理费和利润 | 人工费 | 材料费 | 机械费 | 管理费和利润 |
| 1-238 | 其他砖砌体 | m³ | 1.0000 | 100.27 | 183.81 | 3.45 | 57.05 | 100.27 | 183.81 | 3.45 | 57.05 |
| 人工单价 | | | 小计 | | | | | 100.27 | 183.81 | 3.45 | 57.05 |
| 37.00 元/工日 | | | 未计价材料费 | | | | | — | | | |
| 清单项目综合单价 | | | | | | | | 344.58 | | | |

| 材料费明细 | 主要材料名称、规格、型号 | | 单位 | 数量 | 单价（元） | 合价（元） | 暂估单价（元） | 暂估合价（元） |
|---|---|---|---|---|---|---|---|---|
| | 混合砂浆，M5 | | m³ | 0.2130 | 130.04 | 27.70 | | |
| | 标准砖，240mm×115mm×53mm | | 百块 | 5.5200 | 28.20 | 155.66 | | |
| | 水 | | m³ | 0.1100 | 4.10 | 0.45 | | |
| | 其他材料费 | | | | — | | — | |
| | 材料费小计 | | | | — | 183.81 | — | |

**工程量清单综合单价分析表**

表 2-90

工程名称："馨园"居住区组团绿地工程　　　　标段：　　　　第　页　共　页

| 项目编码 | 011203001002 | 项目名称 | 零星项目一般抹灰——花坛 | 计量单位 | m² | 工程量 | 41.17 |
|---|---|---|---|---|---|---|---|

清单综合单价组成明细

| 定额编号 | 定额名称 | 定额单位 | 数量 | 单价 | | | | 合价 | | | |
|---|---|---|---|---|---|---|---|---|---|---|---|
| | | | | 人工费 | 材料费 | 机械费 | 管理费和利润 | 人工费 | 材料费 | 机械费 | 管理费和利润 |
| 1-846 | 抹水泥砂浆 | 10m² | 0.100 | 146.08 | 42.69 | 5.48 | 83.36 | 14.61 | 4.27 | 0.55 | 8.34 |
| 人工单价 | | | 小计 | | | | | 14.61 | 4.27 | 0.55 | 8.34 |
| 37.00 元/工日 | | | 未计价材料费 | | | | | — | | | |
| 清单项目综合单价 | | | | | | | | 27.77 | | | |

| 材料费明细 | 主要材料名称、规格、型号 | | 单位 | 数量 | 单价（元） | 合价（元） | 暂估单价（元） | 暂估合价（元） |
|---|---|---|---|---|---|---|---|---|
| | 水泥砂浆，1:2 | | m³ | 0.0082 | 221.77 | 1.82 | | |
| | 水泥砂浆，1:3 | | m³ | 0.0127 | 182.43 | 2.32 | | |
| | 801 胶素水泥浆 | | m³ | 0.0002 | 495.03 | 0.10 | | |
| | 水 | | m³ | 0.0082 | 4.10 | 0.03 | | |
| | 其他材料费 | | | | — | | — | |
| | 材料费小计 | | | | — | 4.27 | — | |

## 工程量清单综合单价分析表

表 2-91

工程名称："馨园"居住区组团绿地工程　　　　　　标段：　　　　　第　页　共　页

| 项目编码 | 011206001001 | 项目名称 | 石材零星项目——花坛 | 计量单位 | m² | 工程量 | 28.08 |

#### 清单综合单价组成明细

| 定额编号 | 定额名称 | 定额单位 | 数量 | 单价 | | | | 合价 | | | |
|---|---|---|---|---|---|---|---|---|---|---|---|
| | | | | 人工费 | 材料费 | 机械费 | 管理费和利润 | 人工费 | 材料费 | 机械费 | 管理费和利润 |
| 1-901 | 粘贴花岗石 | 10m² | 0.1000 | 333.89 | 2685.55 | 5.96 | 186.92 | 33.39 | 268.56 | 0.60 | 18.69 |
| 人工单价 | | 小计 | | | | | | 33.39 | 268.56 | 0.60 | 18.69 |
| 37.00 元/工日 | | 未计价材料费 | | | | | | — | | | |
| 清单项目综合单价 | | | | | | | | 321.24 | | | |

| | 主要材料名称、规格、型号 | 单位 | 数量 | 单价（元） | 合价（元） | 暂估单价（元） | 暂估合价（元） |
|---|---|---|---|---|---|---|---|
| 材料费明细 | 水泥砂浆，1:3 | m³ | 0.0157 | 182.43 | 2.86 | | |
| | 水泥砂浆，1:2 | m³ | 0.0051 | 221.77 | 1.13 | | |
| | 801 胶素水泥浆 | m³ | 0.0002 | 495.03 | 0.10 | | |
| | 花岗石（综合） | m² | 1.0200 | 250.00 | 255.00 | | |
| | YJ-Ⅲ胶粘剂 | kg | 0.4660 | 11.50 | 5.36 | | |
| | 白水泥 | kg | 0.1700 | 0.52 | 0.09 | | |
| | 合金钢切割锯片 | 片 | 0.0300 | 61.75 | 1.85 | | |
| | 硬白蜡 | kg | 0.0300 | 3.33 | 0.10 | | |
| | 草酸 | kg | 0.0110 | 4.75 | 0.05 | | |
| | 煤油 | kg | 0.0440 | 4.00 | 0.18 | | |
| | 松节油 | kg | 0.0070 | 3.80 | 0.03 | | |
| | 棉纱头 | kg | 0.0110 | 5.30 | 0.06 | | |
| | 水 | m³ | 0.0080 | 4.10 | 0.03 | | |
| | 其他材料费 | | | — | 1.72 | — | |
| | 材料费小计 | | | — | 268.56 | — | |

## 工程量清单综合单价分析表

表 2-92

工程名称："馨园"居住区组团绿地工程　　　　　　标段：　　　　　第　页　共　页

| 项目编码 | 010101004005 | 项目名称 | 挖基坑土方——坐凳 | 计量单位 | m³ | 工程量 | 0.16 |

#### 清单综合单价组成明细

| 定额编号 | 定额名称 | 定额单位 | 数量 | 单价 | | | | 合价 | | | |
|---|---|---|---|---|---|---|---|---|---|---|---|
| | | | | 人工费 | 材料费 | 机械费 | 管理费和利润 | 人工费 | 材料费 | 机械费 | 管理费和利润 |
| 1-50 | 人工挖地坑二类干土 | m³ | 3.8750 | 13.84 | — | — | 5.95 | 53.63 | | — | 23.06 |
| 人工单价 | | 小计 | | | | | | 53.63 | | | 23.06 |
| 37.00 元/工日 | | 未计价材料费 | | | | | | — | | | |
| 清单项目综合单价 | | | | | | | | 76.69 | | | |

续表

| 材料费明细 | 主要材料名称、规格、型号 | 单位 | 数量 | 单价（元） | 合价（元） | 暂估单价（元） | 暂估合价（元） |
|---|---|---|---|---|---|---|---|
| | | | | | | | |
| | 其他材料费 | | | — | — | — | — |
| | 材料费小计 | | | — | — | — | — |

**工程量清单综合单价分析表**　　　　表 2-93

工程名称："馨园"居住区组团绿地工程　　　　标段：　　　　第　页　共　页

| 项目编码 | 010103001005 | 项目名称 | 土(石)方回填 | 计量单位 | m³ | 工程量 | 0.03 |
|---|---|---|---|---|---|---|---|

清单综合单价组成明细

| 定额编号 | 定额名称 | 定额单位 | 数量 | 单价 | | | | 合价 | | | |
|---|---|---|---|---|---|---|---|---|---|---|---|
| | | | | 人工费 | 材料费 | 机械费 | 管理费和利润 | 人工费 | 材料费 | 机械费 | 管理费和利润 |
| 1-127 | 回填土（基槽坑） | m³ | 16.3333 | 11.40 | — | 1.30 | 6.98 | 186.20 | — | 21.23 | 114.01 |
| 人工单价 | | 小计 | | | | | | 186.20 | — | 21.23 | 114.01 |
| 37.00 元/工日 | | 未计价材料费 | | | | | | | | | |
| 清单项目综合单价 | | | | | | | | 321.44 | | | |

| 材料费明细 | 主要材料名称、规格、型号 | 单位 | 数量 | 单价（元） | 合价（元） | 暂估单价（元） | 暂估合价（元） |
|---|---|---|---|---|---|---|---|
| | | | | | | | |
| | 其他材料费 | | | — | — | — | — |
| | 材料费小计 | | | — | — | — | — |

**工程量清单综合单价分析表**　　　　表 2-94

工程名称："馨园"居住区组团绿地工程　　　　标段：　　　　第　页　共　页

| 项目编码 | 010702005003 | 项目名称 | 其他木构件——坐凳 | 计量单位 | m³ | 工程量 | 0.12 |
|---|---|---|---|---|---|---|---|

清单综合单价组成明细

| 定额编号 | 定额名称 | 定额单位 | 数量 | 单价 | | | | 合价 | | | |
|---|---|---|---|---|---|---|---|---|---|---|---|
| | | | | 人工费 | 材料费 | 机械费 | 管理费和利润 | 人工费 | 材料费 | 机械费 | 管理费和利润 |
| 1-739 | 木线条 | 10m | 2.0000 | 8.40 | 61.73 | 1.50 | 5.45 | 16.80 | 123.46 | 3.00 | 10.90 |
| 人工单价 | | 小计 | | | | | | 16.80 | 123.46 | 3.00 | 10.90 |
| 37.00 元/工日 | | 未计价材料费 | | | | | | | | | |
| 清单项目综合单价 | | | | | | | | 154.16 | | | |

| 材料费明细 | 主要材料名称、规格、型号 | 单位 | 数量 | 单价（元） | 合价（元） | 暂估单价（元） | 暂估合价（元） |
|---|---|---|---|---|---|---|---|
| | 红松平线 B＝60(成品) | m | 21.6000 | 5.63 | 121.61 | | |
| | 聚醋酸乙烯乳液 | kg | 0.1320 | 5.23 | 0.69 | | |
| | 其他材料费 | | | — | 1.16 | — | |
| | 材料费小计 | | | — | 123.46 | — | |

**工程量清单综合单价分析表**　　　　　　　　　　　　　表 2-95

工程名称："馨园"居住区组团绿地工程　　　　标段：　　　第　页　共　页

| 项目编码 | 011404013002 | 项目名称 | 零星木装修油漆 | 计量单位 | m² | 工程量 | 2.4 |
|---|---|---|---|---|---|---|---|

清单综合单价组成明细

| 定额编号 | 定额名称 | 定额单位 | 数量 | 单价 | | | | 合价 | | | |
|---|---|---|---|---|---|---|---|---|---|---|---|
| | | | | 人工费 | 材料费 | 机械费 | 管理费和利润 | 人工费 | 材料费 | 机械费 | 管理费和利润 |
| 2-624 | 刷底油、油色、清漆两遍 | 10m² | 0.1000 | 68.85 | 16.63 | — | 37.87 | 6.89 | 1.66 | — | 3.79 |
| 人工单价 | | 小计 | | | | | | 6.89 | 1.66 | — | 3.79 |
| 37.00元/工日 | | 未计价材料费 | | | | | | | | | |
| 清单项目综合单价 | | | | | | | | 12.34 | | | |

| | 主要材料名称、规格、型号 | 单位 | 数量 | 单价（元） | 合价（元） | 暂估单价（元） | 暂估合价（元） |
|---|---|---|---|---|---|---|---|
| 材料费明细 | 酚醛无光调和漆（底漆） | kg | 0.0050 | 6.65 | 0.03 | | |
| | 油漆油剂油 | kg | 0.0840 | 3.33 | 0.28 | | |
| | 酚醛清漆各色 | kg | 0.1290 | 8.67 | 1.12 | | |
| | 石膏粉，325目 | kg | 0.0250 | 0.45 | 0.01 | | |
| | 砂纸 | 张 | 0.2100 | 1.02 | 0.21 | | |
| | 白布 | m² | 0.0020 | 3.60 | 0.01 | | |
| | 其他材料费 | | | — | — | — | — |
| | 材料费小计 | | | — | 1.66 | — | — |

**工程量清单综合单价分析表**　　　　　　　　　　　　　表 2-96

工程名称："馨园"居住区组团绿地工程　　　　标段：　　　第　页　共　页

| 项目编码 | 050307018001 | 项目名称 | 砖石砌小摆设——坐凳 | 计量单位 | m³ | 工程量 | 0.12 |
|---|---|---|---|---|---|---|---|

清单综合单价组成明细

| 定额编号 | 定额名称 | 定额单位 | 数量 | 单价 | | | | 合价 | | | |
|---|---|---|---|---|---|---|---|---|---|---|---|
| | | | | 人工费 | 材料费 | 机械费 | 管理费和利润 | 人工费 | 材料费 | 机械费 | 管理费和利润 |
| 1-250 | 砌石基础 | m³ | 1.0000 | 50.32 | 102.30 | 5.54 | 30.72 | 50.32 | 102.30 | 5.54 | 30.72 |
| 人工单价 | | 小计 | | | | | | 50.32 | 102.30 | 5.54 | 30.72 |
| 37.00元/工日 | | 未计价材料费 | | | | | | — | | | |
| 清单项目综合单价 | | | | | | | | 188.88 | | | |

| | 主要材料名称、规格、型号 | 单位 | 数量 | 单价（元） | 合价（元） | 暂估单价（元） | 暂估合价（元） |
|---|---|---|---|---|---|---|---|
| 材料费明细 | 毛石 | t | 1.9500 | 30.50 | 59.48 | | |
| | 水泥砂浆 | m³ | 0.3400 | 125.10 | 42.53 | | |
| | 水 | m³ | 0.0700 | 4.10 | 0.29 | | |
| | 其他材料费 | | | — | — | | |
| | 材料费小计 | | | — | 102.30 | | |

**工程量清单综合单价分析表**　　　　　　　　表 2-97

工程名称："馨园"居住区组团绿地工程　　　　　　　标段：　　　　　第　页　共　页

| 项目编码 | 010101004006 | 项目名称 | 挖基坑土方——水池 | 计量单位 | m³ | 工程量 | 7.19 |

清单综合单价组成明细

| 定额编号 | 定额名称 | 定额单位 | 数量 | 单价 | | | | 合价 | | | |
|---|---|---|---|---|---|---|---|---|---|---|---|
| | | | | 人工费 | 材料费 | 机械费 | 管理费和利润 | 人工费 | 材料费 | 机械费 | 管理费和利润 |
| 1-50 | 人工挖地坑二类干土 | m³ | 1.4854 | 13.84 | — | — | 5.95 | 20.56 | — | — | 8.84 |
| 1-123 | 原土打底夯、基坑 | 10m² | 0.3978 | 4.88 | — | 1.93 | 3.75 | 1.94 | — | 0.77 | 1.49 |
| 人工单价 | | 小计 | | | | | | 22.50 | — | 0.77 | 10.33 |
| 37.00 元/工日 | | 未计价材料费 | | | | | | — | | | |
| 清单项目综合单价 | | | | | | | | 33.60 | | | |

| 材料费明细 | 主要材料名称、规格、型号 | | 单位 | 数量 | 单价(元) | 合价(元) | 暂估单价(元) | 暂估合价(元) |
|---|---|---|---|---|---|---|---|---|
| | | | | | | | | |
| | 其他材料费 | | | | — | — | — | — |
| | 材料费小计 | | | | — | — | — | — |

**工程量清单综合单价分析表**　　　　　　　　表 2-98

工程名称："馨园"居住区组团绿地工程　　　　　　　标段：　　　　　第　页　共　页

| 项目编码 | 010103001006 | 项目名称 | 土(石)方回填——水池 | 计量单位 | m³ | 工程量 | 0.33 |

清单综合单价组成明细

| 定额编号 | 定额名称 | 定额单位 | 数量 | 单价 | | | | 合价 | | | |
|---|---|---|---|---|---|---|---|---|---|---|---|
| | | | | 人工费 | 材料费 | 机械费 | 管理费和利润 | 人工费 | 材料费 | 机械费 | 管理费和利润 |
| 1-127 | 回填土（基槽坑） | m³ | 5.2121 | 11.40 | — | 1.30 | 6.98 | 59.42 | — | 6.78 | 36.38 |
| 人工单价 | | 小计 | | | | | | 59.42 | — | 6.78 | 36.38 |
| 37.00 元/工日 | | 未计价材料费 | | | | | | — | | | |
| 清单项目综合单价 | | | | | | | | 102.58 | | | |

| 材料费明细 | 主要材料名称、规格、型号 | | 单位 | 数量 | 单价(元) | 合价(元) | 暂估单价(元) | 暂估合价(元) |
|---|---|---|---|---|---|---|---|---|
| | | | | | | | | |
| | 其他材料费 | | | | — | — | — | — |
| | 材料费小计 | | | | — | — | — | — |

**工程量清单综合单价分析表**　　　　表 2-99

工程名称："馨园"居住区组团绿地工程　　　　　　　标段：　　　　　第 页 共 页

| 项目编码 | 010501001004 | 项目名称 | 混凝土基础垫层——水池 | 计量单位 | m³ | 工程量 | 1.72 |
|---|---|---|---|---|---|---|---|

清单综合单价组成明细

| 定额编号 | 定额名称 | 定额单位 | 数量 | 单价 | | | | 合价 | | | |
|---|---|---|---|---|---|---|---|---|---|---|---|
| | | | | 人工费 | 材料费 | 机械费 | 管理费和利润 | 人工费 | 材料费 | 机械费 | 管理费和利润 |
| 1-170 | 基础垫层（自拌混凝土） | m³ | 1.0000 | 60.83 | 160.23 | 4.75 | 36.07 | 60.83 | 160.23 | 4.75 | 36.07 |
| 人工单价 | | 小计 | | | | | | 60.83 | 160.23 | 4.75 | 36.07 |
| 37.00 元/工日 | | 未计价材料费 | | | | | | — | | | |
| 清单项目综合单价 | | | | | | | | 261.88 | | | |

| 材料费明细 | 主要材料名称、规格、型号 | 单位 | 数量 | 单价（元） | 合价（元） | 暂估单价（元） | 暂估合价（元） |
|---|---|---|---|---|---|---|---|
| | C10 混凝土,40mm,32.5 级 | m³ | 1.0100 | 156.61 | 158.18 | | |
| | 水 | m³ | 0.5000 | 4.10 | 2.05 | | |
| | 其他材料费 | | | — | | — | |
| | 材料费小计 | | | — | 160.23 | — | |

**工程量清单综合单价分析表**　　　　表 2-100

工程名称："馨园"居住区组团绿地工程　　　　　　　标段：　　　　　第 页 共 页

| 项目编码 | 010401012002 | 项目名称 | 砖砌筑——水池 | 计量单位 | m³ | 工程量 | 4.75 |
|---|---|---|---|---|---|---|---|

清单综合单价组成明细

| 定额编号 | 定额名称 | 定额单位 | 数量 | 单价 | | | | 合价 | | | |
|---|---|---|---|---|---|---|---|---|---|---|---|
| | | | | 人工费 | 材料费 | 机械费 | 管理费和利润 | 人工费 | 材料费 | 机械费 | 管理费和利润 |
| 1-238 | 其他砖砌体 | m³ | 1.0000 | 100.27 | 183.81 | 3.45 | 57.05 | 100.27 | 183.81 | 3.45 | 57.05 |
| 人工单价 | | 小计 | | | | | | 100.27 | 183.81 | 3.45 | 57.05 |
| 37.00 元/工日 | | 未计价材料费 | | | | | | — | | | |
| 清单项目综合单价 | | | | | | | | 344.58 | | | |

| 材料费明细 | 主要材料名称、规格、型号 | 单位 | 数量 | 单价（元） | 合价（元） | 暂估单价（元） | 暂估合价（元） |
|---|---|---|---|---|---|---|---|
| | 标准砖,240mm×115mm×53mm | 百块 | 5.5200 | 28.2 | 155.66 | | |
| | 混合砂浆,M5 | m³ | 0.2130 | 130.04 | 27.70 | | |
| | 水 | m³ | 0.1100 | 4.10 | 0.45 | | |
| | 其他材料费 | | | — | | — | |
| | 材料费小计 | | | — | 183.81 | — | |

**工程量清单综合单价分析表**     表 2-101

工程名称："馨园"居住区组团绿地工程     标段：     第 页 共 页

| 项目编码 | 011203001003 | 项目名称 | 零星项目一般抹灰——水池 | 计量单位 | m² | 工程量 | 51.47 |
|---|---|---|---|---|---|---|---|

清单综合单价组成明细

| 定额编号 | 定额名称 | 定额单位 | 数量 | 单价 | | | | 合价 | | | |
|---|---|---|---|---|---|---|---|---|---|---|---|
| | | | | 人工费 | 材料费 | 机械费 | 管理费和利润 | 人工费 | 材料费 | 机械费 | 管理费和利润 |
| 1-248 | 墙基防潮层 | 10m² | 0.1000 | 30.19 | 55.46 | 3.45 | 18.51 | 3.02 | 5.55 | 0.35 | 1.85 |
| 人工单价 | | | 小计 | | | | | 3.02 | 5.55 | 0.35 | 1.85 |
| 37.00 元/工日 | | | 未计价材料费 | | | | | — | | | |
| 清单项目综合单价 | | | | | | | | 10.77 | | | |

| 材料费明细 | 主要材料名称、规格、型号 | 单位 | 数量 | 单价（元） | 合价（元） | 暂估单价（元） | 暂估合价（元） |
|---|---|---|---|---|---|---|---|
| | 防水砂浆,1：2 | m³ | 0.0210 | 264.1 | 5.55 | | |
| | 其他材料费 | | | — | — | — | — |
| | 材料费小计 | | | — | 5.55 | — | |

**工程量清单综合单价分析表**     表 2-102

工程名称："馨园"居住区组团绿地工程     标段：     第 页 共 页

| 项目编码 | 011206001002 | 项目名称 | 石材零星项目——水池 | 计量单位 | m² | 工程量 | 51.47 |
|---|---|---|---|---|---|---|---|

清单综合单价组成明细

| 定额编号 | 定额名称 | 定额单位 | 数量 | 单价 | | | | 合价 | | | |
|---|---|---|---|---|---|---|---|---|---|---|---|
| | | | | 人工费 | 材料费 | 机械费 | 管理费和利润 | 人工费 | 材料费 | 机械费 | 管理费和利润 |
| 1-901 | 粘贴花岗石 | 10m² | 0.4308 | 333.89 | 2685.55 | 5.96 | 186.92 | 143.86 | 1157.06 | 2.57 | 80.53 |
| 1-909 | 瓷砖 | 10m² | 0.5692 | 361.86 | 170.97 | 9.84 | 204.43 | 205.95 | 97.31 | 5.60 | 116.35 |
| 人工单价 | | | 小计 | | | | | 349.81 | 1254.37 | 8.17 | 196.89 |
| 37.00 元/工日 | | | 未计价材料费 | | | | | 13.27 | | | |
| 清单项目综合单价 | | | | | | | | 1822.51 | | | |

| 材料费明细 | 主要材料名称、规格、型号 | 单位 | 数量 | 单价（元） | 合价（元） | 暂估单价（元） | 暂估合价（元） |
|---|---|---|---|---|---|---|---|
| | 素水泥浆（未计价） | m³ | 0.0290 | 457.23 | 13.27 | | |
| | 其他材料费 | | | — | — | — | |
| | 材料费小计 | | | — | 13.27 | — | |

**工程量清单综合单价分析表**　　　　　　　表 2-103

工程名称："馨园"居住区组团绿地工程　　　　　标段：　　　　　第　页　共　页

| 项目编码 | 050305004002 | | 项目名称 | 现浇混凝土桌凳 | | 计量单位 | 个 | 工程量 | 10 |
|---|---|---|---|---|---|---|---|---|---|

清单综合单价组成明细

| 定额编号 | 定额名称 | 定额单位 | 数量 | 单价 | | | | 合价 | | | |
|---|---|---|---|---|---|---|---|---|---|---|---|
| | | | | 人工费 | 材料费 | 机械费 | 管理费和利润 | 人工费 | 材料费 | 机械费 | 管理费和利润 |
| 1-50 | 人工挖地坑二类干土 | m³ | 2.3000 | 13.84 | — | — | 5.95 | 31.83 | — | — | 13.69 |
| 1-123 | 原土打底夯、基坑 | 10m² | 0.7670 | 4.88 | | 1.93 | 3.75 | 3.74 | | 1.48 | 2.88 |
| 1-127 | 回填土 | m³ | 1.5830 | 11.40 | | 1.30 | 6.98 | 18.05 | | 2.06 | 11.05 |
| 1-750 | 碎石干铺 | m³ | 0.1340 | 24.86 | 64.01 | 1.93 | 14.73 | 3.33 | 8.58 | 0.26 | 1.97 |
| 1-356 | 混凝土小型构件 | m³ | 0.7620 | 108.34 | 216.95 | 13.33 | 66.92 | 82.56 | 165.32 | 10.16 | 50.99 |
| 1-901 | 粘贴花岗石 | 10m² | 0.6240 | 333.89 | 2685.55 | 5.96 | 186.92 | 208.35 | 1675.78 | 3.72 | 116.64 |
| 人工单价 | | | 小计 | | | | | 347.85 | 1849.68 | 17.67 | 197.22 |
| 37.00 元/工日 | | | 未计价材料费 | | | | | — | | | |
| 清单项目综合单价 | | | | | | | | 562.74 | | | |

| | 主要材料名称、规格、型号 | 单位 | 数量 | 单价（元） | 合价（元） | 暂估单价（元） | 暂估合价（元） |
|---|---|---|---|---|---|---|---|
| 材料费明细 | 碎石,5～40mm | t | 0.2211 | 36.50 | 8.07 | | |
| | 碎石,5～16mm | t | 0.0161 | 31.50 | 0.51 | | |
| | C25 混凝土,20mm,32.5 级 | m³ | 0.7734 | 203.37 | 157.29 | | |
| | 塑料薄膜 | m² | 2.8575 | 0.86 | 2.46 | | |
| | 水泥砂浆,1:3 | m³ | 0.0980 | 182.43 | 17.87 | | |
| | 水泥砂浆,1:2 | m³ | 0.0318 | 221.77 | 7.06 | | |
| | 801 胶素水泥浆 | m³ | 0.0012 | 495.03 | 0.62 | | |
| | 花岗石(综合) | m² | 6.3648 | 250.00 | 1591.20 | | |
| | YJ-Ⅲ胶粘剂 | kg | 2.9078 | 11.50 | 33.44 | | |
| | 白水泥 | kg | 1.0608 | 0.52 | 0.55 | | |
| | 合金钢切割锯片 | 片 | 0.1872 | 61.75 | 11.56 | | |
| | 硬白蜡 | kg | 0.1872 | 3.33 | 0.62 | | |
| | 草酸 | kg | 0.0686 | 4.75 | 0.33 | | |
| | 煤油 | kg | 0.2746 | 4.00 | 1.10 | | |
| | 松节油 | kg | 0.0437 | 3.80 | 0.17 | | |
| | 棉纱头 | kg | 0.0686 | 5.30 | 0.36 | | |
| | 水 | m³ | 1.4063 | 4.10 | 5.77 | | |
| | 其他材料费 | | | — | 10.70 | — | |
| | 材料费小计 | | | — | 1849.67 | — | |

**工程量清单综合单价分析表**　　　　　　　表 2-104

工程名称："馨园"居住区组团绿地工程　　　　　标段：　　　　第 页　共 页

| 项目编码 | 011107002001 | 项目名称 | 块料台面——台阶1 | 计量单位 | m² | 工程量 | 1.58 |
|---|---|---|---|---|---|---|---|

清单综合单价组成明细

| 定额编号 | 定额名称 | 定额单位 | 数量 | 单价 | | | | 合价 | | | |
|---|---|---|---|---|---|---|---|---|---|---|---|
| | | | | 人工费 | 材料费 | 机械费 | 管理费和利润 | 人工费 | 材料费 | 机械费 | 管理费和利润 |
| 1-753 | 垫层(不分格) | m³ | 0.1139 | 33.30 | 226.05 | 2.18 | 19.52 | 3.79 | 25.75 | 0.25 | 2.22 |
| 1-780 | 花岗石 | 10m² | 0.1424 | 234.43 | 2628.19 | 19.72 | 139.78 | 33.38 | 374.27 | 2.81 | 19.91 |
| 人工单价 | | 小计 | | | | | | 37.18 | 400.02 | 3.06 | 22.13 |
| 37.00 元/工日 | | 未计价材料费 | | | | | | — | | | |
| 清单项目综合单价 | | | | | | | | 462.38 | | | |

| 材料费明细 | 主要材料名称、规格、型号 | 单位 | 数量 | 单价(元) | 合价(元) | 暂估单价(元) | 暂估合价(元) |
|---|---|---|---|---|---|---|---|
| | C15 非泵送商品混凝土 | m³ | 0.1156 | 220.00 | 25.44 | | |
| | 花岗石(综合) | m² | 1.4525 | 250.00 | 363.12 | | |
| | 水泥砂浆,1∶1 | m³ | 0.0115 | 267.49 | 3.09 | | |
| | 水泥砂浆,1∶3 | m³ | 0.0288 | 182.43 | 5.25 | | |
| | 素水泥浆 | m³ | 0.0014 | 457.23 | 0.65 | | |
| | 白水泥 80 | kg | 0.1424 | 0.52 | 0.07 | | |
| | 棉纱头 | kg | 0.0142 | 5.30 | 0.08 | | |
| | 锯木屑 | m³ | 0.0085 | 10.45 | 0.09 | | |
| | 合金钢切割锯片 | 片 | 0.0169 | 61.75 | 1.05 | | |
| | 水 | m³ | 0.1133 | 4.10 | 0.46 | | |
| | 其他材料费 | | | — | 0.71 | | |
| | 材料费小计 | | | — | 400.00 | — | |

# 四、工程量清单表

"馨园"居住区组团绿地工程清单工程量计算见表 2-105。

**某居住区组团绿地工程清单工程量**　　　　　　　表 2-105

| 序号 | 项目编码 | 项目名称 | 项目特征描述 | 计量单位 | 工程量 |
|---|---|---|---|---|---|
| 1 | 050101010001 | 整理绿化用地 | 普坚土种植 | m² | 1280 |
| 2 | 050102001001 | 栽植乔木 | 大叶女贞：常绿乔木,胸径7cm,冠径2.0m以上,枝下高2.2m以上,带土球栽植,坑直径×深为700mm×600mm,Ⅱ级养护,养护期1年 | 株 | 10 |
| 3 | 050102001002 | 栽植乔木 | 合欢：落叶乔木,裸根栽植,胸径16cm,冠幅5m,Ⅱ级养护,养护期1年 | 株 | 2 |

续表

| 序号 | 项目编码 | 项目名称 | 项目特征描述 | 计量单位 | 工程量 |
|---|---|---|---|---|---|
| 4 | 050102001003 | 栽植乔木 | 垂柳:落叶乔木,裸根栽植,胸径16cm,Ⅱ级养护,养护期1年 | 株 | 6 |
| 5 | 050102001004 | 栽植乔木 | 银杏:落叶乔木,裸根栽植,胸径13cm,Ⅱ级养护,养护期1年 | 株 | 10 |
| 6 | 050102001005 | 栽植乔木 | 雪松:常绿乔木,胸径10cm,高3~3.5m以上,带土球栽植,土球直径100cm,Ⅱ级养护,养护期1年 | 株 | 4 |
| 7 | 050102003001 | 栽植竹类 | 淡竹:散生竹,胸径3cm,每枝2m以上,7株/m²,Ⅱ级养护,养护期1年 | 株 | 210 |
| 8 | 050102002001 | 栽植乔木 | 桂花:常绿乔木,胸径8cm,冠幅2m,带土球栽植,土球直径为50cm,Ⅱ级养护,养护期1年 | 株 | 5 |
| 9 | 050102002002 | 栽植灌木 | 日本晚樱:落叶灌木,裸根栽植,胸径8cm,冠幅2.5m,Ⅱ级养护,养护期1年 | 株 | 6 |
| 10 | 050102002003 | 栽植灌木 | 紫叶李:落叶灌木,裸根栽植,胸径6cm,冠幅2.5m,Ⅱ级养护,养护期1年 | 株 | 4 |
| 11 | 050102002004 | 栽植灌木 | 紫薇:落叶灌木,裸根栽植,胸径4cm,冠幅2.5m,Ⅱ级养护,养护期1年 | 株 | 6 |
| 12 | 050102002005 | 栽植灌木 | 鸡爪槭:落叶灌木,裸根栽植,胸径8cm,冠幅2m,Ⅱ级养护,养护期1年 | 株 | 10 |
| 13 | 050102005001 | 栽植绿篱 | 金叶女贞:常绿,高0.6m,宽0.8m,Ⅱ级养护,养护期1年 | m | 36.1 |
| 14 | 050102005002 | 栽植绿篱 | 大叶黄杨:常绿,高0.6m,宽0.8m,Ⅱ级养护,养护期1年 | m | 14.3 |
| 15 | 050102006001 | 栽植攀缘植物 | 紫藤:落叶,地径3cm,3年生,Ⅱ级养护,养护期1年 | 株 | 10 |
| 16 | 050102008001 | 栽植花卉 | 云南素馨:落叶,露地花卉,2年生,高1m,16株/m²,Ⅱ级养护 | m² | 6 |
| 17 | 050102008002 | 栽植花卉 | 迎春:落叶,露地花卉栽植,4年生,16株/m²,Ⅱ级养护 | m² | 8 |
| 18 | 050102008003 | 栽植花卉 | 月季:1年生,花坛栽植,20株/m²,Ⅱ级养护 | m² | 27 |
| 19 | 050102008004 | 栽植花卉 | 蔷薇:2年生,花坛栽植,高0.8m,20株/m²,Ⅱ级养护 | m² | 4.5 |
| 20 | 050102013001 | 喷播植草 | 高羊茅:坡度1:1以下,坡长12m以外,冷季型草坪,Ⅱ级养护 | m² | 646 |
| 21 | 050201001001 | 园路 | 园路1:60mm厚透水砖,40mm厚中粗砂,200mm厚碎石垫层,素土夯实 | m² | 26.40 |
| 22 | 050201001002 | 园路 | 园路2:50mm厚透水砖,40mm厚中粗砂,200mm厚碎石垫层,素土夯实 | m² | 9.60 |
| 23 | 050201001003 | 园路 | 园路3:30mm厚卵石面层,30mm厚水泥砂浆,60mm厚C15混凝土,100mm厚碎石垫层,素土夯实 | m² | 7.20 |
| 24 | 050201001004 | 园路 | 园路4:50mm厚预制混凝土板,30mm厚中砂,素土夯实 | m² | 1.44 |

| 序号 | 项目编码 | 项目名称 | 项目特征描述 | 计量单位 | 工程量 |
|---|---|---|---|---|---|
| 25 | 050201001005 | 园路 | 广场 1：600mm×600mm×30mm 米黄色花岗石面层，20mm 厚 1：2.5 水泥砂浆，100mm 厚 C10 混凝土，150mm 厚碎石垫层，素土夯实 | m² | 19.97 |
| 26 | 050201001006 | 园路 | 广场 2：25mm 厚地砖，20mm 厚 1：2.5 水泥砂浆，100mm 厚 C15 混凝土，150mm 厚碎石垫层，素土夯实 | m² | 51.82 |
| 27 | 050201001007 | 园路 | 广场 3：60mm 厚灰色透水砖，40mm 厚中砂，200mm 厚碎石垫层，素土夯实 | m² | 76.4 |
| 28 | 050201001008 | 园路 | 广场 4：600mm×600mm×30mm 浅灰色花岗石面层，20mm 厚 1：2.5 水泥砂浆，100mm 厚 C10 混凝土，150mm 厚碎石垫层，素土夯实 | m² | 290.1 |
| 29 | 050201003001 | 路牙铺设 | 园路路牙：望砖筑边 | m | 36.8 |
| 30 | 050201003002 | 路牙铺设 | 广场牙：花岗石路牙 100mm×200mm×20mm | m | 159.3 |
| 31 | 050301002001 | 堆砌石假山 | 置石：布置景石，高 2.5m，假山外接矩形投影 1.8m×1.1m | t | 8.404 |
| 32 | 050301002002 | 堆砌石假山 | 雕塑：黄石，高 2.3m，假山外接矩形投影 1.0m×0.8m，底座为 20mm 厚 1：2.5 水泥砂浆抹灰，100mm 厚 C15 混凝土，80mm 厚碎石垫层，素土夯实 | t | 3.124 |
| 33 | 010101004001 | 挖基坑土方 | 亭工程：挖柱基，挖土深度 0.85m | m³ | 2.75 |
| 34 | 010103001001 | 土(石)方回填 | 亭工程：人工回填土，夯实，密实度达 95% 以上 | m³ | 1.62 |
| 35 | 010501001001 | 垫层 | 150mm 厚 C10 混凝土基础垫层 | m³ | 0.49 |
| 36 | 010501003001 | 独立基础 | 现浇 300mm 厚 C20 钢筋混凝土基础 | m³ | 0.59 |
| 37 | 010502001001 | 矩形柱 | 亭工程：现浇钢筋混凝土，矩形柱，直径 300mm，4 根 | m³ | 0.42 |
| 38 | 010515001001 | 现浇混凝土钢筋 | 4$\phi$12 螺纹钢，$\phi$6@300 箍筋、6$\phi$4 双向圆筋 | t | 0.064 |
| 39 | 011202002001 | 柱、梁面装饰抹灰 | 20mm 厚 1：2.5 水泥砂浆 | m² | 12 |
| 40 | 011205002001 | 块料柱面 | 10mm 厚白色瓷片 | m² | 12 |
| 41 | 010702001001 | 木柱 | 亭工程：实木柱尺寸 300mm×100mm×100mm，4 个 | m³ | 0.01 |
| 42 | 010702002001 | 木梁 | 亭工程：木梁尺寸 3200mm×100mm×100mm，4 个 | m³ | 0.13 |
| 43 | 010702005001 | 其他木构件 | 亭工程：木榫接尺寸 300mm×50mm×50mm，4 个 | m³ | 0.003 |
| 44 | 010901002001 | 型材屋面 | 亭屋面工程：玻璃屋面 | m² | 9 |
| 45 | 011102001001 | 石材楼地面 | 亭台工程：300mm×300mm×30mm 芝麻白花岗石面层 | m² | 7.56 |
| 46 | 011203001001 | 零星项目一般抹灰 | 亭台工程：20mm 厚 1：2.5 水泥砂浆 | m² | 7.56 |
| 47 | 010501001002 | 垫层 | 亭工程：100mm 厚三七灰土，300mm 厚 C10 混凝土 | m³ | 3.02 |
| 48 | 011107002001 | 块料台阶面 | 亭台工程：台阶 30mm 厚芝麻白花岗石面层，20mm 厚 1：2.5 水泥砂浆，C10 混凝土，100mm 厚三七灰土，素土夯实 | m² | 1.4 |
| 49 | 050305004001 | 现浇混凝土桌凳 | 花架工程：300mm 厚 C10 混凝土 | 个 | 2 |
| 50 | 010101004002 | 挖基坑土方 | 花架工程：挖柱基，挖土深度 0.60m | m³ | 2.35 |

| 序号 | 项目编码 | 项目名称 | 项目特征描述 | 计量单位 | 工程量 |
|---|---|---|---|---|---|
| 51 | 010103001002 | 土(石)方回填 | 花架工程:人工回填土,夯实,密实度达95%以上 | m³ | 1.17 |
| 52 | 010501001003 | 现浇混凝土基础垫层 | 200mm厚C15混凝土基础垫层(自拌) | m³ | 0.78 |
| 53 | 010501003002 | 独立基础 | 200mm厚C15混凝土 | m³ | 0.40 |
| 54 | 050304004001 | 木花架柱、梁 | 花架柱:柱截面尺寸300mm×300mm,柱高2.6m,8根 | m³ | 1.87 |
| 55 | 050304004002 | 木花架柱、梁 | 花架梁:梁截面尺寸200mm×200mm,长度6.8m,2根 | m³ | 0.54 |
| 56 | 010702005002 | 其他木结构 | 木花架枋:枋截面尺寸200mm×120mm,长度2.6m,13根 | m³ | 0.81 |
| 57 | 011404012001 | 梁柱饰面油漆 | 柱饰面油漆:柱截面尺寸300mm×300mm,柱高2.6m,8根 | m² | 23.76 |
| 58 | 011404012002 | 梁柱饰面油漆 | 梁饰面油漆:柱截面尺寸200mm×200mm,长度6.8m,8根 | m² | 11.04 |
| 59 | 011404013001 | 零星木装修油漆 | 枋饰面油漆:枋截面尺寸200mm×120mm,长度2.6m,13根 | m² | 22.25 |
| 60 | 050305006001 | 石桌石凳 | 花架工程:自然面金山石 | 个 | 4 |
| 61 | 011102001002 | 石材楼地面 | 花架工程:300mm×300mm×30mm米黄色花岗石碎拼 | m² | 13.6 |
| 62 | 010101004003 | 挖基坑土方 | 景墙工程:挖柱基,挖土深度0.75m | m³ | 4.46 |
| 63 | 010103001003 | 土(石)方回填 | 景墙工程:人工回填土,夯实,密实度达95%以上 | m³ | 2.12 |
| 64 | 010401001001 | 砖基础 | 景墙工程:100mm厚烧结砖 | m³ | 0.12 |
| 65 | 010401003001 | 实心砖墙 | 景墙工程:2.9m烧结砖砌筑 | m³ | 4.54 |
| 66 | 011201001001 | 墙面一般抹灰 | 景墙工程:20mm厚1:2.5水泥砂浆 | m² | 43.02 |
| 67 | 011204001001 | 石材墙面 | 景墙工程:20mm厚浅灰色花岗石 | m² | 43.02 |
| 68 | 010101004004 | 挖基坑土方 | 花坛工程:挖柱基,挖土深度0.25m | m³ | 3.48 |
| 69 | 010103001004 | 土(石)方回填 | 花坛工程:人工回填土,夯实,密实度达95%以上 | m³ | 0.35 |
| 70 | 010401012001 | 零星砌砖 | 花坛工程:0.52m烧结砖砌筑 | m³ | 3.95 |
| 71 | 011203001002 | 零星项目一般抹灰 | 花坛工程:10mm厚1:3水泥砂浆结合层 | m² | 41.17 |
| 72 | 011206001001 | 石材零星项目 | 花坛工程:20mm厚米黄光面花岗石面层 | m² | 28.08 |
| 73 | 010101004005 | 挖基坑土方 | 坐凳工程:挖基坑土方,挖土深度0.24m | m³ | 0.16 |
| 74 | 010103001005 | 土(石)方回填 | 坐凳工程:人工回填土,夯实,密实度达95%以上 | m³ | 0.03 |
| 75 | 010702005003 | 其他木构件 | 坐凳工程:木条截面尺寸100mm×50mm,长度2m | m³ | 0.12 |
| 76 | 011404013002 | 零星木装修油漆 | 坐凳工程:木条刷清漆 | m² | 2.4 |
| 77 | 050307018001 | 砖石砌小摆设 | 坐凳:自然面金山石,尺寸460mm×100mm×440mm,150mm厚碎石垫层 | m³ | 0.12 |
| 78 | 010101004006 | 挖基坑土方 | 水池工程:挖基坑土方,挖土深度0.25m | m³ | 7.19 |
| 79 | 010103001006 | 土(石)方回填 | 水池工程:人工回填土,夯实,密实度达95%以上 | m³ | 0.33 |

| 序号 | 项目编码 | 项目名称 | 项目特征描述 | 计量单位 | 工程量 |
|---|---|---|---|---|---|
| 80 | 010501001004 | 垫层 | 水池工程:60mm 厚 C10 混凝土 | m³ | 1.72 |
| 81 | 010401012002 | 零星砌砖 | 水池工程:烧结砖砌筑 | m³ | 4.75 |
| 82 | 011203001003 | 零星项目<br>一般抹灰 | 水池工程:20mm 厚 1:2.5 水泥砂浆结合层 | m² | 51.47 |
| 83 | 011206001002 | 石材零星项目 | 水池工程:20mm 厚花岗石贴面 | m² | 51.47 |
| 84 | 050305004002 | 现浇混凝土桌凳 | 现浇混凝土,20mm 厚 1:3 水泥砂浆,30mm 厚万年青花岗石 | 个 | 10 |
| 85 | 011107002002 | 块料台阶面 | 台阶 1:30mm 厚米黄色花岗石面层,20mm 厚 1:2.5 水泥砂浆,160mm 厚 C10 混凝土,素土夯实 | m² | 1.58 |

## 五、施工图预算表

"馨园"居住区组团绿地工程预算见表 2-106。

**"馨园"居住区组团绿地工程预算表**　　　　　　　表 2-106

| 序号 | 定额编号 | 分项工程名称 | 计量单位 | 工程量 | 基价(元) | 人工费 | 材料费 | 机械费 | 合价(元) |
|---|---|---|---|---|---|---|---|---|---|
| 1 | 1-121 | 整理绿化用地 | 10m² | 158.40 | 23.20 | 23.20 | — | — | 3674.88 |
| 2 | 3-105 | 栽植乔木(大叶女贞) | 10 株 | 1.00 | 190.13 | 185.00 | 5.13 | — | 190.13 |
| 3 | 3-356 | 苗木养护 | 10 株 | 1.00 | 102.62 | 39.15 | 28.79 | 34.68 | 102.62 |
| 4 | 3-123 | 栽植乔木(合欢) | 10 株 | 0.20 | 301.00 | 246.57 | 12.30 | 42.13 | 60.20 |
| 5 | 3-362 | 苗木养护 | 10 株 | 0.20 | 175.62 | 96.27 | 36.30 | 43.05 | 35.12 |
| 6 | 3-123 | 栽植乔木(垂柳) | 10 株 | 0.60 | 301.00 | 246.57 | 12.30 | 42.13 | 180.60 |
| 7 | 3-362 | 苗木养护 | 10 株 | 0.60 | 175.62 | 96.27 | 36.30 | 43.05 | 105.37 |
| 8 | 3-122 | 栽植乔木(银杏) | 10 株 | 1.00 | 254.99 | 246.79 | 8.20 | — | 254.99 |
| 9 | 3-362 | 苗木养护 | 10 株 | 1.00 | 175.62 | 96.27 | 36.30 | 43.05 | 175.62 |
| 10 | 3-107 | 栽植乔木(雪松) | 10 株 | 0.40 | 467.86 | 370.00 | 12.30 | 85.56 | 187.14 |
| 11 | 3-356 | 苗木养护 | 10 株 | 0.40 | 102.62 | 39.15 | 28.79 | 34.68 | 41.05 |
| 12 | 3-175 | 栽植竹类(淡竹) | 10 株 | 21.00 | 21.91 | 20.35 | 1.56 | — | 460.11 |
| 13 | 3-386 | 苗木养护 | 10 株 | 21.00 | 5.93 | 1.92 | 2.69 | 1.32 | 124.53 |
| 14 | 3-140 | 栽植灌木(桂花) | 10 株 | 0.50 | 85.22 | 82.14 | 3.08 | — | 42.61 |
| 15 | 3-369 | 苗木养护 | 10 株 | 0.50 | 56.01 | 15.61 | 19.36 | 21.04 | 28.01 |
| 16 | 3-157 | 栽植灌木(日本晚樱) | 10 株 | 0.60 | 382.30 | 370.00 | 12.30 | — | 229.38 |
| 17 | 3-370 | 苗木养护 | 10 株 | 0.60 | 72.35 | 20.39 | 23.98 | 27.98 | 43.41 |
| 18 | 3-157 | 栽植灌木(紫叶李) | 10 株 | 0.40 | 382.30 | 370.00 | 12.30 | — | 152.92 |
| 19 | 3-370 | 苗木养护 | 10 株 | 0.40 | 72.35 | 20.39 | 23.98 | 27.98 | 28.94 |
| 20 | 3-157 | 栽植灌木(紫薇) | 10 株 | 0.60 | 382.3 | 370.00 | 12.30 | — | 229.38 |
| 21 | 3-370 | 苗木养护 | 10 株 | 0.60 | 72.35 | 20.39 | 23.98 | 27.98 | 43.41 |

续表

| 序号 | 定额编号 | 分项工程名称 | 计量单位 | 工程量 | 基价(元) | 其中(元) | | | 合价(元) |
|---|---|---|---|---|---|---|---|---|---|
| | | | | | | 人工费 | 材料费 | 机械费 | |
| 22 | 3-156 | 栽植灌木(鸡爪槭) | 10株 | 1.00 | 254.05 | 247.90 | 6.15 | — | 254.05 |
| 23 | 3-369 | 苗木养护 | 10株 | 1.00 | 56.01 | 15.61 | 19.36 | 21.04 | 56.01 |
| 24 | 3-160 | 栽植绿篱(金叶女贞) | 10m | 3.61 | 14.22 | 12.58 | 1.64 | — | 51.33 |
| 25 | 3-377 | 苗木养护 | 10m | 3.61 | 21.6 | 8.44 | 9.78 | 3.38 | 77.98 |
| 26 | 3-160 | 栽植绿篱(大叶黄杨) | 10m | 1.43 | 14.22 | 12.58 | 1.64 | — | 20.33 |
| 27 | 3-377 | 苗木养护 | 10m | 1.43 | 21.6 | 8.44 | 9.78 | 3.38 | 30.89 |
| 28 | 3-186 | 栽植攀缘植物(紫藤) | 10株 | 1.00 | 6.88 | 6.29 | 0.59 | — | 6.88 |
| 29 | 3-394 | 苗木养护 | 10株 | 1.00 | 23.5 | 6.66 | 9.49 | 7.35 | 23.50 |
| 30 | 3-198 | 栽植花卉(云南素馨) | 10m² | 0.60 | 46.98 | 42.92 | 4.06 | — | 28.19 |
| 31 | 3-400 | 苗木养护 | 10m² | 0.60 | 14.71 | 3.18 | 7.68 | 3.85 | 8.83 |
| 32 | 3-198 | 栽植花卉(迎春) | 10m² | 0.80 | 46.98 | 42.92 | 4.06 | — | 37.58 |
| 33 | 3-400 | 苗木养护 | 10m² | 0.80 | 14.71 | 3.18 | 7.68 | 3.85 | 11.77 |
| 34 | 3-198 | 栽植花卉(月季) | 10m² | 2.70 | 46.98 | 42.92 | 4.06 | — | 126.85 |
| 35 | 3-400 | 苗木养护 | 10m² | 2.70 | 14.71 | 3.18 | 7.68 | 3.85 | 39.72 |
| 36 | 3-198 | 栽植花卉(蔷薇) | 10m² | 0.45 | 46.98 | 42.92 | 4.06 | — | 21.14 |
| 37 | 3-400 | 苗木养护 | 10m² | 0.45 | 14.71 | 3.18 | 7.68 | 3.85 | 6.62 |
| 38 | 3-216 | 喷播植草(高羊茅) | 10m² | 64.60 | 46 | 18.65 | 7.15 | 20.20 | 2971.60 |
| 39 | 3-403 | 苗木养护 | 10m² | 64.60 | 26.67 | 8.55 | 8.64 | 9.48 | 1722.88 |
| 40 | 3-491 | 园路1土基整理路床 | 10m² | 2.76 | 16.65 | 16.65 | — | — | 45.95 |
| 41 | 3-495 | 基础垫层(碎石) | m³ | 5.52 | 88.44 | 27.01 | 60.23 | 1.20 | 488.19 |
| 42 | 3-492 | 基础垫层(砂) | m³ | 1.10 | 76.99 | 18.50 | 57.59 | 0.90 | 84.69 |
| 43 | 3-514 | 高强度透水砖 | 10m² | 2.64 | 499.71 | 69.93 | 418.58 | 11.20 | 1319.23 |
| 44 | 3-491 | 园路2土基整理路床 | 10m² | 1.03 | 16.65 | 16.65 | — | — | 17.15 |
| 45 | 3-495 | 基础垫层(碎石) | m³ | 2.06 | 88.44 | 27.01 | 60.23 | 1.20 | 182.19 |
| 46 | 3-492 | 基础垫层(砂) | m³ | 0.41 | 76.99 | 18.50 | 57.59 | 0.90 | 31.57 |
| 47 | 3-514 | 高强度透水砖 | 10m² | 0.96 | 499.71 | 69.93 | 418.58 | 11.20 | 479.72 |
| 48 | 3-491 | 园路3土基整理路床 | 10m² | 0.78 | 16.65 | 16.65 | — | — | 12.99 |
| 49 | 3-495 | 基础垫层(碎石) | m³ | 0.78 | 88.44 | 27.01 | 60.23 | 1.20 | 68.98 |
| 50 | 3-496 | 基础垫层(混凝土) | m³ | 0.47 | 237.24 | 67.34 | 159.42 | 10.48 | 111.50 |
| 51 | 1-846 | 抹水泥砂浆(零星项目) | 10m² | 0.78 | 194.25 | 146.08 | 42.69 | 5.48 | 151.52 |
| 52 | 3-520 | 乱铺冰片石面层 | 10m² | 0.72 | 829.22 | 170.94 | 658.28 | — | 597.04 |
| 53 | 3-491 | 园路4土基整理路床 | 10m² | 0.22 | 16.65 | 16.65 | — | — | 3.66 |
| 54 | 3-492 | 基础垫层(砂) | m³ | 0.07 | 76.99 | 18.50 | 57.59 | 0.90 | 5.39 |
| 55 | 3-500 | 预制方格混凝土面层 | 10m² | 0.14 | 389.89 | 62.16 | 327.73 | — | 54.58 |
| 56 | 3-491 | 园路土基整理路床(广场1) | 10m² | 2.00 | 16.65 | 16.65 | — | — | 33.30 |

| 序号 | 定额编号 | 分项工程名称 | 计量单位 | 工程量 | 基价（元） | 其中（元） | | | 合价（元） |
|---|---|---|---|---|---|---|---|---|---|
| | | | | | | 人工费 | 材料费 | 机械费 | |
| 57 | 3-495 | 基础垫层（碎石） | m³ | 3.00 | 88.44 | 27.01 | 60.23 | 1.20 | 265.32 |
| 58 | 3-496 | 基础垫层（混凝土） | m³ | 2.00 | 237.24 | 67.34 | 159.42 | 10.48 | 474.48 |
| 59 | 1-846 | 抹水泥砂浆（零星项目） | 10m² | 2.00 | 194.25 | 146.08 | 42.69 | 5.48 | 388.50 |
| 60 | 3-519 | 花岗石板50mm厚以内 | 10m² | 2.00 | 2823.53 | 179.45 | 2629.35 | 14.73 | 5647.06 |
| 61 | 3-491 | 园路土基整理路床（广场2） | 10m² | 5.18 | 16.65 | 16.65 | — | — | 86.25 |
| 62 | 3-495 | 基础垫层（碎石） | m³ | 7.77 | 88.44 | 27.01 | 60.23 | 1.20 | 687.18 |
| 63 | 3-496 | 基础垫层（混凝土） | m³ | 5.18 | 237.24 | 67.34 | 159.42 | 10.48 | 1228.90 |
| 64 | 1-846 | 抹水泥砂浆（零星项目） | 10m² | 5.18 | 194.25 | 146.08 | 42.69 | 5.48 | 1006.22 |
| 65 | 1-787 | 楼地面（地砖） | 10m² | 5.18 | 1376.58 | 156.73 | 1214.82 | 5.03 | 7130.68 |
| 66 | 3-491 | 园路土基整理路床（广场3） | 10m² | 7.64 | 16.65 | 16.65 | — | — | 127.21 |
| 67 | 3-495 | 基础垫层（碎石） | m³ | 15.28 | 88.44 | 27.01 | 60.23 | 1.20 | 1351.36 |
| 68 | 3-492 | 基础垫层（砂） | m³ | 3.06 | 76.99 | 18.50 | 57.59 | 0.90 | 235.59 |
| 69 | 3-514 | 高强度透水砖 | 10m² | 7.64 | 499.71 | 69.93 | 418.58 | 11.20 | 3817.78 |
| 70 | 3-491 | 园路土基整理路床（广场4） | 10m² | 29.01 | 16.65 | 16.65 | — | — | 483.02 |
| 71 | 3-495 | 基础垫层（碎石） | m³ | 43.52 | 88.44 | 27.01 | 60.23 | 1.20 | 3848.91 |
| 72 | 3-496 | 基础垫层（混凝土） | m³ | 29.01 | 237.24 | 67.34 | 159.42 | 10.48 | 6882.33 |
| 73 | 1-846 | 抹水泥砂浆（零星项目） | 10m² | 29.01 | 194.25 | 146.08 | 42.69 | 5.48 | 5635.19 |
| 74 | 3-519 | 花岗石板50mm厚以内 | 10m² | 29.01 | 2823.53 | 179.45 | 2629.35 | 14.73 | 81910.61 |
| 75 | 3-529 | 望砖筑边,10cm | 10m | 3.68 | 106.03 | 40.70 | 32.99 | 32.34 | 390.19 |
| 76 | 3-525 | 花岗石路牙 | 10m | 15.93 | 782.76 | 41.44 | 724.41 | 16.91 | 12469.37 |
| 77 | 3-482 | 布置景石 | t | 8.404 | 756.26 | 281.94 | 462.28 | 12.04 | 6355.61 |
| 78 | 3-466 | 黄石假山 | t | 3.124 | 429.58 | 153.92 | 268.24 | 7.42 | 1342.01 |
| 79 | 1-750 | 垫层（碎石干铺） | m³ | 0.12 | 90.8 | 24.86 | 64.01 | 1.93 | 10.90 |
| 80 | 1-752 | 垫层（混凝土） | m³ | 0.14 | 240.18 | 60.38 | 170.04 | 9.76 | 33.63 |
| 81 | 1-846 | 抹水泥砂浆（零星项目） | 10m² | 0.24 | 194.25 | 146.08 | 42.69 | 5.48 | 46.62 |
| 82 | 1-50 | 人工挖地坑二类干土 | m³ | 7.65 | 13.84 | 13.84 | — | — | 105.88 |
| 83 | 1-127 | 回填土（基槽坑） | m³ | 6.52 | 12.7 | 11.40 | | 1.30 | 82.80 |
| 84 | 1-170 | 基础垫层（自拌混凝土） | m³ | 0.49 | 225.81 | 60.83 | 160.23 | 4.75 | 110.65 |
| 85 | 1-275 | 柱承台、独立基础 | m³ | 0.59 | 238.75 | 33.30 | 182.89 | 22.56 | 140.86 |
| 86 | 1-279 | 矩形柱 | m³ | 0.42 | 298.85 | 85.25 | 204.96 | 8.64 | 125.52 |
| 87 | 1-479 | 现浇构件钢筋 | t | 0.064 | 4562.34 | 517.26 | 3916.60 | 128.48 | 291.99 |
| 88 | 1-851 | 柱、梁抹水泥砂浆（矩形） | 10m² | 1.20 | 152.93 | 102.12 | 44.94 | 5.87 | 183.52 |
| 89 | 1-908 | 柱、梁面瓷砖 | 10m² | 1.20 | 481.79 | 299.70 | 172.72 | 9.37 | 578.15 |

续表

| 序号 | 定额编号 | 分项工程名称 | 计量单位 | 工程量 | 基价(元) | 其中(元) | | | 合价(元) |
|---|---|---|---|---|---|---|---|---|---|
| | | | | | | 人工费 | 材料费 | 机械费 | |
| 90 | 2-398 | 方木连机 | m³ | 0.01 | 3701.76 | 486.90 | 3210.51 | 4.35 | 37.02 |
| 91 | 2-369 | 扁作梁 | m³ | 0.13 | 4298.82 | 981.74 | 3313.20 | 3.88 | 558.85 |
| 92 | 2-397 | 方木连机 | m³ | 0.003 | 4632.21 | 1133.10 | 3489.01 | 10.10 | 13.90 |
| 93 | 3-567 | 玻璃屋面 | 10m² | 0.90 | 5018.13 | 764.05 | 4129.93 | 124.15 | 4516.32 |
| 94 | 1-778 | 花岗石(楼地面) | 10m² | 0.76 | 2920.06 | 187.37 | 2623.43 | 109.26 | 2219.25 |
| 95 | 1-756 | 找平层(水泥砂浆) | 10m² | 0.76 | 73.39 | 31.08 | 37.10 | 5.21 | 55.78 |
| 96 | 1-742 | 垫层(灰土) | m³ | 0.76 | 96.39 | 29.97 | 64.97 | 1.45 | 73.26 |
| 97 | 1-753 | 垫层(混凝土) | m³ | 2.27 | 261.53 | 33.30 | 226.05 | 2.18 | 591.06 |
| 98 | 1-742 | 垫层(灰土) | m³ | 0.14 | 96.39 | 29.97 | 64.97 | 1.45 | 13.49 |
| 99 | 1-753 | 垫层(混凝土) | m³ | 0.42 | 261.53 | 33.30 | 226.05 | 2.18 | 109.84 |
| 100 | 1-780 | 花岗石(水泥砂浆) | 10m² | 0.23 | 2882.34 | 234.43 | 2628.19 | 19.72 | 662.94 |
| 101 | 1-122 | 原土打底夯 | 10m² | 0.73 | 5.23 | 4.07 | — | 1.16 | 3.82 |
| 102 | 1-742 | 垫层(灰土) | m³ | 0.31 | 96.39 | 29.97 | 64.97 | 1.45 | 119.52 |
| 103 | 1-753 | 垫层(混凝土) | m³ | 1.41 | 261.53 | 33.30 | 226.05 | 2.18 | 1475.03 |
| 104 | 1-901 | 粘贴花岗石(水泥砂浆) | 10m² | 0.43 | 3025.4 | 333.89 | 2685.55 | 5.96 | 1300.92 |
| 105 | 1-50 | 人工挖地坑二类干土 | m³ | 8.11 | 13.84 | 13.84 | — | — | 112.24 |
| 106 | 1-127 | 回填土(基槽坑) | m³ | 6.93 | 12.7 | 11.40 | — | 1.30 | 88.01 |
| 107 | 1-170 | 基础垫层(自拌混凝土) | m³ | 0.78 | 225.81 | 60.83 | 160.23 | 4.75 | 709.04 |
| 108 | 1-275 | 柱承台、独立基础 | m³ | 0.40 | 238.75 | 33.30 | 182.89 | 22.56 | 95.50 |
| 109 | 2-365 | 立柱 | m³ | 1.87 | 3645.41 | 304.65 | 3335.65 | 5.11 | 6816.92 |
| 110 | 2-369 | 扁作梁 | m³ | 0.54 | 4298.82 | 981.74 | 3313.20 | 3.88 | 2321.36 |
| 111 | 2-372 | 扁作梁 | m³ | 0.81 | 3977.65 | 586.80 | 3384.80 | 6.05 | 3221.90 |
| 112 | 2-625 | 刷底油、油色、清漆两遍 | 10m² | 2.38 | 105.75 | 91.80 | 13.95 | — | 251.69 |
| 113 | 2-625 | 刷底油、油色、清漆两遍 | 10m² | 1.10 | 105.75 | 91.80 | 13.95 | — | 116.33 |
| 114 | 2-625 | 刷底油、油色、清漆两遍 | 10m² | 2.23 | 105.75 | 91.80 | 13.95 | — | 235.82 |
| 115 | 3-569 | 石桌石凳安装 | 10个 | 0.4 | 6930.8 | 654.16 | 6259.60 | 17.04 | 2772.32 |
| 116 | 1-122 | 原土打底夯、地面 | 10m² | 1.36 | 5.23 | 4.07 | — | 1.16 | 7.11 |
| 117 | 1-752 | 垫层(混凝土) | m³ | 1.09 | 260.58 | 60.38 | 170.04 | 30.16 | 1133.52 |
| 118 | 1-756 | 找平层(水泥砂浆) | 10m² | 1.36 | 73.39 | 31.08 | 37.10 | 5.21 | 99.81 |
| 119 | 1-784 | 拼碎块料(花岗石) | 10m² | 1.36 | 600.47 | 250.42 | 341.84 | 8.21 | 816.64 |
| 120 | 1-50 | 人工挖地坑二类干土 | m³ | 10.53 | 13.84 | 13.84 | — | — | 145.74 |
| 121 | 1-127 | 回填土(基槽坑) | m³ | 8.19 | 12.7 | 11.40 | — | 1.30 | 104.01 |
| 122 | 1-189 | 砖基础(标准砖) | m³ | 0.12 | 231.87 | 48.47 | 179.42 | 3.98 | 27.82 |
| 123 | 1-207 | 砖砌外墙 | m³ | 4.54 | 255.56 | 68.08 | 183.37 | 4.11 | 1160.24 |
| 124 | 1-893 | 挂贴花岗石 | 10m² | 4.30 | 3142.29 | 328.81 | 2786.45 | 27.03 | 13511.85 |

续表

| 序号 | 定额编号 | 分项工程名称 | 计量单位 | 工程量 | 基价(元) | 其中/元 | | | 合价(元) |
|---|---|---|---|---|---|---|---|---|---|
| | | | | | | 人工费 | 材料费 | 机械费 | |
| 125 | 1-50 | 人工挖地坑二类干土 | m³ | 7.50 | 13.84 | 13.84 | — | — | 103.80 |
| 126 | 1-127 | 回填土(基槽坑) | m³ | 4.37 | 12.7 | 11.40 | — | 1.30 | 55.50 |
| 127 | 1-238 | 其他砖砌体 | m³ | 3.95 | 287.53 | 100.27 | 183.81 | 3.45 | 1106.99 |
| 128 | 1-846 | 抹水泥砂浆 | 10m² | 4.12 | 194.25 | 146.08 | 42.69 | 5.48 | 757.58 |
| 129 | 1-901 | 粘贴花岗石 | 10m² | 2.81 | 3025.4 | 333.89 | 2685.55 | 5.96 | 8501.37 |
| 130 | 1-50 | 人工挖地坑二类干土 | m³ | 0.62 | 13.84 | 13.84 | — | — | 8.58 |
| 131 | 1-127 | 回填土(基槽坑) | m³ | 0.49 | 12.7 | 11.40 | — | 1.30 | 6.22 |
| 132 | 1-739 | 木线条 | 10m | 2.4 | 71.63 | 8.40 | 61.73 | 1.50 | 171.91 |
| 133 | 2-624 | 刷底油、油色、清漆两遍 | 10m² | 0.24 | 85.48 | 68.85 | 16.63 | — | 20.52 |
| 134 | 1-250 | 砌石基础 | m³ | 0.12 | 158.16 | 50.32 | 102.30 | 5.54 | 191.37 |
| 135 | 1-50 | 人工挖地坑二类干土 | m³ | 10.68 | 13.84 | 13.84 | — | — | 147.81 |
| 136 | 1-123 | 原土打底夯、基坑 | 10m² | 2.86 | 6.81 | 4.88 | — | 1.93 | 19.48 |
| 137 | 1-127 | 回填土(基槽坑) | m³ | 2.09 | 12.7 | 11.40 | — | 1.30 | 26.54 |
| 138 | 1-170 | 基础垫层(自拌混凝土) | m³ | 1.72 | 225.81 | 60.83 | 160.23 | 4.75 | 388.39 |
| 139 | 1-238 | 其他砖砌体 | m³ | 4.75 | 287.53 | 100.27 | 183.81 | 3.45 | 1365.77 |
| 140 | 1-248 | 墙基防潮层 | 10m² | 5.15 | 89.1 | 30.19 | 55.46 | 3.45 | 520.34 |
| 141 | 1-901 | 粘贴花岗石 | 10m² | 1.84 | 3025.4 | 333.89 | 2685.55 | 5.96 | 7593.75 |
| 142 | 1-909 | 瓷砖 | 10m² | 3.31 | 542.67 | 361.86 | 170.97 | 9.84 | 1801.66 |
| 143 | 1-50 | 人工挖地坑二类干土 | m³ | 14.82 | 13.84 | 13.84 | — | — | 318.32 |
| 144 | 1-123 | 原土打底夯、基坑 | 10m² | 4.94 | 6.81 | 4.88 | — | 1.93 | 52.23 |
| 145 | 1-127 | 回填土 | m³ | 10.28 | 12.7 | 11.40 | — | 1.30 | 201.04 |
| 146 | 1-750 | 碎石干铺 | m³ | 1.34 | 90.8 | 24.86 | 64.01 | 1.93 | 121.67 |
| 147 | 1-356 | 混凝土小型构件 | m³ | 7.62 | 338.62 | 108.34 | 216.95 | 13.33 | 2580.28 |
| 148 | 1-901 | 粘贴花岗石 | 10m² | 6.24 | 3025.4 | 333.89 | 2685.55 | 5.96 | 18878.50 |
| 149 | 1-753 | 垫层(不分格) | m³ | 0.18 | 261.53 | 33.30 | 226.05 | 2.18 | 47.08 |
| 150 | 1-780 | 花岗石 | 10m² | 0.23 | 225.81 | 234.43 | 2628.19 | 19.72 | 51.94 |
| | | 合计 | | | | | | | 249586.02 |

## 六、分部分项工程和单价措施项目清单与计价表

见表 2-107。

分部分项工程和单价措施项目清单与计价表　　　　　　　　　　　表 2-107

工程名称:"馨园"居住区组团绿地工程　　　　　　标段:　　　　第　页　共　页

| 序号 | 项目编码 | 项目名称 | 项目特征描述 | 计量单位 | 工程量 | 金额(元) | | |
|---|---|---|---|---|---|---|---|---|
| | | | | | | 综合单价 | 合价 | 其中:暂估价 |
| 1 | 050101010001 | 整理绿化用地 | 普坚土种植 | m² | 1280 | 4.31 | 5516.8 | |

续表

| 序号 | 项目编码 | 项目名称 | 项目特征描述 | 计量单位 | 工程量 | 金额(元) | | |
|---|---|---|---|---|---|---|---|---|
| | | | | | | 综合单价 | 合价 | 其中：暂估价 |
| 2 | 050102001001 | 栽植乔木 | 大叶女贞：常绿乔木，胸径7cm，冠径2.0m以上，枝下高2.2m以上，带土球栽植，坑直径×深为700mm×600mm，Ⅱ级养护，养护期1年 | 株 | 10 | 202.95 | 2029.5 | |
| 3 | 050102001002 | 栽植乔木 | 合欢：落叶乔木，裸根栽植，胸径16cm，冠幅5m，Ⅱ级养护，养护期1年 | 株 | 2 | 1344.61 | 2689.22 | |
| 4 | 050102001003 | 栽植乔木 | 垂柳：落叶乔木，裸根栽植，胸径16cm，Ⅱ级养护，养护期1年 | 株 | 6 | 1212.61 | 7275.66 | |
| 5 | 050102001004 | 栽植乔木 | 银杏：落叶乔木，裸根栽植，胸径13cm，Ⅱ级养护，养护期1年 | 株 | 10 | 934.54 | 9345.4 | |
| 6 | 050102001005 | 栽植乔木 | 雪松：常绿乔木，胸径10cm，高3～3.5m以上，带土球栽植，土球直径100cm，Ⅱ级养护，养护期1年 | 株 | 4 | 195.39 | 781.56 | |
| 7 | 050102003001 | 栽植竹类 | 淡竹：散生竹，胸径3cm，每枝2m以上，7株/m²，Ⅱ级养护，养护期1年 | 株 | 210 | 7.16 | 1503.6 | |
| 8 | 050102002001 | 栽植乔木 | 桂花：常绿乔木，胸径8cm，冠幅2m，带土球栽植，土球直径为50cm，Ⅱ级养护，养护期1年 | 株 | 5 | 345.75 | 1728.75 | |
| 9 | 050102002002 | 栽植灌木 | 日本晚樱：落叶灌木，裸根栽植，胸径8cm，冠幅2.5m，Ⅱ级养护，养护期1年 | 株 | 6 | 361.71 | 2170.26 | |
| 10 | 050102002003 | 栽植灌木 | 紫叶李：落叶灌木，裸根栽植，胸径6cm，冠幅2.5m，Ⅱ级养护，养护期1年 | 株 | 4 | 167.46 | 669.84 | |
| 11 | 050102002004 | 栽植灌木 | 紫薇：落叶灌木，裸根栽植，胸径4cm，冠幅2.5m，Ⅱ级养护，养护期1年 | 株 | 6 | 183.21 | 1099.26 | |
| 12 | 050102002005 | 栽植灌木 | 鸡爪槭：落叶灌木，裸根栽植，胸径8cm，冠幅2m，Ⅱ级养护，养护期1年 | 株 | 10 | 161.69 | 1616.9 | |
| 13 | 050102005001 | 栽植绿篱 | 金叶女贞：常绿，高0.6m，宽0.8m，Ⅱ级养护，养护期1年 | m | 36.1 | 13.24 | 477.964 | |
| 14 | 050102005002 | 栽植绿篱 | 大叶黄杨：常绿，高0.6m，宽0.8m，Ⅱ级养护，养护期1年 | m | 14.3 | 11.56 | 165.31 | |
| 15 | 050102006001 | 栽植攀缘植物 | 紫藤：落叶，地径3cm，3年生，Ⅱ级养护，养护期1年 | 株 | 10 | 44.86 | 448.60 | |
| 16 | 050102008001 | 栽植花卉 | 云南素馨：落叶，露地花卉，2年生，高1m，16株/m²，Ⅱ级养护 | m² | 6 | 11.16 | 66.96 | |

续表

| 序号 | 项目编码 | 项目名称 | 项目特征描述 | 计量单位 | 工程量 | 金额(元) | | 其中：暂估价 |
|---|---|---|---|---|---|---|---|---|
| | | | | | | 综合单价 | 合价 | |
| 17 | 050102008002 | 栽植花卉 | 迎春：落叶，露地花卉栽植，4年生，16株/m²，Ⅱ级养护 | m² | 8 | 18.30 | 146.40 | |
| 18 | 050102008003 | 栽植花卉 | 月季：1年生，花坛栽植，20株/m²，Ⅱ级养护 | m² | 27 | 8.97 | 242.19 | |
| 19 | 050102008004 | 栽植花卉 | 蔷薇：2年生，花坛栽植，高0.8m，20株/m²，Ⅱ级养护 | m² | 4.5 | 10.55 | 47.48 | |
| 20 | 050102013001 | 喷播植草 | 高羊茅：坡度1:1以下，坡长12m以外，冷季型草坪，Ⅱ级养护 | m² | 646 | 6.61 | 4270.06 | |
| 21 | 050201001001 | 园路 | 园路1：60mm厚透水砖，40mm厚中粗砂，200mm厚碎石垫层，素土夯实 | m² | 26.40 | 83.32 | 2199.65 | |
| 22 | 050201001002 | 园路 | 园路2：50mm厚透水砖，40mm厚中粗砂，200mm厚碎石垫层，素土夯实 | m² | 9.60 | 84.00 | 806.40 | |
| 23 | 050201001003 | 园路 | 园路3：30mm厚卵石面层，30mm厚水泥砂浆，60mm厚C15混凝土，100mm厚碎石垫层，素土夯实 | m² | 7.20 | 154.83 | 1114.78 | |
| 24 | 050201001004 | 园路 | 园路4：50mm厚预制混凝土板，30mm厚中砂，素土夯实 | m² | 1.44 | 48.36 | 69.64 | |
| 25 | 050201001005 | 园路 | 广场1：600mm×600mm×30mm米黄色花岗石面层，20mm厚1:2.5水泥砂浆，100mm厚C10混凝土，150mm厚碎石垫层，素土夯实 | m² | 19.97 | 357.04 | 7130.09 | |
| 26 | 050201001006 | 园路 | 广场2：25mm厚地砖，20mm厚1:2.5水泥砂浆，100mm厚C15混凝土，150mm厚碎石垫层，素土夯实 | m² | 51.82 | 216.44 | 11215.92 | |
| 27 | 050201001007 | 园路 | 广场3：60mm厚灰色透水砖，40mm厚中砂，200mm厚碎石垫层，素土夯实 | m² | 76.4 | 77.15 | 5894.26 | |
| 28 | 050201001008 | 园路 | 广场4：600mm×600mm×30mm浅灰色花岗石面层，20mm厚1:2.5水泥砂浆，100mm厚C10混凝土，150mm厚碎石垫层，素土夯实 | m² | 290.1 | 357.02 | 103571.50 | |
| 29 | 050201003001 | 路牙铺设 | 园路路牙：望砖筑边 | m | 36.8 | 11.90 | 437.92 | |
| 30 | 050201003002 | 路牙铺设 | 广场牙：花岗石路牙100mm×200mm×20mm | m | 159.3 | 79.60 | 12680.28 | |
| 31 | 050301002001 | 堆砌石假山 | 置石：布置景石，高2.5m，假山外接矩形投影1.8m×1.1m | t | 8.404 | 866.25 | 7279.97 | |

续表

| 序号 | 项目编码 | 项目名称 | 项目特征描述 | 计量单位 | 工程量 | 金额(元) | | 其中：暂估价 |
|---|---|---|---|---|---|---|---|---|
| | | | | | | 综合单价 | 合价 | |
| 32 | 050301002002 | 堆砌石假山 | 雕塑：黄石，高 2.3m，假山外接矩形投影 1.0m×0.8m，底座为 20mm 厚 1：2.5 水泥砂浆抹灰，100mm 厚 C15 混凝土，80mm 厚碎石垫层，素土夯实 | t | 3.124 | 516.70 | 1614.17 | |
| 33 | 010101004001 | 挖基坑土方 | 亭工程：挖柱基，挖土深度 0.85m | m³ | 2.75 | 30.39 | 83.57 | |
| 34 | 010103001001 | 土(石)方回填 | 亭工程：人工回填土，夯实，密实度达 95%以上 | m³ | 1.62 | 79.20 | 128.30 | |
| 35 | 010501001001 | 垫层 | 150mm 厚 C10 混凝土基础垫层 | m³ | 0.49 | 261.88 | 128.32 | |
| 36 | 010501003001 | 独立基础 | 现浇 300mm 厚 C20 钢筋混凝土基础 | m³ | 0.59 | 269.47 | 158.99 | |
| 37 | 010502001001 | 矩形柱 | 亭工程：现浇钢筋混凝土，矩形柱，直径 300mm，4 根 | m³ | 0.42 | 350.49 | 147.21 | |
| 38 | 010515001001 | 现浇混凝土钢筋 | 4φ12 螺纹钢、φ6@300 箍筋、6φ4 双向圆筋 | t | 0.064 | 4917.50 | 314.72 | |
| 39 | 011202002001 | 柱、梁面装饰抹灰 | 20mm 厚 1：2.5 水泥砂浆 | m² | 12 | 21.23 | 254.76 | |
| 40 | 011205002001 | 块料柱面 | 10mm 厚白色瓷片 | m² | 12 | 67.65 | 811.80 | |
| 41 | 010702001001 | 木柱 | 亭工程：实木柱尺寸 300mm×100mm×100mm，4 个 | m³ | 0.01 | 3971.95 | 39.72 | |
| 42 | 010702001002 | 木梁 | 亭工程：木梁尺寸 3200mm×100mm×100mm，4 个 | m³ | 0.13 | 4840.91 | 629.32 | |
| 43 | 010702005001 | 其他木构件 | 亭工程：木榫接尺寸 300mm×50mm×50mm，4 个 | m³ | 0.003 | 5260.97 | 15.78 | |
| 44 | 010901002001 | 型材屋面 | 亭屋面工程：玻璃屋面 | m² | 9.00 | 526.27 | 4736.43 | |
| 45 | 011102001001 | 石材楼地面 | 亭台工程：300mm×300mm×30mm 芝麻白花岗石面层 | m² | 7.56 | 292.61 | 2212.13 | |
| 46 | 011203001001 | 零星项目一般抹灰 | 亭台工程：20mm 厚 1：2.5 水泥砂浆 | m² | 7.56 | 9.34 | 70.61 | |
| 47 | 010501001002 | 垫层 | 亭工程：100mm 厚三七灰土，300mm 厚 C10 混凝土 | m³ | 3.02 | 238.93 | 542.37 | |
| 48 | 011107002001 | 块料台阶面 | 亭工程：台阶 30mm 厚芝麻白花岗石面层，20mm 厚 1：2.5 水泥砂浆，C10 混凝土，100mm 厚三七灰土，素土夯实 | m² | 1.40 | 592.17 | 829.04 | |
| 49 | 050305004001 | 现浇混凝土桌凳 | 花架工程：300mm 厚 C10 混凝土 | 个 | 2 | 1556.64 | 3113.28 | |
| 50 | 010101004002 | 挖基坑土方 | 花架工程：挖柱基，挖土深度 0.60m | m³ | 2.35 | 68.29 | 160.48 | |

续表

| 序号 | 项目编码 | 项目名称 | 项目特征描述 | 计量单位 | 工程量 | 综合单价 | 合价 | 其中:暂估价 |
|---|---|---|---|---|---|---|---|---|
| 51 | 010103001002 | 土(石)方回填 | 花架工程:人工回填土,夯实,密实度达95%以上 | m³ | 1.17 | 92.45 | 108.17 | |
| 52 | 010501001003 | 混凝土基础垫层 | 200mm厚C15混凝土基础垫层(自拌) | m³ | 0.78 | 261.88 | 822.30 | |
| 53 | 010501003002 | 独立基础 | 200mm厚C15混凝土 | m³ | 0.40 | 269.47 | 107.79 | |
| 54 | 050304004001 | 木花架柱、梁 | 花架柱:柱截面尺寸300mm×300mm,柱高2.6m,8根 | m³ | 1.87 | 3815.78 | 7135.51 | |
| 55 | 050304004002 | 木花架柱、梁 | 花架梁:柱截面尺寸200mm×200mm,长度6.8m,2根 | m³ | 0.54 | 4840.91 | 2614.09 | |
| 56 | 010702005001 | 其他木结构 | 木花架枋:枋截面尺寸200mm×120mm,长度2.6m,13根 | m³ | 0.81 | 4303.72 | 3486.01 | |
| 57 | 011404012001 | 梁柱饰面油漆 | 柱饰面油漆:柱截面尺寸300mm×300mm,柱高2.6m,8根 | m² | 23.76 | 15.63 | 371.37 | |
| 58 | 011404012002 | 梁柱饰面油漆 | 梁饰面油漆:柱截面尺寸200mm×200mm,长度6.8m,8根 | m² | 11.04 | 15.63 | 172.56 | |
| 59 | 011404013001 | 零星木装修油漆 | 枋饰面油漆:枋截面尺寸200mm×120mm,长度2.6m,13根 | m² | 22.25 | 15.63 | 347.77 | |
| 60 | 050305006001 | 石桌石凳 | 花架工程:自然面金山石 | 个 | 4 | 712.31 | 2849.24 | |
| 61 | 011102001001 | 石材楼地面 | 花架工程:300mm×300mm×30mm米黄色花岗石碎拼 | m² | 13.6 | 189.74 | 2580.46 | |
| 62 | 010101004003 | 挖基坑土方 | 景墙工程:挖柱基,挖土深度0.75m | m³ | 4.46 | 61.81 | 250.33 | |
| 63 | 010103001003 | 土(石)方回填 | 景墙工程:人工回填土,夯实,密实度达95%以上 | m³ | 2.12 | 78.08 | 140.54 | |
| 64 | 010401001001 | 砖基础 | 景墙工程:100mm厚烧结砖 | m³ | 0.12 | 260.71 | 31.29 | |
| 65 | 010401003001 | 实心砖墙 | 景墙工程:2.9m烧结砖砌筑 | m³ | 4.54 | 295.26 | 1340.48 | |
| 66 | 011206001001 | 石材墙面 | 景墙工程:20mm厚浅灰色花岗石、水泥砂浆 | m² | 43.02 | 333.80 | 7150.00 | |
| 67 | 010101004004 | 挖基坑土方 | 花坛工程:挖柱基,挖土深度0.25m | m³ | 3.48 | 42.65 | 148.42 | |
| 68 | 010103001004 | 土(石)方回填 | 花坛工程:人工回填土,夯实,密实度达95%以上 | m³ | 0.35 | 245.72 | 54.06 | |
| 69 | 010401012001 | 零星砖砌 | 花坛工程:0.52m烧结砖砌筑 | m³ | 3.95 | 344.58 | 3113.28 | |
| 70 | 011203001002 | 零星项目一般抹灰 | 花坛工程:10mm厚1:3水泥砂浆结合层 | m² | 41.17 | 27.77 | 1082.20 | |
| 71 | 011206001001 | 石材零星项目 | 花坛工程:20mm厚米黄光面花岗石面层 | m² | 28.08 | 321.24 | 9020.42 | |
| 72 | 010101004005 | 挖基坑土方 | 坐凳工程:挖基坑土方,挖土深度0.24m | m³ | 0.16 | 76.69 | 12.27 | |

续表

| 序号 | 项目编码 | 项目名称 | 项目特征描述 | 计量单位 | 工程量 | 综合单价 | 合价 | 其中:暂估价 |
|---|---|---|---|---|---|---|---|---|
| 73 | 010103001005 | 土(石)方回填 | 坐凳工程:人工回填土,夯实,密实度达95%以上 | m³ | 0.03 | 321.44 | 9.64 | |
| 74 | 010702005003 | 其他木构件 | 坐凳工程:木条截面尺寸100mm×50mm,长度2m | m³ | 0.12 | 154.16 | 184.99 | |
| 75 | 011404013002 | 零星木装修油漆 | 坐凳工程:木条刷清漆 | m² | 2.4 | 12.34 | 29.62 | |
| 76 | 050307018001 | 砖石砌小摆设 | 坐凳:自然面金山石,尺寸460mm×100mm×440mm,150mm厚碎石垫层 | m³ | 0.12 | 188.88 | 228.54 | |
| 77 | 010101004006 | 挖基坑土方 | 水池工程:挖基坑土方,挖土深度0.25m | m³ | 7.19 | 33.60 | 241.58 | |
| 78 | 010103001006 | 土(石)方回填 | 水池工程:人工回填土,夯实,密实度达95%以上 | m³ | 0.33 | 102.58 | 33.85 | |
| 79 | 010501001004 | 垫层 | 水池工程:60mm厚C10混凝土 | m³ | 1.72 | 261.88 | 450.43 | |
| 80 | 010401012002 | 零星砖砌 | 水池工程:烧结砖砌筑 | m³ | 4.75 | 344.58 | 1636.76 | |
| 81 | 011203001003 | 零星项目一般抹灰 | 水池工程:20mm厚1:2.5水泥砂浆结合层 | m² | 51.47 | 10.77 | 628.43 | |
| 82 | 011206001002 | 石材零星项目 | 水池工程:20mm厚花岗石贴面 | m² | 51.47 | 1822.51 | 106343.46 | |
| 83 | 050305004002 | 现浇混凝土桌凳 | 现浇混凝土,20mm厚1:3水泥砂浆,30mm厚万年青花岗石 | 个 | 10 | 562.74 | 5627.40 | |
| 84 | 011107002002 | 块料台阶面 | 台阶1:30mm厚米黄色花岗石面层,20mm厚1:2.5水泥砂浆,160mm厚C10混凝土,素土夯实 | m² | 1.58 | 462.38 | 730.56 | |
| | | | 合价 | | | | 173460.65 | |

# 投 标 总 价

招标人:<u>某居住区绿化部</u>

工程名称:<u>"馨园"居住区组团绿地工程</u>

投标总价(小写):<u>185695</u>

（大写）：<u>拾捌万伍仟陆佰玖拾伍</u>

投标人:<u>某某园林公司</u>

（单位盖章）

法定代表人　<u>某某园林公司</u>

或其授权人：<u>法定代表人</u>

　　（签字或盖章）

编制人：<u>×××签字盖造价工程师或造价员专用章</u>

　　（造价人员签字盖专用章）

编制时间：<u>××××年×月×日</u>

## 总 说 明

工程名称："馨园"居住区组团绿地工程　　　　　　第 页 共 页

　　1. 工程概况:某居住区组团绿地基址仅需要简单的整理即可,无须砍、挖、伐树;园林植物种植种类、数量如表 2-1 所示。种植土均为普坚土,乔木种植、灌木种植、丛植、群植附表所给绿篱、花卉等种植长度、面积或数量计算。绿地的长度和宽度分别为 40m 和 32m,丛植花卉金钟花的占地面积为 6m²,迎春的占地面积为 8m²,散植淡竹的占地面积为 30m²。绿地为喷播草坪,场地中设置有置石、水池、花坛、雕塑、景墙、围树椅等。土壤为二类干土,现浇混凝土均为自拌。

　　2. 投标控制价包括范围:为本次招标的某居住区组团绿地施工图范围内的园林景观工程。

　　3. 投标控制价编制依据:

　　(1)招标文件及其所提供的工程量清单和有关计价的要求,招标文件的补充通知和答疑纪要

　　(2)该居住区组团绿地施工图及投标施工组织设计

　　(3)有关的技术标准、规范和安全管理规定

　　(4)省建设主管部门颁发的计价定额和计价管理办法及有关计价文件

　　(5)材料价格采用工程所在地工程造价管理机构发布的价格信息,对于造价信息没有发布的材料,其价格参照市场价

　　4. 其他(略)

　　**相关附表见表 2-108～表 2-118。**

### 建设项目投标报价汇总表　　　　　　表 2-108

工程名称："馨园"居住区组团绿地工程　　　　标段:　　　　　第 页 共 页

| 序号 | 单项工程名称 | 金额(元) | 其 中 | | |
| | | | 暂估价(元) | 安全文明施工费(元) | 规费(元) |
|---|---|---|---|---|---|
| 1 | "馨园"居住区组团绿地工程 | 185694.90 | | 1214.22 | 2563.83 |
| | 合　计 | 185694.90 | | 1214.22 | 2563.83 |

### 单项工程投标报价汇总表　　　　　　表 2-109

"馨园"居住区组团绿地工程　　　　标段:　　　　　第 页 共 页

| 序号 | 单项工程名称 | 金额(元) | 其 中 | | |
| | | | 暂估价(元) | 安全文明施工费(元) | 规费(元) |
|---|---|---|---|---|---|
| 1 | "馨园"居住区组团绿地工程 | 185694.90 | | 1214.22 | 2563.83 |
| | 合　计 | 185694.90 | | 1214.22 | 2563.83 |

　　注:本表适用于单项工程投标报价的汇总。暂估价包括分部分项工程中的暂估价和专业工程暂估价。

**单位工程投标报价汇总表**                   表 2-110

工程名称："馨园"居住区组团绿地工程          标段：          第 页 共 页

| 序号 | 汇 总 内 容 | 金额(元) | 其中暂估价(元) |
|------|------------|----------|----------------|
| 1 | 分部分项工程费 | 173460.65 | |
| 1.1 | "馨园"居住区组团绿地工程 | 173460.65 | |
| 2 | 措施项目费 | 4336.51 | |
| 2.1 | 安全文明施工措施费 | 1214.22 | |
| 3 | 其他项目费 | 5333.91 | |
| 4 | 规费 | 2563.83 | |
| 5 | 税金 | — | |
| 招标控制价合计＝1＋2＋3＋4＋5 | | 185694.90 | |

**总价措施项目清单与计价表**                 表 2-111

工程名称："馨园"居住区组团绿地工程          标段：          第 页 共 页

| 序号 | 项目编码 | 项目名称 | 计 算 基 础 | 费率(%) | 金额(元) | 调整费率(%) | 调整后金额(元) | 备注 |
|------|----------|----------|-------------|---------|----------|-------------|----------------|------|
| 1 | 050405001001 | 安全文明施工费 | 分部分项工程费(489413) | 0.7 | 1214.22 | | | |
| 2 | 050405002001 | 夜间施工费 | 根据工程实际情况确定,由发承包双方在合同中约定 | | | | | |
| 3 | 050405004001 | 二次搬运费 | 分部分项工程费(489413) | 1.1 | 1908.07 | | | |
| 4 | 050405005001 | 冬雨期施工 | 根据工程实际情况确定,由发承包双方在合同中约定 | | | | | |
| 5 | 050405003001 | 非夜间施工照明费 | 根据工程实际情况确定,由发承包双方在合同中约定 | | | | | |
| 6 | 050405006001 | 反季节栽植影响措施 | 根据工程实际情况确定,由发承包双方在合同中约定 | | | | | |
| 7 | 050405007001 | 地上、地下设施的临时保护设施 | 根据工程实际情况确定,由发承包双方在合同中约定 | 0.26～0.70 | 1214.22 | | | |
| 8 | 050405008001 | 已完工程及设备保护 | 工程实际情况确定 | | | | | |
| 9 | | 其他费用 | | | | | | |
| 10 | | | | | | | | |
| 合　　计 | | | | | 4336.51 | | | |

**其他项目清单与计价汇总表**　　　　　　　　表 2-112

工程名称："馨园"居住区组团绿地工程　　　　　标段：　　　　　第　页　共　页

| 序号 | 项目名称 | 金额(元) | 结算金额(元) | 备注 |
|------|----------|----------|--------------|------|
| 1 | 总承包服务费 | 5333.91 | | |
| 2 | 暂列金额 | | | |
| 3 | 计日工 | | | |
| | | | | |
| | 合　计 | 5333.91 | | |

**暂列金额明细表**　　　　　　　　　　　　表 2-113

工程名称："馨园"居住区组团绿地工程　　　　　标段：　　　　　第　页　共　页

| 序号 | 项目名称 | 计量单位 | 暂定金额(元) | 备注 |
|------|----------|----------|--------------|------|
| 1 | | | | |
| 2 | | | | |
| 3 | | | | |
| 4 | | | | |
| 5 | | | | |
| 6 | | | | |
| 7 | | | | |
| 8 | | | | |
| 9 | | | | |
| 10 | | | | |
| | 合　计 | | | — |

**材料（工程设备）暂估单价及调整表**　　　　表 2-114

工程名称："馨园"居住区组团绿地工程　　　　　标段：　　　　　第　页　共　页

| 序号 | 材料(工程设备)名称、规格、型号 | 计量单位 | 数量 | | 暂估(元) | | 确认(元) | | 差额±(元) | | 备注 |
|------|------|------|------|------|------|------|------|------|------|------|------|
| | | | 暂估 | 确认 | 单价 | 合价 | 单价 | 合价 | 单价 | 合价 | |
| | | | | | | | | | | | |
| | | | | | | | | | | | |
| | | | | | | | | | | | |
| | | | | | | | | | | | |
| | | | | | | | | | | | |
| | | | | | | | | | | | |
| | 合　计 | | | | | | | | | | |

**专业工程暂估价及结算价表**　　　　　　　　　　　**表 2-115**

工程名称："馨园"居住区组团绿地工程　　　　　　　标段：　　　第　页　共　页

| 序号 | 工 程 名 称 | 工程内容 | 暂估金额（元） | 结算金额（元） | 差额±(元) | 备注 |
|---|---|---|---|---|---|---|
| | | | | | | |
| | | | | | | |
| | | | | | | |
| | | | | | | |
| | | | | | | |
| | | | | | | |
| | | | | | | |
| | | | | | | |
| | | | | | | |
| | 合　　计 | | | | | |

**计日工表**　　　　　　　　　　　　　　　　　　　　**表 2-116**

工程名称："馨园"居住区组团绿地工程　　　　　　　标段：　　　第　页　共　页

| 编号 | 项目名称 | 单位 | 暂定数量 | 实际数量 | 综合单价（元） | 合价（元） | |
|---|---|---|---|---|---|---|---|
| | | | | | | 暂定 | 实际 |
| 一 | 人工 | | | | | | |
| 1 | 普工 | 工日 | | | | | |
| 2 | 技工 | 工日 | | | | | |
| 3 | | | | | | | |
| 4 | | | | | | | |
| | 人工小计 | | | | | | |
| 二 | 材料 | | | | | | |
| 1 | | | | | | | |
| 2 | | | | | | | |
| 3 | | | | | | | |
| 4 | | | | | | | |
| | 材料小计 | | | | | | |
| 三 | 施工机械 | | | | | | |
| 1 | | | | | | | |
| 2 | | | | | | | |
| 3 | | | | | | | |
| 4 | | | | | | | |
| | 施工机械小计 | | | | | | |
| 四 | 企业管理费和利润 | | | | | | |
| | 总　　计 | | | | | | |

**总承包服务费计价表**

表 2-117

工程名称:"馨园"居住区组团绿地工程　　　　　　标段:　　　　　第　页　共　页

| 序号 | 项目名称 | 项目价值<br>(元) | 服务内容 | 计算基础 | 费率<br>(%) | 金额<br>(元) |
|---|---|---|---|---|---|---|
| 1 | 发包人发包专业工程 | | | | | |
| 2 | 发包人提供材料 | | | | | |
| | | | | | | |
| | | | | | | |
| | | | | | | |
| | | | | | | |
| | | | | | | |
| | | | | | | |
| | | | | | | |
| | | | | | | |
| | 合　计 | — | — | — | — | |

**规费、税金项目计价表**

表 2-118

工程名称:"馨园"居住区组团绿地工程　　　　　　标段:　　　　　第　页　共　页

| 序号 | 项目名称 | 计算基础 | 计算基数 | 费率(%) | 金额(元) |
|---|---|---|---|---|---|
| 1 | 规费 | 定额人工费 | | | |
| 1.1 | 社会保险费 | 定额人工费 | | | |
| (1) | 养老保险费 | 定额人工费 | | | |
| (2) | 失业保险费 | 定额人工费 | | | |
| (3) | 医疗保险费 | 定额人工费 | | | |
| (4) | 工伤保险费 | 定额人工费 | | | |
| (5) | 生育保险费 | 定额人工费 | | | |
| 1.2 | 住房公积金 | 定额人工费 | | | |
| 1.3 | 工程排污费 | 按工程所在地环境保护部门收取标准,按实计入 | | | |
| 2 | 税金 | 分部分项工程费+措施项目费+其他项目费<br>+规费-按规定不计税的工程设备金额 | | | |
| | 合　计 | | | | |

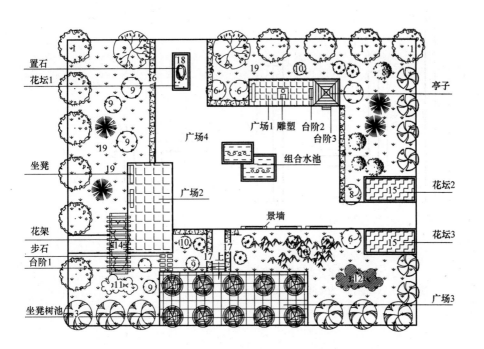

图 2-1　某居住区组团绿地总平面图

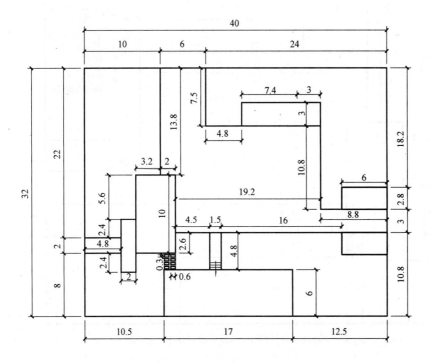

图 2-2　某居住区组团绿地施工定位图

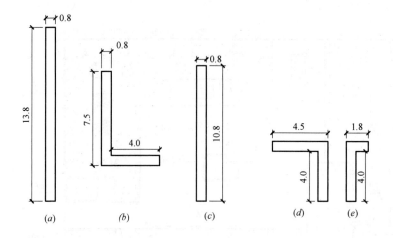

图 2-3　绿篱示意图（m）

注：(a)、(b)、(c) 为金叶女贞绿篱；(d) (e) 为紫叶小檗绿篱

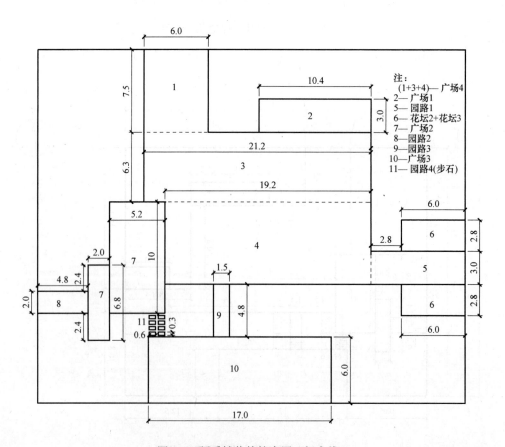

图 2-4　硬质铺装外轮廓图（粗实线）

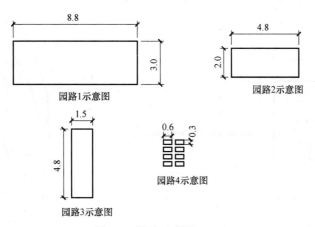

图 2-5 园路示意图（m）

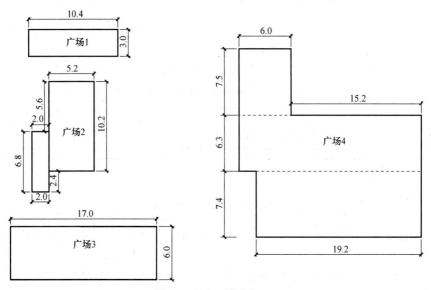

图 2-6 广场示意图（m）

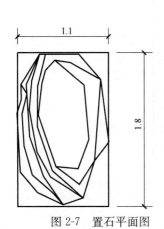

图 2-7 置石平面图
注：置石假山投影外接矩形为 1.8m×1.1m。

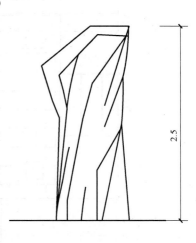

图 2-8 置石立面图

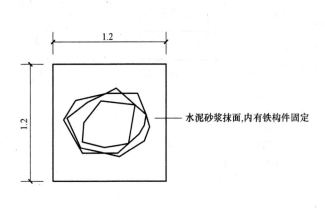

水泥砂浆抹面,内有铁构件固定

图 2-9　雕塑平面图

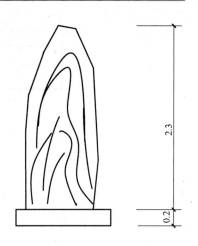

图 2-10　雕塑立面图

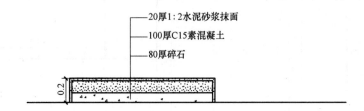

20厚1:2水泥砂浆抹面

100厚C15素混凝土

80厚碎石

图 2-11　雕塑底座结构图

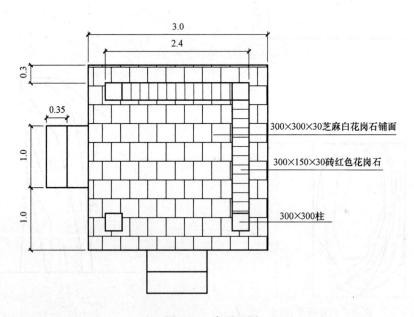

300×300×30芝麻白花岗石铺面

300×150×30砖红色花岗石

300×300柱

图 2-12　亭平面图

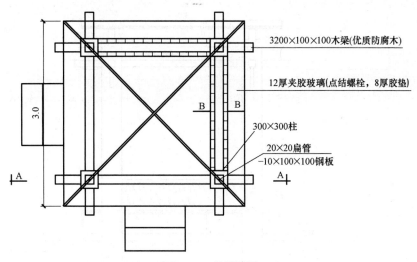

图 2-13 亭顶视图

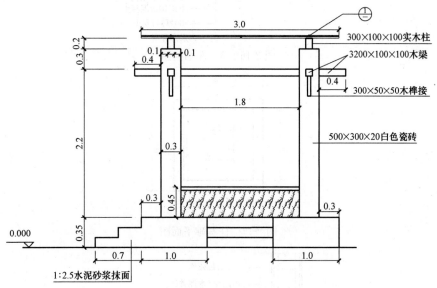

图 2-14 亭立面图

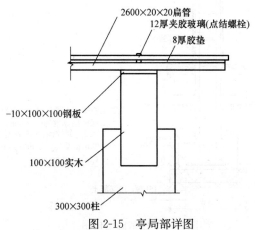

图 2-15 亭局部详图

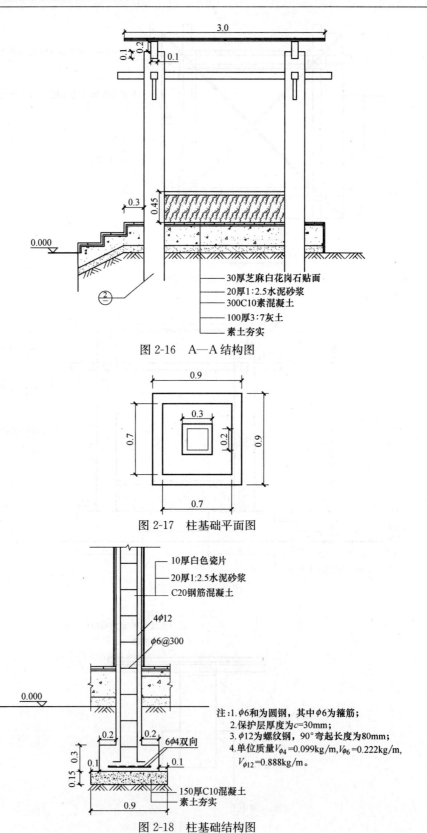

图 2-16　A—A 结构图

30厚芝麻白花岗石贴面
20厚1:2.5水泥砂浆
300C10素混凝土
100厚3:7灰土
素土夯实

图 2-17　柱基础平面图

10厚白色瓷片
20厚1:2.5水泥砂浆
C20钢筋混凝土

4ϕ12
ϕ6@300

注:1.ϕ6和ϕ4为圆钢,其中ϕ6为箍筋;
　　2.保护层厚度为$c$=30mm;
　　3.ϕ12为螺纹钢,90°弯起长度为80mm;
　　4.单位质量$V_{\phi4}$=0.099kg/m,$V_{\phi6}$=0.222kg/m,
　　　　$V_{\phi12}$=0.888kg/m。

6ϕ4双向

150厚C10混凝土
素土夯实

图 2-18　柱基础结构图

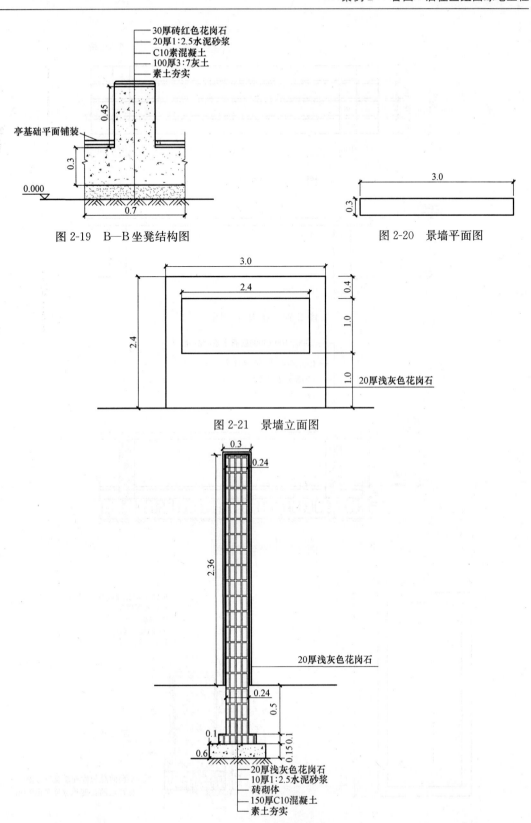

图 2-19 B—B坐凳结构图

图 2-20 景墙平面图

图 2-21 景墙立面图

图 2-22 景墙基础结构图

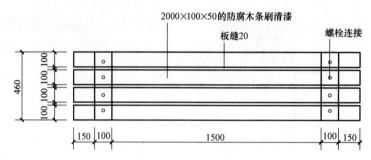

图 2-23 坐凳平面图

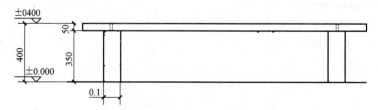

图 2-24 坐凳立面图

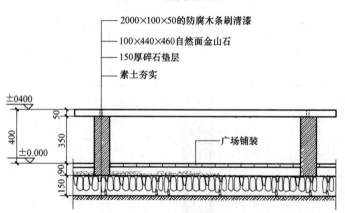

图 2-25 坐凳结构图

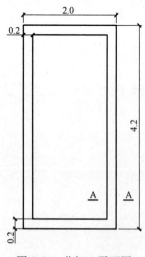

图 2-26 花坛 1 平面图

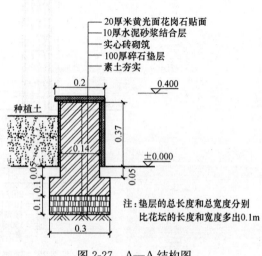

图 2-27 A—A 结构图

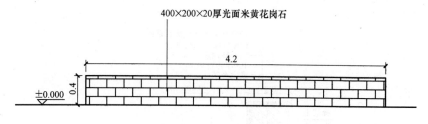

图 2-28　花坛 1 立面图

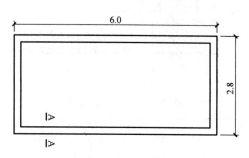

图 2-29　花坛 2 平面图

图 2-30　花坛 2 立面图

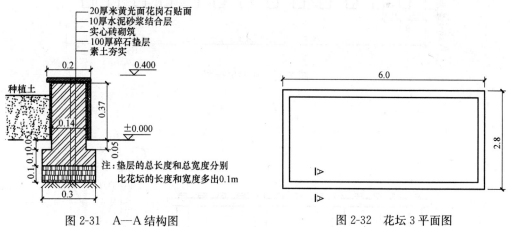

图 2-31　A—A 结构图　　　　　　　图 2-32　花坛 3 平面图

图 2-33　花坛 3 立面图

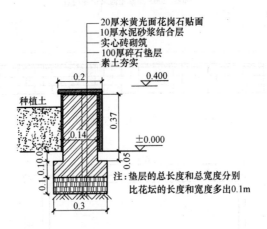

图 2-34 A—A 结构图

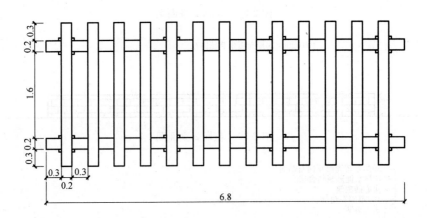

图 2-35 花架顶视图

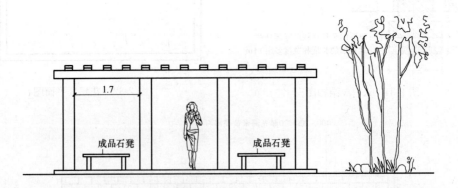

图 2-36 花架正立面图

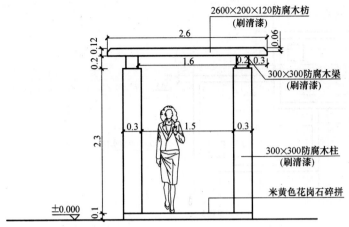

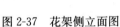

2600×200×120防腐木枋
(刷清漆)

300×300防腐木梁
(刷清漆)

300×300防腐木柱
(刷清漆)

米黄色花岗石碎拼

图 2-37 花架侧立面图

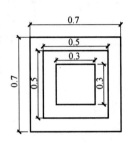

图 2-38 花架柱基础平面图

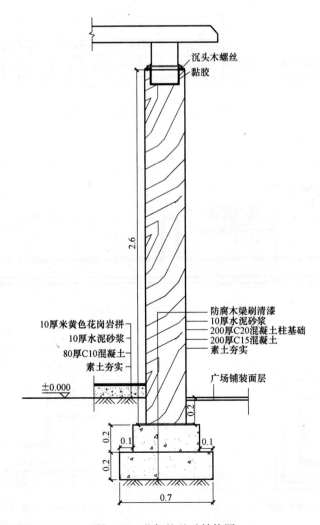

沉头木螺丝
黏胶

10厚米黄色花岗岩拼
10厚水泥砂浆
80厚C10混凝土
素土夯实

防腐木梁刷清漆
10厚水泥砂浆
200厚C20混凝土柱基础
200厚C15混凝土
素土夯实

广场铺装面层

图 2-39 花架柱基础结构图

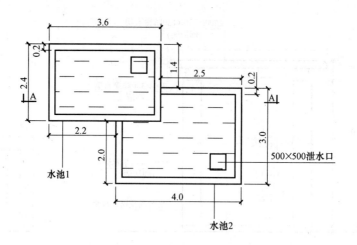

图 2-40　组合水池平面图

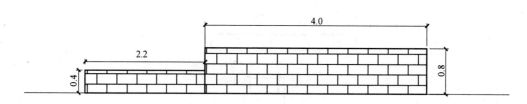

图 2-41　组合水池南立面图

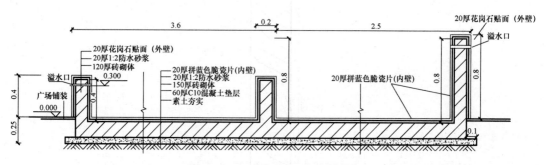

图 2-42　组合水池 A—A 结构图

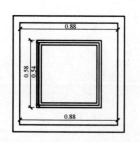

图 2-43　泄水口基础平面图

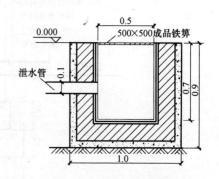

图 2-44　泄水口结构图

注：泄水口池底结构和水池池底结构一样。

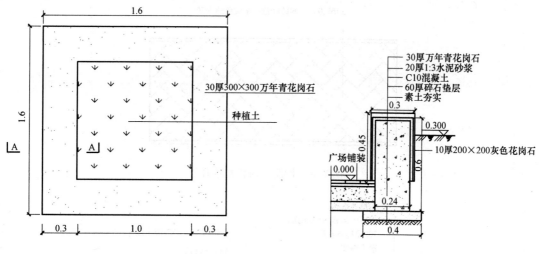

图 2-45 坐凳树池平面图

图 2-46 坐凳树池结构图

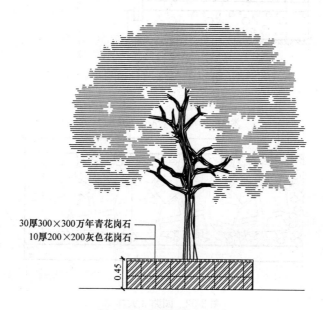

图 2-47 坐凳树池立面图

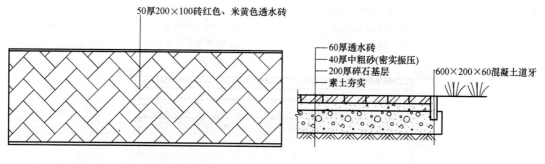

图 2-48 园路 1 铺装大样图

图 2-49 园路 1 结构图

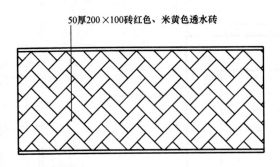

图 2-50 园路 2 铺装大样图

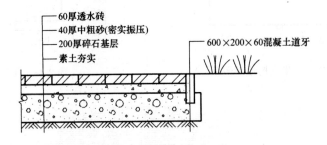

图 2-51 园路 2 结构图

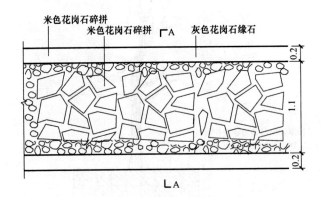

图 2-52 园路 3 大样图

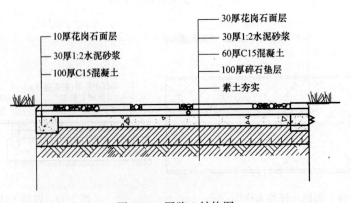

图 2-53 园路 3 结构图

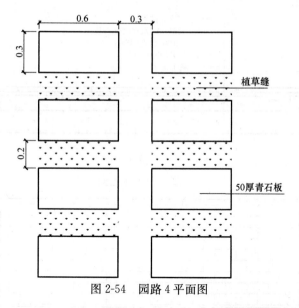

图 2-54 园路 4 平面图

植草缝

50厚青石板

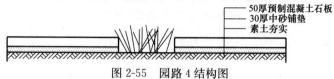

50厚预制混凝土石板
30厚中砂铺垫
素土夯实

图 2-55 园路 4 结构图

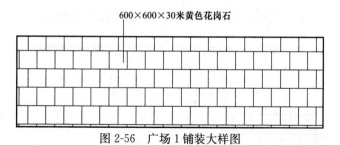

600×600×30米黄色花岗石

图 2-56 广场 1 铺装大样图

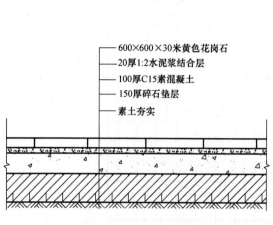

600×600×30米黄色花岗石
20厚1:2水泥浆结合层
100厚C15素混凝土
150厚碎石垫层
素土夯实

图 2-57 广场 1 结构图

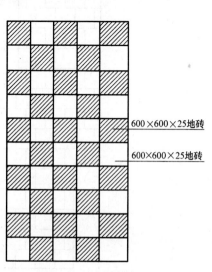

600×600×25地砖

600×600×25地砖

图 2-58 广场 2 铺装大样图

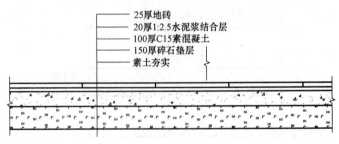

图 2-59　广场 2 结构图

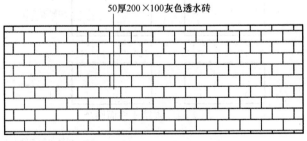

图 2-60　广场 3 铺装大样图

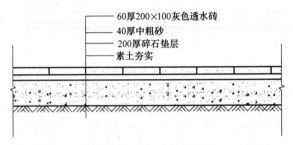

图 2-61　广场 3 结构图

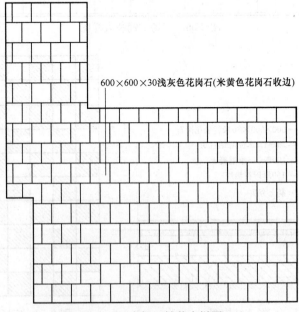

图 2-62　广场 4 铺装大样图

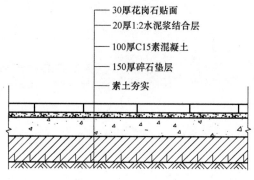

图 2-63　广场 4 结构图

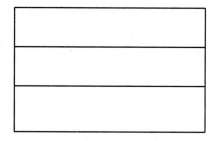

图 2-64　台阶 1 平面图

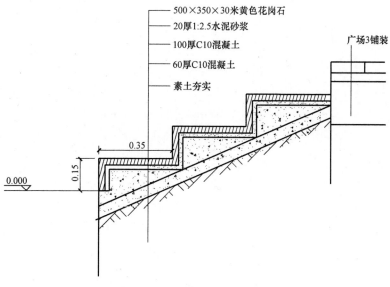

图 2-65　台阶 1 结构图